ファイブ・アイズ

BETWEEN
FIVE EYES

50Years Inside the Five Eyes
Intelligence Community

Anthony R Wells

五カ国
諜報同盟
50年史

アンソニー・R・ウェルズ
並木均【訳】

作品社

ファイブ・アイズ

――五カ国諜報同盟50年史

『ファイブ・アイズ』目次

第7章　現在の脅威と新たな脅威

・（　）は原著者による補足を、〔　〕は日本語版での補足を示す。

献辞

本書は、ファイブ・アイズ情報コミュニティーで働く男女要員に捧げるものである。彼らは、第二次世界大戦以降の脆弱な世界において、自由と民主主義を維持する礎たる情報官庁を形成してきた人々である。各加盟国の個々人の間に築かれた信頼と関係こそが、「特別な関係」が今後も継続する上で最も重要な要素なのであり、それがあればこそ、タイムリーで正確、率直で実用的なインテリジェンスが各国の指導者に提供され、五カ国が総体として利益を得ることができるのである。こうした関係は第二次世界大戦以降、数十年にわたって順調に築き上げられてきたのであり、個々の職員の資質、献身、誠実さに鑑みて、今後も続いていくことであろう。われわれは皆、彼らの奉仕に感謝して当然である。世界政治が混迷する時代にあって、彼らが存続することが現代社会の安全保障の基礎となっているのである。米英加豪ニュージーランド間のインテリジェンス協力が今後も継続し、未来社会の安全保障の礎となるよう祈りたい。

本書は彼らの物語である。

英米のインテリジェンス要員は、男女問わず自らの集団的利益や自国の安寧のためだけでなく、地球という惑星の安心安全な未来のために、より広い視野で最善を常に求めてきたし、これからも求め続けるだろう。米国の著名な天文学者カール・セーガン（一九三四年生、一九九六年没）の次の言葉は、本書が捧ぐ人々の精神とその本質、すなわち彼らの使命と、卓越したインテリジェンスの提供を通じて常に「正しいこと」をなす責任感について、多くを物語るものである。

この言葉は、カール・セーガンの発案によってボイジャー一号が一九九〇年二月一四日に撮影した画像から着想を得たものである。その探査機は太陽系の端を目指してわれわれの惑星系を離れていく際に、最後に一度、地球を振り返ったのだった。ボイジャー一号は地球から約四〇億マイル（約六五億キロメートル）、黄道面の上方約三二度の位置でわれわれの世界、ほのかな青い点を捉えたのである。散乱光の中心に捉えられた地球は、小さな光点として現れた。それは、わずか〇・一二ピクセルの小さな三日月に見える。

もう一度あの点を見てほしい。あれがここだ。あれがわが家、あれがわれわれなのだ。あなたが愛する人、知っている人、今まで聞いたことのある人、かつて存在したあらゆる人間が人生を全うした場所、それがあの点である。われわれのあらゆる喜びと苦しみ、幾千もの自信に満ちた宗教やイデオロギー、経済学説がそこにあった。あらゆる狩猟者と略奪者、あらゆる英雄と臆病者、文明のあらゆる創造者と破壊者、あらゆる王と農民、あらゆる若い恋人同士、あらゆる母親と父親、希望に満ちた子供、発明家と探検家、あらゆる道徳説教師、あらゆる腐敗政治家、あらゆる「スーパースター」、あらゆる「最高指導者」、われらが種の歴史におけるあらゆる聖人と罪人がそこに住んでいた――太陽光線の中に浮かぶちっぽけな星屑の上に。

地球は、宇宙という大舞台の中のごく小さな舞台でしかない。考えてみよう。この（わずか〇・一二ピクセルの片隅に住む住民が、別の片隅にいる同類の住民に残虐の限りを尽くしてきたことを。どれほど多くの誤解が生まれ、どれほどひたすらに殺し合いがなされ、どれほど激しい憎悪がたぎってきたかを。考えてみよう。名誉と勝利に酔った将軍や皇帝たちが、点の片隅をほんの束の間支配するために、流された血の川のことを。

われわれの気取った態度、思い上がり、宇宙の中で特権的な地位にあるという妄想に異を唱えているのが、この淡い光の点である。われわれの惑星は、大宇宙の闇に包まれた孤独な芥《あくた》にすぎない。われわれのことなど誰も知らず、この広漠たる空間の中にあって、われわれを救うのはわれわれ自身でしかない。

地球は、生命の存在がこれまで確認されている唯一の世界である。人類という種が移住できる場所は、少なくとも近未来にはどこにもない。ほかの惑星に行くことはできても、定住はまだ無理だ。好むと好まざるとにかかわらず、今のところ地球がわれわれのよって立つ場所なのである。

天文学から得られる知見は、謙虚さと人格を育むと言われてきた。われわれの小さな世界を遠くから写したこの画像ほど、人類がいかに驕っているか、その愚かさを示すのにふさわしいものはないだろう。互いをもっと労わり、このほのかな青い点を守り、慈しむ責任がわれわれにはあるように思えてならない。われわれが知っている故郷は、そこにしかないのだから。

——カール・セーガン『ほのかな青い点』(一九九四年)

ウェスト卿による序文

一九七〇年代に兵科将校《ウォーフェア・オフィサー》に任官した私は、ソ連軍装備の性能について詳述した文書や、ソ連海軍の戦法とそれを撃破する方法とを記した英海軍の戦闘教範が幾多もあることはよく知っていたものの、そのような情報をいかに入手したのかについては深く考えたことがなかった。

私が、ファイブ・アイズ情報コミュニティーと、自由世界を守る上で極めて重要なその役割について完全に知るところとなったのは、ようやく一九八八年になってからのことだった。ちょうど、駆逐艦隊司令部を離任したばかりの大佐として、旧海軍情報部長職の後身である海軍DI3として国防情報参謀部〔後の国防情報局〕に任命されたときのことである。

私は、驚くべき秘密の世界とネットワークに触れるようになった。そこには、より大きな利益のために働く勤勉で立派な人々がいた。一度そのメンバーになれば、特別な家族の一員となる。私の場合、一九九七年から二〇〇〇年にかけて国防情報局長、合同情報委員会副委員長として、さらに二〇〇七年から二〇一〇年にかけては艦隊司令長官、第一海軍卿〔海軍制服組のトップで米海軍の海軍作戦部長に相当〕、安全保障担当相として関与が続いた。

ファイブ・アイズ情報コミュニティーがメディアで注目されるようになったのはごく最近のことであり、新型の5Gアレイにファーウェイの通信機器を使用する決定がなされるかもしれないという点に関連したものだった。しかし、「ファイブ・アイズ」とは何か、その来歴と関連事項についてはほとんど理解されていない。アンソニー・ウェルズは、同コミュニティーとインテリジェンス界全般に私以上に深く関わってきており、そうした状況を正してきた人物である。約七五年以上にわたる複雑な関係と、それがどのように発展してきたのかを説明するのに、彼以上の適任者はいなかろう。

史上最大の破壊をもたらした戦争は、一九四五年まで戦われ、勝利をもって終結した。勝者は英語圏の国民とソ連人だった。ソ連邦はドイツ軍を完膚なきまでに撃破したが、単独ではドイツに立ち向かえなかった。ソ連の戦車部隊がドイツに侵攻できたのは、合衆国が供給した底なしの物資のおかげだった。

英帝国とその自治領は、一年以上にわたってヒトラーに単独で立ち向かっていた。しかし、一九四一年一二月に合衆国が参戦したことで、西側の海洋諸国はドイツと日本に対して潜在力を総動員することができたのであり、独日を敗北させることができたのは、制海権を完全に掌握したからだった。一九四五年までに真の勝者になっていたのは、世界で最も裕福かつ最強の国、合衆国のみだった。

そこで明らかになったのは、連合国の切り札の一つにして、戦勝の鍵となる能力こそ、インテリジェンスだったということである。英国の正史によれば、ブレッチリー・パーク〔暗号解読を担った政府暗号学校の通称〕と合衆国のインテリジェンスによって、戦争が数年短縮されたとされる。

米国は暗号解読における英国の卓越性を認め、その結果、一九四一年の大西洋憲章に関連する非公式協定から生じた正式な協定「BRUSA〔英米通信情報協定〕」が一九四三年に調印され、これが一九四六年三月五日に英米両国によって正式に施行された。翌年以降、この協定はカナダ、オーストラリア、ニュージーランドにまで拡大された。かくしてファイブ・アイズ・コミュニティーが誕生した。往々にして「特別な関係」について語られがちだが、実際にはこれらの協定が基盤となっていたのである。

戦後、英語圏の諸国民、すなわち米国、英帝国およびその自治領が主導して、新しい世界秩序を確立した。この秩序は受け入れられ、緊張と課題があったにせよ、比較的最近まで続いた。興味深いのは、英連邦と北米を組み合わせた海洋モデルの方が、ソ連という陸上を基盤とする大陸国家よりも、富と安定を追求する上で耐久性があることが証明された点である。

すぐに明らかとなったのは、自由諸国が独自の目標を追求し、富を拡大していくような世界を、ソ連は望んでいないということだった。ソ連は東ヨーロッパに覇権を確立し、思想の自由を抑圧し、西ヨーロッパを脅かしていた。

一九四六年三月、チャーチルが有名な「鉄のカーテン」演説を行い、NATOが一九四九年に結成された。ファイブ・アイズ情報コミュニティーは、ソ連との戦争を回避し、最終的に冷戦に勝利するに当たり、われわれにとって最重要手段となった。また、時代の試練に耐え、ソ連の崩壊や、ならず者国家、中国、テロリズム、さらには麻薬や犯罪といった脅威の増大など、世界秩序の変化に立ち向かうために発展してきた。

本書は、われらが自由の確保に七五年にわたって貢献してきた組織を称えるにふさわしい、時宜を得た一冊である。

ウェスト・オブ・スピットヘッド提督
GCB〈バス勲章グランド・クロス〉、DSC〈殊勲十字章〉、PC〈枢密顧問官〉
二〇二〇年五月二三日

はじめに

本書は、私が英米の情報コミュニティーで働いた五〇年間（一九六八〜二〇一八年）をまとめたものである。私は、英米のインテリジェンスが特別な関係にあるというまさにその性質上、「二重インテリジェンス国籍」を享受する特殊な立場にあった。また、内部で勤務し、それを目の当たりにするという光栄にあずかった。そこでのセキュリティー・レベルは、厳密に国家的な意味において、英米両国の最高のものだった。しかも両国は、ファイブ・アイズ情報コミュニティー（米英加豪ニュージーランド）に不可欠かつ中心的なメンバーである。これと並行して、私は英海軍に勤務し、同海軍に在籍中、ワシントンDCで米海軍に仕えたほか、米太平洋艦隊第3艦隊の原子力巡洋艦USS『ベインブリッジ』で海上勤務するという、大変な栄誉にも浴した。一九七七年には、海軍作戦部長ジェームズ・L・ホロウェイ三世海軍大将から、米海軍に貢献したとして表彰状を拝受した。これは私にとって至宝の一つである。

一九八三年に米国に戻り、そこに永住すると、民間人としてUSS『コロナド』やUSS『フロリダ』でも勤務したほか、米海軍の幾多の部隊や関連機関に短期訪問したり、短期赴任したりした。その中から例を二つ挙げれば、ネバダ州のファロン海軍航空基地とハワイ州真珠湾マカラパの米太平洋艦隊司令部での上級士官向けトップガン課程、並びに真珠湾の太平洋艦隊潜水艦部隊司令部である。これから述べる米海軍のほかの機関と同様に、私は国防総省のさまざまな部署に何十年も出入りし、さまざまな職務に就いてきた。それらには、米国の国家情報コミュニティーの三つの主要機関、すなわち、中央情報局、国家偵察局および国家地理空間情報局も含まれた。さらには、国家安全保障局と国家海事情報センターを始め、米海軍情報部と国防長官府にも関連するさまざまな階層の組織や特別プログラム実施機関とも、互恵関係を築いてきた。英国籍でありながら、幅広いコミュニティーと全面的に接することができた。例えば、オハイオ州デイトンのライト・パターソン米空軍基地や、重要組織たるカナダ、オーストラリア、ニュージーランドの情報機関である。

私が思うに、英米の情報機関とその拡張版であるファイブ・アイズ・コミュニティーには、重要なことが一つある——つまり相互のつながりである。これに含まれるのが、(第二次世界大戦以降の)数十年にわたる人事交流(一九七〇年代半ばの私自身の体験など)を始め、二四時間無休の絶えざる情報・評価の交換、さらに、合同情報戦略・計画を立案・実行するための定期的な非公式・公式会合である。このうち最後の項目は、米英それぞれの政治指導者に、率直かつ正確でタイムリーな実用的情報を収集、分析、提供することを目的としている。私は、英首相と米大統領の両方に仕える機会に恵まれ、独自の視点を持つことができた。

本書は時系列で記されている。それは、一九六八年に私が情報コミュニティーに紹介された時点から始まる。その仲介者となったのが、第二次世界大戦時の英米コミュニティーの最優秀要員の一人、サー・ハリー・ヒンズリーである。同人は最初、ブレッチリー・パークにおり、後に英情報機関の重鎮となったほか、第二次世界大戦における英国のインテリジェンス史に関する政府公認史家にもなった。一九六八年から二〇一八年までの五〇年間には、変化や混乱、厳しい課題、成功と失敗、ファイブ・アイズの揺るぎない関係、そして幾多の素晴らしい交友関係があった。私が目指したのは、その五〇年間に関連諸機関がいかに発展してきたかをたどることである。それら機関は、私が確信するに、自由世界と西側民主主義国とその同盟国を支えてきたばかりか、共産主義というおぞましい専制体制や、われわれの価値観や文化に敵意を持つあらゆる邪悪な人々からわれわれを救ってきてくれたかもしれないのである。

本書を読めば全てが分かる、などと述べるつもりは毛頭ない。そんなことを言えば、とんでもない自惚れになってしまうことだろう。本書はまた、インテリジェンスについて素人に教えようとするものでもない。私が望み、理想とするのは、読者が私の五〇年にわたる経験を通じ、私との対話に参加し、自分なりの意見を持ち、自分なりの結論を導き出し、現代におけるインテリジェンスについて、客観的情報に基づいた、学識のある、偏見のない、非政治的な、しっかりとした見解を持ってくれることである。

米国の二つの情報機関に仕える安全保障担当官として十分な訓練を受け、適格性検査に合格した身ゆえに、本書においては、米英やファイブ・アイズ同盟国その他いかなる国のいかなる関連情報機関のセキュリティー規程やプログラムにも、一切抵触しないよう記述している。当然のことながら、本書はオープン・ソースに依拠した出版物である。原資料としては、私自身の膨大な非機密文書、個人的なメモ、日記を始め、私蔵書にも頼った。これらに肉付けしたのが、参考文献欄に記載されている二次資料である。さらに、英米の政府刊行物からさまざまな非機密資料を参照し、これらについては参考文献欄に注釈を付けておいた。

第1章　英米の特別な関係の成立——一九六八〜七四年

なぜ「特別な関係」で、なぜファイブ・アイズなのか。その歴史は、ある面では複雑であり、別の面では単純である。何よりもこの関係は、戦争という試練から生まれただけでなく、第二次世界大戦中に生き残りを賭けて生まれたものである。それを示すのが、一九四一年八月、ニューファンドランド沖のプラセンティア湾でウィンストン・チャーチルとフランクリン・ローズヴェルトがHMS『プリンス・オブ・ウェールズ』艦上で行った歴史的な会談である。

ファイブ・アイズは、共通の目的で結ばれた五カ国の人々によって構成されている。数十年にわたって存続してきた上で不可欠だったのが、五カ国の情報機関における人員の交流と統合である。ロンドン、ワシントン、オタワ、キャンベラ、ウェリントンにあるそれぞれの大使館は、さまざまな情報官庁から派遣されているそれぞれの関連支部とファイブ・アイズの重要な連絡を行っている。しかし、各国の通常の大使館員機構の外部では、互いの国の情報専門家と肩を並べて働く人材の交流が機関内で絶えず行われている。なぜファイブ・アイズがこれほど強力な国際外交力を持ち、間違いなく世界で最も成功を収めている情報組織であるのかを理解する上で極めて重要なのは、こうした関係の連続性である。ソ連邦とワルシャワ条約機構は、それに比べれば見劣りした。彼らは文化的に分裂していた上に、ソ連軍が東欧諸国を占領していたことによって分断されていたのであり、そのいずれの国も、ファイブ・アイズで今日まで持続しているような協力と忠誠を高めることはなかったのである。

時代の一刻――ウィンストン・チャーチルとフランクリン・ローズヴェルト

ウィンストン・チャーチルとフランクリン・ローズヴェルトの会談は、一九四一年八月にHMS『プリンス・オブ・ウェールズ』の艦上で開催された。これは日本軍による真珠湾攻撃の数カ月前のことであり、そこで検討されたのはヒトラー打倒を目指す海洋大戦略だけではなかった。ほかにも、レジナルド・「ブリンカー」・ホール提督と40号室（付録参照）の偉大な伝統に則り、通信傍受を基盤として、独日に関する機微情報の共有が検討された。戦争が進展するにつれて、カナダ、オーストラリア、ニュージーランドも、この極秘同志集団に招かれることになり、情報の交換だけでなく、人員と機材の交換も行われるようになった。こうした側面は今日に至るまで続いており、将来も続くだろう。今から見れば、この二人の偉大な政治家による『プリンス・オブ・ウェールズ』会談こそ、特別な関係と後のファイブ・アイズの幕開けとなるものだったのである。

同コミュニティー内で何が行われていたかについては、第二次世界大戦中もそれ以降も、英政府によってほぼ一切が秘密にされていたが、一九七四年になると、第二次世界大戦のウルトラ機密とエニグマ・コードに関する限られた量の情報が、ブレッチリー・パークの存在とともに英国民と世界に知られるようになった。非常にゆっくりながら、徐々にデータが開示されたことにより、第二次世界大戦に関するわれわれの理解は数年のうちに激変した。その具体例が、サー・ハリー・ヒンズリーが英政府から出版した、第二次世界大戦における英国のインテリジェンス史に関する名著である。これが意味するところは明白で

ウィンストン・チャーチル、フランクリン・D・ローズヴェルト、スターク提督およびキング提督。1941年8月10日、ニューファンドランド沖のプラセンティア湾に停泊中のHMS『プリンス・オブ・ウェールズ』艦上にて（出典：帝国戦争博物館A 4816）

ある。すなわち、国家安全保障や国際関係の専門家や、政治的・軍事的プロセスに関わる人々でも、必ずしも全てを知り、全てを考慮に入れているわけではなく、彼らが知らない事実も多いということである。これは誰の責任でもない。保全措置を高度に講じれば、そうなるのが自然なのだ。第二次世界大戦中も戦後も、急成長したファイブ・アイズ・コミュニティーは、冷戦の温度が低下の一途をたどる中で、そのようにして業務を遂行したのである。ニューファンドランド沖で開催された重大会談から八〇年の間に、途方もない技術革新があった。すなわち、海底ケーブルの切断や見事な暗号解読、欺瞞の技術などである。振り返ってみれば、デジタル革命一つを取ってみても、まったく想像を絶するほどだ。アラン・チューリングは、ブレッチリー・パークでエニグマ暗号機とウルトラ情報を使ってコンピューターの基本技術を革命的に応用した。ジョセフ・ジョン・ロシュフォート米海軍大佐〔原文ママ。当時は中佐。以下、当時の階級で示す〕と米海軍情報部の同僚は、第二次世界大戦中、マジック情報によって勝利に特筆すべき貢献をした。それらは皆、技術の最先端にあったのであり、そうした技術の発展は、現在のクラウド、サイバー、デジタル通信、信号処理技術の域を超えて、今後数十年も減速することがないであろう。こうした新興技術をいかに有効活用すれば、ファイブ・アイズ加盟国とその友好国にとって戦略的・戦術的に有利となり、国家安全保障上のニーズに最適な形で合致させることができるのだろうか。ハイポ（HYPO）〔戦闘情報班ハワイ局〕のロシュフォート中佐が、イギリス極東統合局の暗号解読官――最初はシンガポールに駐留し、同所陥落後はケニアとコロンボで活動した――と緊密に協力して打ち立てた記念碑的業績を、違った形で繰り返す必要があるのだろうか。ミッドウェーにおける勝利は、海軍の偉大な歴史と戦略の一部のように見えるかもしれないが、単にそれだけのものなのだろうか。ファイブ・アイズの協力には拘束力があり、そうした特異性がかつてなく重要になっている点に鑑みれば、ファイブ・アイズを依然として結び付けている新技術と、現在の世界の戦略的必要性は、別の形態のミッドウェーを別の理由で必要としているのかもしれない。

チャーチルとローズヴェルトがHMS『プリンス・オブ・ウェールズ』艦上で締結した大西洋憲章は、ソ連とワルシャワ条約機構の通信に対する監視体制の基礎を築いたのであり、それを最初に具現化したのが「エシュロン」と呼ばれる通信傍受網システムだった。これは、通信の性質と、ファイブ・アイズ全体が認識する脅威に伴って拡大している。収集、分析、配布されるデータは、当初から最高機密コードワード・レベルだった。共有される情報は、信号情報〔シギントとエリント〕に留まらず、ヒューミント、衛星画像情報〔イミント〕、さまざまな形態の地理空間情報〔ジオイント〕へと拡大した。ファイブ・アイズの各加盟国は、多種多様な情報源と収集手段を管理・運用するため、別個の機関を設立した。一九四一年八月に調印された大西洋憲章以降、初となる主要協定は、一九四三年五月一七日に英政府暗号学校〔政府通信本部＝

GCHQの前身）と米陸軍省（国家安全保障局＝NSAの前身）の間で調印されたBRUSA協定だった。一九四六年三月五日には、ある秘密条約が英米間で調印された。この条約は、その後の英国（GCHQ）と米国（NSA）のあらゆる信号情報協力の基盤となったものである。

一九四八年になると、この条約はカナダ、オーストラリア、ニュージーランドにも拡大された。一九五五年、英米の新たな修正協定により、事実上のファイブ・アイズが誕生した。ファイブ・アイズは、全周波数帯域にわたる大量の政府・民間・商業通信を収集する任務を開始した。例えば、電話、ファクス、後には電子メールその他の映像やデータのトラフィックなどであり、衛星通信や電話網その他の、より機密性の高い手段を通じているか否かを問わない。グーグル、アップル、マイクロソフトといった後のテクノロジー企業は、通信企業との既存の歴史的関係に加え、ファイブ・アイズにも協力した。ファイブ・アイズの主要プログラムは、第二次世界大戦後の数十年にわたって数多くあり、それらは今日まで続いている。

特別な関係の起源

無線電信が科学技術になり、後に商用技術として確立するより前、西欧諸国は主に人的情報活動（ヒューミント）と郵便物開封によって情報を入手していた。英海軍のマンスフィールド・カミング中佐は、一九〇九年にMI6（英秘密情報部またはSIS）が設立されるに当たり、その初代長官に就任した。同年、国内カウンターインテリジェンスと国内治安を担当する英保安局MI5が設立された。英国が政府暗号学校（GCCS）を設立したのは第一次世界大戦後のことである。この組織は、一九四六年まで同名称で知られていたが、同年以降、ブレッチリー・パーク（GCCSの別称）は、イングランド・チェルトナム近郊に設立された政府通信本部（GCHQ）となった。これら歴代の組織は、通信と信号の傍受を担当していた。その絶えざる原動力となったのは、あらゆる通信技術に後れを取らず、できればそれに先んじなければならないという必要性だった。第一次世界大戦前の一九一二年に設立された英海軍情報部《Naval Intelligence Division》（ＮＩＤ）は、「短波通信とは国境を越えた傍受を意味する」と即座に理解した。地上通信線や海底ケーブルを経由する電話傍受も同様である。英国は、通信インテリジェンスのまさに巨匠の先駆けとなった。英海軍情報局《Naval Intelligence Department》は、一八八七年から海軍本部の情報部門だったが、一九一二年に大きな組織改編が行われ、新たな名称が与えられた。

英米のインテリジェンスとファイブ・アイズ全体の歴史は、英政府暗号学校、つまりブレッチリー・パークと、後のＧＣＨＱの発展に直結している。これから見ていくように、主に米国の能力を——米海軍の支援と、ブレッチリー・パークと米海軍情報部、そしてハワイにおける同部の重要拠点ＨＹＰＯとの間に築かれた重要な交流を主に通じて——確立したことが、英米の「特別な関係」とファイブ・アイズの真の始まりとなったのである。第二次世界大戦中は、ヒューミント・データの交換や、英特殊作戦執行部と中央情報局（ＣＩＡ）の前身である米戦略事務局（ＯＳＳ）の工作が何よりも重要だったのであり、これがファイブ・アイズのヒューミントその他の関連秘密工作の始まりとなった。ともあれ、後知恵の恩恵——さらには、サー・ハリー・ヒンズリー（後に学界に戻り、英政府の全面的承認とブレッチリー・パークの戦時記録への全面的アクセスによって、正確な歴史録を発表しえた）のような、戦時中の著名な専門家による一九七〇年代以降の偉大な研究——があったおかげで、英国のＧＣＨＱと米国のＯＮＩ（海軍情報部）による成果の本質が明らかになっただけでなく、第二次世界大戦史の解釈を大きく変えることにもなったのである。

戦後まもなく、米国家安全保障法が一九四七年に制定され、一九四九年に同法が改正されたことで、現在のような米国の国防体制が誕生した。国防長官と国防副長官の役職が創設されたほか、海軍長官は指揮系統において国防長官の隷下となった。一九四七年法により、米空軍も創設され、米陸軍から分離された。初代国防長官のジェームズ・フォレスタルは、同法以前に海軍長官を務めており、これらの変更に反対していた。一九四七年以降、国防長官府は何倍にも拡張し、多数の政治任用官が置かれるようになった。

一九八六年に制定されたゴールドウォーター＝ニコルズ国防総省再編法においては、一九四七年法と一九四九年法によって作られた法的枠組みが強化された。野心に燃える陸海空軍将官の統合勤務が、事実上義務化された。しかし、海軍長官室、海軍作戦部長室、海兵隊総司令官室はそのまま存続し、スタッフも減ることがなかった。国防長官は海軍長官とは異なり、国家安全保障会議の一員である。海軍長官は、一九四九年まで大統領顧問団の一員だったが、変更後は国防長官の地位継承順位において第三位となり、歴史における海軍長官の地位が浮き彫りになった。

一九四七年の米国家安全保障法により、中央情報局（CIA）と国家安全保障会議も設立された。中央情報長官（DCI）は、二〇〇五年四月二一日に国家情報長官（DNI）とそのスタッフが創設されるまで、CIAと米情報コミュニティーの長を兼任していた。新設のDNIはまた、DCIに代わって大統領の主たる情報顧問となった。さらにDNIは、国家安全保障会議のメンバーにもなった。CIA長官は引き続きCIAの業務全般を管理し、旧CIA工作本部に代わって設置された国家秘密局を通じてCIAの秘密工作に責任を負う。英米の特別な関係からファイブ・アイズが形成された際、ほかの三カ国（カナダ、オーストラリア、ニュージーランド）は、情報協力という点で米国のこの新体制の中に取り込まれたのである。

米海軍は、国家安全保障の要として一七九八年に議会によって創設されたが、一九四七年の米国家安全保障法によってかなりの変更が加えられ、第二次世界大戦末期に享受していた突出的地位を失った。とはいえ、米海軍のインテリジェンス機関は実質的に変わることなく存続した。

英国でも変化が起きつつあった。現在の国防省は一九六四年に設立されたものだが、その根拠になったのが、三軍——英海軍、英陸軍、英空軍——の協力と協調を強化する必要があるという認識だった。英国では、英海軍が常に上位の軍と見なされてきており、今もそうしたものとして言及される。英海兵隊は英海軍の一部であり、英海兵隊総司令官は米海兵隊総司令官と同様の地位と威信を享受している。とはいえ、英海兵隊は常に米海兵隊の数分の一の規模であったため、米海兵隊が当然のこととして受けているようなレベルの国家的認知を受けることはなかった。英参謀長委員会〔米国の後の統合参謀本部に相当する機関〕が結成されたのは一九二三年だが、統一省構想は一九二一年にデイヴィッド・ロイド・ジョージ首相によって却下されていた。

一九三六年には、ナチスによる侵略の脅威増大に鑑み、閣僚レベルの国防調整担当相の役職が設けられ、再軍備を監督することになった。一九四〇年に首相に就任したウィンストン・チャーチルは、国防問題の調整改善と、参謀長委員会の直接管理を目的として、国防相〔閣外〕の役職を創設した。留意すべきは、ウィンストン・チャーチルが、首相就任前の一九一一年から一九一五年までと、一九三九年から一九四〇年〔一九三九年九月に宣戦が布告された後の、有名な「ウィンストンが帰ってきた」の時期〕まで、海軍卿〔米海軍長官に相当する英海軍の文民トップ〕を務めていた点である。第二次世界大戦中、ウィンストン・チャーチルは首相と国防相を兼任した。一九四六年には、クレメント・アトリー政権〔一九四五年の総選挙で労働党が勝利〕が、下院に一九四六年国防省法を提出し、可決した。これ以前は、海軍卿は閣僚だった。新たな役職となった国防相は、海軍卿、陸軍相〔陸軍の文民トップ〕、空軍相〔空軍の文民トップ〕に代わり、閣僚の一人となった。一九四六年から一九六四年まで、英国では五つの別個の省庁——海軍本部、戦争省〔陸軍〕、空軍省、航空省、そして黎明期の国防省——が国防を担当するという具合に、組織が混在していた。そのため、一九六四年の改革は記念碑的なものだった。前述の省庁は全て国防省単体に併合された上、歴史的に強大だった海軍卿の地位が廃止された一方、情報コミュニティーはファイブ・アイズの〔ようやく安定した〕活動領域の中で機能を継続させた。

一九七一年には、最後の改革として航空補給省が国防省の一部となったが、ファイブ・アイズ・インテリジェンスに対する影響は皆無だった。初代国防相〔閣内〕となったピーター・ソニークロフトは、アレック・ダグラス＝ホーム保守党政権において一九六四年四月から一〇月まで短期ながら同職を務め、ハロルド・ウィルソン労働党新政権においては、一九六四年一〇月から一九七〇年六月までの非常に重要な時期に、デニス・ヒーリーがその地位に就いた。後任者のキャリントン卿は、エドワード・ヒースの保守党政権下で、一九七〇年六月から一九七四年一月まで在位した。一九六四年から一九七四年までの一〇年間は、大臣一人と巨大な官僚機構のもとで、英国の国防政策が完全に固まった時期だった。ファイブ・アイズの関係には何らの変化もなかった。それどころか、冷戦が激化するにつれて、情報共有と人的交流が増加したのである。

＊

英国の多くの少年と同じように、私〔著者〕も大探検航海――ジェームズ・クック船長は自分にとってのヒーロー――を始め、ネルソンの伝説、帆の時代から蒸気力、原子力へと続く大技術革命に魅せられて育った。私は、これらの変化がなぜ、いかに生じたのか、その過程全体と詳細にただただ魅了された。海軍士官だったこともさることながら、海と、もっと広い意味での海事史、そして英米海軍が第二次世界大戦中、いかにして強大な海軍へと進化していったのかという点と非常に根深い関係があったことも、刺激となった。

一九六八年、グリニッジ王立海軍大学校で海軍史・国際問題学部長を務めていたブライアン・ランフト教授から、ある人物に引き合わせたいと言われた。私の研究を助け、指導してくれるのだという。その人物と親しい同教授曰く、一九三〇年代のドイツ世論に関する私の研究論文を読んだその人物が、それを気に入ってくれたらしい。ランフト教授によれば、その人物はインテリジェンス、特に海軍インテリジェンスの目的と実践について極めて博識であるという。

私の人生はこの会話で一変した。

その人物こそ、ケンブリッジ大学セント・ジョンズ・カレッジのサー・ハリー・ヒンズリー教授だった。ブライアン・ランフト教授は、すでにケンブリッジでの面会を手配しており、私の正式な指導教官であるローレンス・マーティン教授からもその旨の了解を得ていた。私はヒンズリー教授のもとで研究を進める傍ら、ブッシー・パーク／アッパー・ロッジ所在の警備厳重な施設で英海軍大尉としての職務もこなした。研究については英海軍から全面的な支援を受け、資金の提供も受けた。第二次世界大戦の極めて経験豊富なインテリジェンス専門家の小グループが私の師となり、研究を支えてくれることになるなど、当初は想像だにしていなかった。

一九六九年から一九七二年までは、セント・ジョンズにあるヒンズリー教授の部屋で、教授とともに何時間も過ごした。そこは信じられないほど多くの資料や書籍、原文書、学生の小論文で散らかっていた。私はその部屋で、第二次世界大戦について極めて多くを学んだ。ある日、教授から、ごく少数の人々しか知らない特別な資料を紹介したいと言われた。教授から伝えられたのは、ロンドンの外務省本館のすぐ近くの建物で会おうということ以外、何もなかった。そこはパーラメント・スクエアの近くにあった。地下深くに連れていかれ、警備厳重な保管庫に入った。立入りは、選ばれたごく少数に限られていた。私は、外務省と英情報コミュニティーの現職員のほぼ全員が、この保管庫の内容どころかその存在すら、ほとんど、あるいはまったく知らないことを知るところとなった。

エニグマとウルトラのデータ

私がこの保管庫で調べることができたのは、第二次世界大戦時のエニグマとウルトラのデータだった。まさに宝庫だった。その後の数カ月間は、アッパー・ロッジから休暇を取ってロンドンに赴き、資料を研究することになった。いくつかの点ははっきりしていた。エニグマ・データの存在とその内容、そして第二次世界大戦への諸影響については、絶対に他言してはならないこと。さらに、関係者のことや、ブレッチリー・パークという秘密の場所での仕事が第二次世界大戦の性質と結果を変えたことも、絶対に口外してはならないこと。

では、それは私の研究にどのような価値があったのだろうか。なぜハリー・ヒンズリーは、エニグマやウルトラ、そしてそれと同等の極秘データである米国のマジックの全て、さらには、諸々の関係の全貌、ブレッチリー・パークという組織、米国との交流、ワシントン協定、そして多くの事柄——英国家機密法のもとで私が依然として秘密を厳守しなければならなかった事項——に、わが目と心を開かせたのだろうか。それらの一部は、情報源や収集手段、収集技術、そして最重要のこととして、米英の国益を最優先するという政治的な理由から、いまだに機密扱いにされている。ウィンストン・チャーチル首相とフランクリン・ローズヴェルト大統領の間で生じた特定の事柄については、情報源および収集手段の問題ならびにブレッチリーのデータに基づく政治的側面、そして安全保障上の理由から、はるか後世に任せるのが最善であることは疑いない。ハリー・ヒンズリーが私に理解させたかったのは、一八八〇年から一九四五年までの英海軍のインテリジェンスについて私が行ったあらゆる研究は、少なくともブレッチリーとそこで行われたことの全てと、その資料、その影響について知らなければ、完全なものにはならないということだった。彼は、ある面で私を教育したかったのであり、また別の面では、私がゆくゆくはブレッチリー・パークの戦勝者たち——彼はその中でも傑物だった——を擁護してくれることを望んでいたのだった。
時は飛んで一九七四年、ハロルド・ウィルソン首相率いる英政府は、第二次世界大戦中の英空軍中佐フレデリック・ウィリアム・ウィンターボーサム（一八九七年生、一九九〇年没）が出版した本を解禁とした。同人は、ウルトラへのアクセス権を与えられた受領者の小グループに、ブレッチリーの成果物を配布する作業を監督していた。実際のところ、彼は「特別連絡班」を通してクーリエを管理したが、技術的暗号解読の詳細、作戦分析、細かなデータには一切アクセスできなかった。彼の著書 *The Ultra Secret*〔邦題『ウルトラ・シークレット』（早川書房）〕は、ブレッチリー・パークの存在とその成果物なるものを英国民が初めて知るきっかけとなったが、内容の多くが不正確であり、事実と解釈にも誤りがあったため、酷評された。英政府は、成果物を詳しく公開することは許可しなかった。この成果物には、実際の生の情報資料、作成された分析や報告書、第二次世界大戦中に講じられた行動や計画、政策、作戦への影響などが含まれていた。

ウィンターボーサムは事実上、パンドラの箱を開けてしまったのである。英政府は今や、政府の関係者や職員の内と外、学界、そしてもちろん情報コミュニティー内部など、教養ある英世論のあらゆる領域で大きな関心をかき立てることとなった。米国の情報コミュニティーは吃驚仰天《きっきょうぎょうてん》した。

それら資料の多く――決して全てではない――が正式に公開され、機密解除となったのは、はるか後になってからである。ヒンズリー教授はその際、首相直々の許可も得つつ、政府から依頼されて英国のインテリジェンスに関する正史の執筆を開始した。その歴史書は王立印刷局の後援のもと、何巻にも分けて出版された。[▼1] その膨大な資料と導き出された結論は、特筆すべきものである。これらによって、第二次世界大戦前後とその最中に生じた出来事についての解釈が変わったのだった。ヒンズリーは、ブレッチリー・パークと米国のインテリジェンスによって戦争が数年短縮したという大胆な結論を下した。特に海軍作戦の理解に与えた影響は非常に劇的だった。だが、それ以上に劇的だったのは、ウィンストン・チャーチルとフランクリン・ローズヴェルトとの間でさまざまな協定が結ばれた後、米英が戦争中にカナダ、オーストラリア、ニュージーランドともども、緊密に協力していたことが明らかになった点である。これらの協定が、「特別な関係」——重大な本質的事実を明示する簡潔な表現——の始まりとなったのである。

米英両国は、あらゆるレベル、あらゆる情報源から得られた重大情報に加え、とりわけ米マジック・データ源と英エニグマ・データ源から得られた金同然の貴重な成果物を共有していた。特に留意すべきは、協力とデータ交換がこうして続いたこの頃、最も重要だったのが米英海軍の情報機関の交流であり、英海軍がカナダ海軍、オーストラリア海軍、ニュージーランド海軍とも緊密な協力関係にあったことである。ブレッチリー・パークは主に英海軍が運営しており、米海軍はマジック・データを主導していた。ウィンストン・チャーチルとフランクリン・ローズヴェルトはともに、これらの特別な情報源から得られた資料を、誰が、どのように、いつ利用すべきか、あるいは利用すべきでないかを直々に管理し、それについての影響力を有していた。当然のことながら、いずれの指導者も、特別な情報源が危険に曝されることは望んでいなかった。二人は、保全その他の運用に関わるコストは度外視するよう定めた。

運用面においては、敵に暴露されるリスクが高すぎる場合は、たとえそれが重大な損失を伴うものであったとしても、データを利用してはならないとした。目先の利益が長期的な利益を阻害することは、あってはならなかった。こうした文化、伝統、保全体制が彼らの政策を下支えしたのであり、彼らの死後もそれが持続し、今日に至るもファイブ・アイズ内で存続しているのである。英首相も米大統領も、今日も続くファイブ・アイズの特別な関係の本質に関わるような実質的な機密情報を、故意あるいは不注意によって漏らしたことはないし、不慮の過失で暴露したこともない。米英のあらゆる情報機関や省庁の中でも、米英海軍と加豪ニュージーランドの姉妹海軍ほど緊密に結び付き、機微なデータを共有している組織はない。ファイブ・アイズが設立されて以来、これら五カ国の海軍はインテリジェンスのあらゆる問題で緊密な連携を保ってきた。インテリジェンスの運用レベルでは、全体的にほぼ完全に調和が取れている。

その間にも、私は正規の海軍職業軍人としてアッパー・ロッジで懸命に働いていた。その傍ら、ロンドンでは、博士号取得のための調査を行っており、地下の秘密保管庫や公文書館、海軍史図書館、大英博物館図書館、国立海洋博物館などを訪れたほか、主要人物との面談を数多くこなしたり、個人の収集物や日記、遺品を分析したりしていた。そして、一八八〇年以降の英インテリジェンスの起源と発展について詳しく深く掘り下げ、英国で最も機密性の高い情報収集活動と分析の一部を毎日のように目の当たりにするうちに、自分は単なる「点」にすぎず、一九世紀末以降に発展してきた政治的・軍事的インテリジェンスの巨大な連続体の中の一個人にすぎないことに気付いた。一九六九年当時、私は若干二五歳であり、前途洋々に思えたにせよ、自分はその連続体の一部であり、過去、現在、未来を形成する数万人の人々の中の一個人にすぎないと認識した。私は、自分以外に誰も整理したことがない知識と情報を手に入れたのであり、このような驚嘆すべき歴史と遺産を持つコミュニティーの一員であることに恐縮した。

私は、わが研究を最高のものにしなければならないと自覚した。私が知るに至った多くの犠牲、そして私が調査した大勢の天才的な人々から、やる気と活力をもらい、今日は昨日よりももっと頑張ろうと思えた。私は一介の英海軍大尉にすぎなかったが、私の周りには、民間人であれ軍人であれ、階級など意識せず、横柄なところが微塵もない人々がいた。彼らは、冷戦というインテリジェンス空間の中で、二五歳の「点」にすぎなかった私のような者を養成し、助け、励ましてくれたゆえに、立派な指導者だった。英国やファイブ・アイズ、NATOその他の同盟国にとって友好的ではないソ連やワルシャワ条約機構その他の国々に挑むことは、やりがいのある仕事であり、チャンスであり、義務だったのであり、最善を尽くすことが求められるものだった。

一九六〇年代における英国民とインテリジェンス

一九六〇年代後半の英国民の大半は、英国の主要な情報機関についてほとんど何も知らなかった。彼らが知っていたのは組織の名称くらいだった。MI6がスパイ機関であり、映画を真に受けているなら、ジェームズ・ボンドのような人物を生み出したとされる組織であることは知っていたし、MI5がカウンターインテリジェンス機関であり、反逆者を探り出し、外国のエージェントの居場所を突き止め、追跡することを任務としていることは、スパイ容疑でのさまざまな逮捕や裁判を通じて知っていたかもしれない。一九五〇年代から一九六〇年代にかけては、フィルビー、バージェス、マクリーン、ブラント、ケアンクロス（「ケンブリッジ・ファイブ」）を筆頭とした裏切り者の有名なスパイ・スキャンダルが大衆の関心を呼んだ。この五人の反逆者は、ソ連に膨大な秘密を漏らし、同世代の人々を裏切り、多くの英国エージェントを破滅に追いやったのである。彼らのうち、一九五一年五月にバージェスとマクリーンが、そして一九六三年にはフィルビーが、逮捕される前に亡命した。

これ以外に、ドーセット州ポートランドの海軍本部関連施設にもスパイがいた。そこでは機密性の高い水中戦の研究が行われていた。彼らは不法滞在スパイであり、ロンドンのソ連大使館による外交的保護を受けずに非公然活動を行っていた。メンバーには、ハリー・ホートン、エセル・ギー、ゴードン・ロンズデール、モリス&ロナ・コーエン夫妻（別名ピーター&ヘレン・クローガー夫妻）らがいた。MI5とロンドン警視庁の特殊部隊が彼らを追跡し、全員を逮捕した。英国には「原子力」スパイもいた。それらには、マンハッタン計画で英代表団の一員として働いたドイツ生まれの理論物理学者クラウス・フックスを始め、マンハッタン計画で働き、一九四六年にカナダでソ連の亡命者に暴露された英国籍のアラン・ナン・メイがいたが、おそらく――一九九九年まで探知されなかった中で――最も成功したのは、遅くとも一九三八年からソ連のためにスパイ活動をしていたメリタ・ノーウッドであろう。同女は一般に、ソ連がリクルートした中でも最優秀の女性工作員と見なされている。その正体を暴露したのは、一九九二年に英国に亡命した元KGB第一総局員のヴァシリ・ミトロヒン（一九二二年生、二〇〇四年没）だった。大衆が彼女の背信行為を知ったのは、メディアや議会での質問と討論、そして裁判を通じてのみだったが、MI5とMI6の詳細については完全にぼかされていた。例えば、これら組織の所在地は、当然のことながら正当な理由があって機密扱いにされていた。MI6がテムズ川南岸のウォータールーにあるセンチュリー・ハウスに収容されていたことは、今なら書いても支障がない。MI6がその後、テムズ川上流の南岸にあるもっと印象的な建物（その形状から「ウェディング・ケーキ」と揶揄される）に移ったことは今では周知の事実であり、ボンド映画『007スカイフォール』など、同所はいくつかの映画にも登場している。

センチュリー・ハウスの秘密は厳重に守られていた。GCHQの存在や役割、任務は最高機密とされ、秘密の中に埋もれていた。MI5が法的に認められたのは一九八九年のことであり、「秘密情報機関は今後も存在する」という文言は、GCHQとMI6が実在することを世界に公言するものだった。その法的根拠は一九九四年の情報機関法である。

アッパー・ロッジの内部で行われていたことは、MI6やMI5とは一切関係がない。それは、健全な「ニード・トゥ・ノウの原則」に基づいたものであり、知る必要のない事項や、暴露しうる事項をコミュニティーの他部署の人間には知らせないという明確な方針があった。アッパー・ロッジは、昼夜違わず二四時間体制であり、冷戦期で最も貴重な機微情報を吸収、分析、生産していた。これら重要情報の収集に貢献した人々も、分析官と肩を並べて活動していた。前者は、より広範な活動計画の一部となっており、多くの場合、首相の単独承認がなければ移動できない機微アセットで構成されていた。リスクが高かったので、保全措置の講じられたこの秘密集団の一員になっていたのは、能力が極めて高い上に信用でき、入念な審査を受けた者のみだった。

ヒンズリー教授とともに仕事をする傍ら、私は海軍の職務において、アッパー・ロッジ内で極めて興味深いグループとも仕事をしていた。応用心理学研究所（略してAPU）である。私は、ナチスの思考様式に関してこれ以前にも考察・研究したことがあったほか、ハリー・ヒンズリーその他の第二次世界大戦時の専門家と共同作業を行ったことで、冷戦中の敵対者に対する独自の心理学的視点が得られた。この研究所を率いていたのは、ロンドン大学ユニヴァーシティ・カレッジを卒業したエドワード・エリオットという、著名な上級文官だった。エドワードは私の上司であり、私の同僚には、イーオン・ウィリアムズ博士という、非常に立派な紳士がいた。彼はウェールズ人で、第二次世界大戦中は英空軍のパイロットを務め、エドワードと同じく、ユニヴァーシティ・カレッジの卒業生だった。彼とは緊密に協力し合ったが、私は共同研究者としてはあらゆる面で若輩者だった。だが、イーオンは年長の同僚として完璧であり、はるかに経験豊富な上に、決して威張ることもなく、考えやアイデアを共有しようとし、チームとして働くことを常に厭わなかった。それは楽しい時間であり、知的好奇心が刺激されたが、実績と成果面でも厳しく求められた。最高の結果以外のものは求められず、それ以上でもそれ以下でもなかった。われわれは外部の助けを追加的に必要としたほか、ほかの人々に会ったりデータを収集したりと、方々を飛び回った。

一九六〇年代後半から一九七〇年代前半にかけて、英国のみならず世界で最も著名な心理学者の一人だったのが、ハンス・アイゼンク教授（一九一六年にベルリンで生まれた後、英国に帰化、一九九七年没）だった。同人は英国の心理学者サー・シリル・バート教授のもとで博士課程を修了していた。ハンス・アイゼンクの専門は知能とパーソナリティーで、私自身の母校キングス・カレッジ・ロンドンの特技学校であるキングス・カレッジ病院医学部の一部門、精神医学研究所に在籍していた。私はイーオンとともにキングス・カレッジのハンス・アイゼンクを何度も訪ねた。彼は大いに力を貸してくれ、われわれのアプローチや研究成果の構成を決めるのに役立つ洞察や、刺激的な手掛かりを与えてくれた。われわれは世界中に出張した。あるとき、高度に専門的な連絡任務でコペンハーゲンを訪れた折、私は初めてソ連の情報機関――この場合は一人のKGB工作員――と極めて個人的なレベルで接触していることに気付いた。彼らの監視チームに捕捉されたのだが、一人の工作員は、コペンハーゲンにいる私のことを二四時間体制で監視することを専門任務としていたようだった。私はたいていの場合、彼をまくか、行き止まりの道に誘い込むことができた。いずれにせよ、至極単純なことに気付かされた――私はターゲットだったのである。私のカウンターインテリジェンス訓練は、それから約半年後、大いに役立つことになった。そのとき、冷戦がいかに熱く、ソ連の浸透がいかに執拗で狡猾であるかを知ったのである。

一九七二年初頭、私はブッシー・パーク/アッパー・ロッジにある秘密施設を後にした。海上勤務を予想していたが、「任命権者」(私のキャリアと任務を管理する上級士官)から電話があり、運命を告げられたときは、驚くと同時に嬉しくもあった。本当に仰天した。グリニッジ王立海軍大学校の上級講師兼チューターに任命されることになったのだ。私は一九七二年春の時点では上級尉官で、一介の尉官がそのような役職に就くのは前代未聞だった。ブライアン・ランフト教授とグリニッジ王立海軍大学校長のエドワード・エリス海軍少将CBE(大英帝国勲章コマンダー)(一九一八年九月六日生、二〇〇二年一月一三日没)が、ある将校の後任として私を任命するよう特別に要請していたのである。その将校は、軍を退役するところで、海軍大学校の卒業生の間では伝説となっている人物だった。

任命権者から、私が教えることになるコースと職務内容について説明を受けると、私より二五年先輩の将校の後を継ぐということが恐ろしく困難に思えた。そこで、グリニッジで一日かけてブライアン・ランフトに相談した。私はいくつかのコースで教えることになったが、最も気に入ったのは、尉官グリニッジ課程(LGC)、特殊任務将校課程、王立海軍幕僚課程、そして、たまに客員講師として海軍大学校(グリニッジでの最上級課程で、英海軍大佐と英陸空軍の同等階級者のみを対象)でインテリジェンスについて教えることだった。

講義をしたり、通常六人以下の少人数士官グループの個人指導をしたりと、授業は楽しかった。専門分野にしたのは、知識があると見なされた分野だった。そこで扱ったのは、インテリジェンス史、戦略・政策立案におけるインテリジェンスの役割、海軍作戦との細々とした接点だった。インテリジェンスに関して徹底的に論じると、自分がどれだけのことを知っていて、知識がゼロまたはほとんどない人々にどれだけのことを教えてやることができるかを、じきに理解した。グリニッジの制服組や学術スタッフの中で、私が知っていることを知っている者は一人もいなかったので、すぐに自信がつき、上級指揮官や大佐とも互角に渡り合えるようになった。その全てのベースにあったのが知識であり、さらには、情報コミュニティーへの助言と、研究を継続したことで得られた経験だった。私は頻繁にロンドンの中心部に赴き、国防省と情報コミュニティーの双方を訪問した。その目的は、自分の研究の幅を広げ、生徒のために自分の知識ベースを増やし、インテリジェンスについての最新事情を完璧に把握しておくことだった。キングス・カレッジで研究していた最中に築いた人脈は、今や貴重な財産となった。

私の生徒は、一人ひとりが非常に優秀だった。その多くはフォークランド紛争で戦い、後の湾岸戦争では要職に就くことになった。キング・チャールズ・ビル[▼2]の中に研究室を構え、英海軍の精鋭とひざを突き合わせながら、未来を形作るような考えやアイデアを語り合うのは光栄なことだった。

冷戦期の英米のインテリジェンスを決定付けた歴史的前例

冷戦期とそれ以降の五カ国間のインテリジェンスが、なぜ、いかに発展したのかを決定付けたのは、第二次世界大戦における歴史的前例だった。ハードな技術的・科学的インテリジェンスと、外国軍の能力向上との間に相関関係があることは自明であるが、単に自明なだけではない——それこそ、各加盟国がファイブ・アイズの国家安全保障上の重大利益に対するさまざまな脅威の出現に対応するため、極めて特殊な能力や戦力構造、展開戦略、基地、兵站を発展・開発した理由の核心なのである。第二次世界大戦中の各国の情報機関は、貧弱で月並みだった。米国で発展したのは、ソ連とその同盟国であるワルシャワ条約機構が出現した後である。戦時中の英国では、ブレッチリー・パークの暗号解読センターの優秀な頭脳が最重要だった。米国でそれに該当したのは海軍情報部だった。両機関の重大な役割については、多くの記録が残されている。連合国の勝利の中心にあったのは、信号情報収集と、敵の通信の読解に関連する重要な暗号解読だったのである。カナダ、オーストラリア、ニュージーランドは少し遅れて参加したが、その役割は大きかった。米国のOSS（戦略事務局）、英国のSIS（秘密情報部あるいはMI6）、SOE（特殊作戦執行部）の活動が対象としていたのは、人的情報収集（ヒューミント）と秘密工作だった。後者は、極秘作戦を通じて敵をさまざまな方法で屈服させるためのもので、ヨーロッパやアジアの多様なレジスタンス組織やグループと連携して行われることが多かった。戦時中のこれら情報機関の先達――サー・ハリー・ヒンズリー、R・V・ジョーンズ、J・C・マスターマンなど――は、一九四五年以降のさまざまな再編成に影響を与えた。彼らは戦後、英米の新規採用者を養成したほか、インテリジェンス関連のさまざまな術《アート》や技術において、ほかの三カ国の情報機関に影響を与えた。その結果、一九六二年にキューバ・ミサイル危機が発生した頃には、五カ国はいずれも非常に有能な基幹要員を擁していたのであり、それらは戦時中に有意義な体験をした者と新世代とが混在したものだった。旧世代が新世代を導いたのである。

一九六〇年代に採用された人員は、少数の例外を除いて今ではほとんど引退している。私は一九六〇年代の生き残りの一人である――サー・ハリー・ヒンズリーやサー・ノーマン・「ネッド」・デニング海軍中将といった重鎮の薫陶を受けた。ハリー・ヒンズリーは、ブレッチリー・パークで主に海軍作戦用にエニグマに取り組んでいた。また、デニングは英海軍の有名な39号室で作戦インテリジェンスの中枢にいた。

私の世代に属する無数のアメリカ人、カナダ人、オーストラリア人、そしてニュージーランド人は、それぞれの情報機関において、第二次世界大戦中に活動していた情報要員から訓練と指導を受けるという、特別な恩恵を一様に享受したのだった。

変化の一つは、一九六一年一〇月一日に米国に国防情報局が設立され、さらに、一九六四年四月一日には英国に国防情報参謀部（二〇〇九年に国防情報部に改称）が創設されたことである。英米のさまざまな既存省庁は、機能――主にシギント、ヒューミント、カウンターエスピオナージ、そして後には宇宙ベースのインテリジェンス・システムや作戦――に基づき、分離されていた。このそれぞれの機能に相当するのが、国家安全保障局（NSA）と政府通信本部（GCHQ――ブレッチリー・パークの後身）、中央情報局（CIA）と秘密情報部（SISまたはMI6――全て同一組織）、連邦捜査局のカウンターエスピオナージ部門と保安部（またはMI5）である。何よりも、ほかのファイブ・アイズ三カ国は、広範な交流プログラムや大使館を通じた連絡、高度な保全措置が講じられた回線を介した二四時間体制の情報データ交換により、完全に統合されていた。その後、米国独自の組織である国家偵察局（NRO）が設立されることになったが、これは比較的最近まで米国で公認されていなかった唯一の情報機関である。NROの存在は何年も秘匿されていた。以上のような組織的環境の中にあったのが、海軍情報部長を長とする五カ国の海軍情報機関である。五カ国の海軍にはそれぞれ際立った類似性があり、全体の協力関係が弱まることは一度たりともなかった。GCHQとNSA、そしてカナダ、オーストラリア、ニュージーランドの姉妹機関との間の極めて強固な関係は、傑出していた。個人レベルでの協力、成熟した協力関係、そして代々の職員が育んだ永続的友情が、成功を確実なものにしたのである。これは、第二次世界大戦を戦った先人たちが築き上げた基盤の大きさを物語るものである。

海軍に関して述べれば、米海軍の情報機関とほかの四カ国の海軍のそれとの組織上の大きな違いは、米海軍以外の海軍では、専門の情報将校を採用・養成していないことだった。米海軍以外の四カ国海軍は、英海軍でいうところの「一般名簿《ジェネラル・リスト》」〔兵科将校名簿〕――米海軍では、職域制限のない兵科将校の全職種に相当――から情報将校を選抜していた。英国や英連邦の海軍では、海軍の情報将校は情報部に採用される前に海軍で幅広い素養を身につけるべきであり、やがては通常の海軍勤務に戻るべきとの見解だった。これに対して米海軍は、第二次世界大戦中も戦後も、情報将校と暗号将校については人事制度と昇進経路を別個に定めていた。米海軍とそれ以外の四カ国海軍の下士官兵についても同様だった――英連邦海軍が広範な人材基盤の中から選んだのに対し、米海軍は指定された人事体系の中で訓練を受けた専門職を抱えていた。米海軍は、情報将校の在任期間が比較的短い英海軍のシステムよりも、訓練と経験を豊富に積んだ人材の方が有用と考えていた。これとは対照的に英海軍は、情報要員向け人事体系をあまりに制度化しすぎると、インテリジェンスに関する重要問題に対する見方が固定化されてしまい、海軍の本務から切り離された人事体系になりかねず、グリーン・ドア〔米軍のスラングで、情報関連部署とそれ以外を隔てるドア（たいてい緑色）のこと。転じてアクセス制限の意も〕の向こうで行われることが、ごく一部の要員だけのものとなってしまう危険性があると考えた。英海軍は、海上経験に裏打ちされた情報将校を欲した。一方、米海軍は、艦隊旗艦や主要部隊といった重要箇所に洋上勤務の情報職を設けることで、洋上での経験を確保した。しかし、双方のシステムの長短所がどうであれ、五カ国の海軍は期待をはるかに超えて協力し合い、NSAとGCHQを始め、カナダ、オーストラリア、ニュージーランドの同等の施設における特殊な海軍関連活動によって、その関係がさらに強化されたのである。

英米両国の海軍情報機関は、米国の国防情報局（DIA）と英国の国防情報参謀部（DIS）という中央集権的な国防情報機関の創設に当たり、ともに同様の課題に直面した。米海軍の海軍情報部（ONI）と海軍情報部長（DNI）は統合後も別個の組織として存続し、海軍長官と海軍作戦部長の直轄組織となった。ところが英海軍の場合、海軍情報部長（DNI）とその職員はDISの下に組み込まれた。同部は独自の組織階層と指揮系統を持ち、上級機関として情報担当国防参謀次長（DCDS（I））、その上に中央国防参謀部、さらにその上に国防参謀総長（CDS）が置かれた。これは重大改革であり、米国の海軍情報部が経験したことのないものだった。英国の関係者大勢にとって無念極まったことに、海軍情報部長の地位は、代将（情報担当）――一つ星ポスト――という下級ポストに取って代わられたのだった（代将は将官位ではなく、佐官の最上位）。

第二次世界大戦中に海軍情報部長（DNI）を務めたジョン・ゴドフリー海軍中将は、ウィンストン・チャーチル首相に直属する三つ星の将官だった。前述した国防関連機関全体の改革と並行して行われたこうした中央集権化の結果、英海軍の情報部門は高度に官僚化された中央参謀組織の一部となり、その要職は多数の文官が占めた。この利点は、将校団の陣容が変わっても、文官スタッフの継続性が保たれることだった。カナダ、オーストラリア、ニュージーランドは、一体化《インテグレーション》および統合《ジョイントネス》を特徴とする英国のモデルに従う傾向があった。

米国による「頭上」インテリジェンスと国家偵察局（NRO）

米国の国家偵察局（NRO）は、宇宙ベースのインテリジェンス・システムを担うようになり、これには同国の軍関連部門やCIAといった他官庁も参加している。一九六一年九月六日から一九九二年九月一八日まで、NROは名実ともに機密扱いされた唯一の情報機関であり、その正体、役割、所在は極秘とされた。NROはほかのファイブ・アイズと一方通行ベースで情報を共有し、米国以外のそれぞれ四カ国の国籍者は、米国の「頭上《オーバーヘッド》」衛星データへのアクセス権を得る前に、徹底的な審査を受ける。宇宙ベースのインテリジェンスには、シギント、エリント、イミント、マジントといった「INT」（それぞれの英略語の末尾三文字を意味し、ここではそれぞれから得られた情報を意味する）の多くと、その他の地理空間データが含まれ、その多くは配信に向けて米国家地理空間情報局（NGA）によって処理・分析される。NRO／NGAのデータは質が極めて高い。NROの施設の中にはファイブ・アイズ諸国に拠点が置かれているものもあり、これは、米国とほかの四カ国との間の「頭上」データ共有体制において重要な要素となっている。人事交流は、「頭上」派生インテリジェンスの人脈形成プロセスにおいて、重要なものとなっている。

地理的位置はファイブ・アイズ・コミュニティーにとって重要な要素であり、それぞれの加盟国は収集手段や収集機会において、地の利を独自に提供してきた。植民地時代とその後の英国は、昔も今も重要である。なぜなら、信号収集に技術的に適した多様な場所が世界中にあるためである。海外の基地は、収集システムだけでなく、監視・偵察機や、今日では無人航空機（UAV）やドローン（特に自律型無人機を指し、この点で遠隔操縦型のUAVと区別される）を常駐化・運用するための手段も提供している。例えば、インド洋に浮かぶ英国のディエゴ・ガルシア島は、さまざまなインテリジェンス関連活動に加え、兵站支援用の場所も提供している。英国による脱植民地化の遺産は、ファイブ・アイズ全体に地の利をもたらしたのである。

ファイブ・アイズは統一体として、それぞれが地理的位置に基づいて脅威に耳目を向けることができると認識した。これには直接的な傍受だけでなく、他国の通信を傍受している国の通信を傍受するという、より高度な任務も含まれていた。これは、ブリンカー・ホール（第一次世界大戦時の英海軍情報部長）の時代には理解できないものだった。例えば、ソ連が複数国の通信に侵入できていた場合、わずか一国の通信を傍受することで複数の利益を得ることができた。中東や西南アジアほど、このことが重要な地域はない。

ファイブ・アイズはソ連とワルシャワ条約機構に挑戦し、事実上、インテリジェンスの戦いに勝利した。例外として挙げられるのが、主に古典的なスパイ活動を始め、最近ではアルドリッチ・エイムズのような米国の反逆者による秘密漏洩や、世界的な電子メールやソーシャル・メディア・ネットワークへの侵入に関連した問題である。サイバー攻撃に対する防御は、単なる「攻撃」ではなく、シギントの範疇に入っている。大戦略の領域と相互確証破壊に基づく核抑止という重要な領域におけるファイブ・アイズの警戒態勢は、核開発プログラムと核兵器の配備の監視、それらに関連する偵察、通信、発射システムについては無敵であることが証明された。ワシントンとモスクワ間のホットラインは、第一級のシギントに支えられ、「兆候と警報」（I&W）はインテリジェンスのアートにして技術となった。

第2章　ソ連からの挑戦——一九七四〜七八年

ジョニー・フロスト並びにバイティング作戦およびマーケット・ガーデン作戦の遺産

国家が自国の情報機関への投資を検討するに当たっては、ある単純な問い掛けをすることが常に重要である。それは、情報活動から得られる真の付加価値とは何なのか、国家の安全保障に対するものか、あるいは国家の経済的・政治的利益に対するものか、はたまた国際秩序の維持に対するものか、という問いである。長期的に見て、インテリジェンスは何らかの変化をもたらすのだろうか。

一九七八年、私はサウサンプトンで開催される記念式典に英海軍兵器工科学校から儀仗隊を派遣する栄誉にあずかった。その式典は、コマンド／特殊部隊がナチスの重要レーダー基地の主要な構成部品を奪取するため、一九四二年二月二七日から二八日にかけてフランス沿岸のブルヌヴァルを急襲した作戦を記念するためのものだった。このバイティング作戦は、当時のルイス・マウントバッテン海軍少将率いる新編成の統合作戦本部によって立ち上げられた。ブルヌヴァルにあったヴュルツブルク・レーダーの能力について知ることは、ウィンストン・チャーチル首相の特別プログラム責任者にして伝説的なR・V・ジョーンズ率いる英国の技術情報コミュニティーから、極めて重要と見なされていた。このレーダーは、英空軍爆撃軍団によるドイツ空襲をナチスが探知、追跡するため、さらには、英国を攻撃する際に自国空軍を支援するためにも使用されているものと考えられていた。一九四二年、英空軍は対独夜間空襲で大損害を受けていた。それは、米第8航空軍が昼間空襲用のB－17爆撃機を多数伴って英国に到着する前のことだった。ドイツに侵入する英空軍爆撃機を探知するドイツ軍の能力を打破することが急務だった。連合作戦本部は、レーダーの重要部分を捕獲して英国に持ち帰る一番の方法は、夜間にパラシュートでブルヌヴァル地区に降下し、レーダー・サイトを攻撃した後に、海岸から海軍艦艇を使って退去することだと判断した。これは大胆な襲撃であり、一〇〇パーセントの成功を収めた。急襲部隊はレーダーの主要部分を持ち帰った上に、ドイツの重要なレーダー技術者も捕らえたのである。英国のレーダー専門家はその後、このレーダーと同様のドイツ製レーダーに対する対抗策を考案することができた。

急襲部隊を率いたのは、パラシュート連隊第2大隊のジョン・フロスト少佐率いるC中隊と、英第1空挺師団の一部だった。フロスト少佐は、ブルヌヴァルで偉業を成し遂げた後、さらに勇敢な行動を取ることになる。一九四四年秋、今や中佐となったジョニー・フロストはパラシュート連隊第2大隊の指揮官となり、低地地方〔オランダ〕に降下した大隊を率いながら、不運に見舞われた「マーケット・ガーデン」作戦の中核部隊として、有名なアルンヘム橋に向かった。これは、ライン川に架かる重要な橋を奪取するという大胆不敵な急襲作戦だった。また、北方ルートによるドイツ侵攻の先駆けとなるはずの作戦であり、ソ連赤軍がドイツ東部の主要地域とベルリンそのものを占領する前に、バーナード・モントゴメリー将軍の軍がベルリンまで最短ルートで到達することを目指すものだった。戦略構想は大胆で独創的だったが、致命的な欠陥があった。フロストの大隊はアルンヘム橋を確保し、イギリス第XXX軍団の兵士九〇〇〇人の到着を待っていたが、それが到着することはなかった。総員七四五人のフロストの部隊は軽装備で、戦車の支援もない中、一九四四年九月一七日、ドイツSS装甲軍団の猛攻に立ち向かった。これは並外れた武勲であり、英雄的行為でもあった。フロストの部下は最後まで戦い抜いたが、四日にわたる戦闘が終わってみれば、装甲軍団まるまる一個に立ち向かって残ったのは、わずか一〇〇人にすぎなかった。一九七八年、アルンヘム橋はジョン・フロスト橋と命名された。映画『遠すぎた橋』では、イギリス人俳優のアンソニー・ホプキンスがフロスト中佐を演じている。

一九七八年、マウントバッテン卿とフロスト少将が儀仗隊を閲兵し、儀仗士官デレク・ローランド海軍特務大尉とその部下に対し、制服の着こなしと挙措が素晴らしいと温かく称賛した。私はその後のレセプションで、出席した高官たちと面会するという恩恵にあずかった。歓談し、最近の英海軍について議論した後、私はフロスト将軍と、ブルヌヴァルにおける情報活動の成功と、「マーケット・ガーデン」作戦における情報活動の完敗について討論に入った。フロスト閣下はどう思われますか、と。

フロスト将軍の説明は詳しかった。ブルヌヴァル急襲計画の場合は、あらゆる情報源からの情報が集まったという——シギントによる収集物、エニグマのデータ、航空写真、ＭＩ６の在仏エージェントの成果物に加え、仏レジスタンスからの報告。タイミングと天候こそが全てであり、気象学者の役割は、ブルヌヴァル地区への降下と英海軍艦艇が離岸する際に最重要だった——風、潮、波の高さ、月の状態、海岸の状況。英海軍は、敵対するドイツ海軍部隊の所在に関する正確なデータを必要とし、フロストとその部下は、遭遇するであろう敵に関する、単なる推測ではない正確な情報を必要とした——部隊の編制と位置に始まり、詳細極まるレベルまで。つまり武器、訓練状況、戦闘経験、予想される戦闘態勢などである。決定的だったのは奇襲と保全だった。インテリジェンスが期待を裏切ることはなく、任務は大成功を収め、一九四二年という失意の日々に英国民の士気を大いに高めた。フロストは、決定的かつ圧倒的に重要な要素を強調した。それは、どんな天候や場所でも持ちこたえうる、信頼性が高くて保全性があり、しかも重複する通信の必要性である。重要なのは無線機の数だった。一台の無線機が故障したり、損傷したり、あるいは操作員が死傷したり、捕虜になったりした場合、数が足りなくては役に立たなかった。残存可能な通信を確保するためには、複数のシステムが必要だった。フロスト将軍が私に話してくれたのは、今日でいう状況認識だった——つまり、敵の全体像をリアルタイムで、あるいはそれに近い状態で把握する能力である。一九四二年の英情報機関は、フロストとその部下に、当時としては最高の状況認識と、利用可能な最高の通信手段を与えたのだった。功を奏するのは単純なテクニックである。たった一つの符牒で、ある状況を全体的に要約することができる。符牒が多くあれば、あらゆる不測の事態や出来事を網羅することができ、その結果として、報告が最小限に抑えられ、傍受や解読が制限される。これとは対照的に、「マーケット・ガーデン」作戦は、フロスト将軍に言わせると完全なる失敗であり、その主たる原因——全ての原因ではないにせよ——となったのは、インテリジェンスの企画と実行が極めて稚拙であったことと、提供された情報を司令部が裏付けの取れた真実として受け入れなかったことだった。彼が言うに、提供された情報の真価を司令部が理解できなかったことで浮き彫りになったのは、戦略プランにこだわりすぎる思考様式、つまり、戦術レベルの細かな事項とその遂行は、夜の次には昼が続くがごとく、自ずと戦略に追従するものだという思い込みだった。彼は失敗の詳細について力説した。重大な失敗は、潜在敵となるドイツ軍部隊と、特にドイツ軍の重装甲車輛、すなわち戦車部隊の位置、動向、兵力の評価にあった。敵の戦車部隊は、アルンヘム橋においてパラシュート連隊第2大隊にとって強敵となった。ある重要なドイツ軍装甲師団〔第10SS装甲師団〕の位置、動向、兵力に関する明らかな重大兆候が、呆れるほどに見過ごされていたのだった。フロストは、当初の作戦計画が破綻し始めた場合の次善策の検討と作成に、十分な配慮と計画立てがなされていなかったと述べた。フロストの勇敢な部下には、支援も逃げ場もなかった。来援がなかったのは、重要な橋まで突進するはずだったイギリス軍団〔第XXX軍団〕が、すぐに無数の脅威と純地形的な問題に直面することになったからであり、それについてはきちんと熟慮される

オランダのアルンヘムにあるジョン・フロスト橋（出典：ウィキメディア・コモンズ）

ことも、予想もされていなかった。無線機が故障したため、通信手段がなくなった。彼が強調したのは、ブルヌヴァルから二年余りの間、連合作戦本部が発展させていた知見や作戦の雛形がドクトリンになっておらず、「マーケット・ガーデン」作戦の立案者の思考様式にまったく影響を与えていなかったということだった。何よりも、重大情報が無視されていたのである。

この会話から学んだ重要な教訓は、単純ながら重大なことだった。時代が進めば進むほど、テクノロジーはより良い解決策を生み出す傾向があり、作戦から得られた経験は、戦闘部隊のドクトリンや戦術、技術、手順の中に組み込まれる。だが、変化を起こし、学んだ教訓を実行に移そうとする組織と文化がなければ、新たな異なる作戦環境において、同じ失敗を何度も繰り返しかねない。インテリジェンスの目的は失敗を減ずることであり、そのためには、通信によって可能となる最高にタイムリーな情報を絶えず供給するとともに、最高の総合的状況認識をも提供しなければならない。ファイブ・アイズは、多岐にわたる正式な交流協定や現場での協力を通じて、経験や知識ベース、技術を全体的に共有してきたのであり、その内容は、本来的に軍事的なものか情報収集活動の全般に及ぶものかを問わない。ファイブ・アイズ・コミュニティーには強力な文化的要素が根付いている。一九四二年に生まれた基本チェック・リストは今日も存続しており、アルンヘムの悲劇は、チェック・リストに細心の注意を払わなければ何が起こるかを示す教訓となっているのである。

ファイブ・アイズのチェック・リストは、戦略的・戦術的インテリジェンスの計画と執行に向けて、何をなぜ知る必要があるのかを、あらゆるレベルで明らかにするものである。ファイブ・アイズのチェックが扱うのは、脅威の可能性、兵力のレベルと編制、展開、基地使用と兵站、戦術開発、研究開発（R＆D）、取得、そして何よりも、これら領域に関連する選択、選択肢、決断の枠組みを作るインテリジェンスである。ファイブ・アイズが抽出し、注意深く分析したインテリジェンスの集合体は、驚異の一言に尽きるものである。

新たな「特別な関係」の始まり

私は、英米海軍の関係は非常に重要だと理解したほか、両海軍とファイブ・アイズ全体との間にあるインテリジェンス上の関係も、極めて価値あるものと認識した。一方で、将来のキャリアを考えながら、自分の居場所はこの移ろいゆく海の風景のどこにあるのだろうかと思案し始めた。私としては、ゆくゆくは米英の架け橋として働くのが一番の貢献になるのではなかろうかと考えていた。というのも、この関係には真の強みがあったのみならず、そこにこそ私の経験とスキルが最大限に生かされる、有意義で生産的な仕事があったからである。一九七四年当時の私には、それをいかに実現させればよいのか、皆目分からなかった。グリニッジのブライアン・ランフトとケンブリッジのハリー・ヒンズリーの影響を受けたことで、自分が国家安全保障に最大限の貢献をするにはいかにすればよいか、現在だけでなく長期的な視野を持って考えるための知識や洞察力、意欲はあった。

グリニッジで過ごした時間も一九七四年初頭に終わり、私は英海軍が「長期課程」と呼ぶ一連のコースに参加するためにロンドンを発った。これらはキャリア形成のための専門コースであり、HMS『ドライアド』の海上作戦学校、HMS『マーキュリー』の通信学校、HMS『エクセレント』の砲術・閲兵訓練学校（「HMS」（His/Her Majesty's Ship）は、通常は英海軍艦艇の名称に付けられる接頭辞だが、以上三件は陸上施設）、核・生物・被害対策学校などで行われた。HMS『イーストボーン』では、洋上で多くの時間を割き、スコットランドのフォース湾に面したロサイスから出航し、北海で上級航海術の訓練を受けた。インテリジェンスに関連する事柄については、少なくとも公式には、全てに別れを告げた。というのも、この「長期課程」の後、インテリジェンス関連の仕事に就くことがなかったからである。その後の数年間は海上で過ごすことになり、当初はイングランド南西部のデヴォンにあるプリマスを、その後はハンプシャーのポーツマスを拠点とした。HMS『フィアレス』とHMS『イントレピッド』では、地中海、北海、ノルウェー海と北極圏、バルト海で何万海里も航海した上、大西洋を何度か横断して西インド諸島、南米、米国に赴いたほか、モロッコ、マデイラ島、アゾレス諸島、スコットランドの島々といった場所に短期配置されたこともあった。

私が乗務した艦艇は、冷戦中に東大西洋や北大西洋、ノルウェー海、バルト海、地中海で行われたNATOの主たる演習の全てに参加したほか、米東海岸沖やプエルトリコのルーズベルト・ロアドスなどでは、米海軍との共同訓練も行った。われわれの行動は、演習による抑止と永続的な前方プレゼンスとに実質的に全て関連するものであり、ソ連とそのワルシャワ条約同盟国に対して連合国の海軍力を一貫して誇示し、海上での戦争は非生産的である旨を知らしめるためのものだった。われわれは、ソ連のさまざまな軍艦とそのAGIに追尾されたことが多々あった。AGIとは、情報収集艦を意味するNATO用語Auxiliaries General Intelligenceの頭文字を取ったもので、表向きは非戦闘艦だが、傍受用アンテナを伸ばしている艦艇のことである。われわれは極めて貴重な最新情報を定期的に受け取る一方、自らの送信モードや傍受の可能性を常に意識していた。われわれの通信専門員は技能を駆使し、管理業務通信でさえ傍受を最小限に抑え、秘匿通信は完全に暗号化していた。われわれは、ノルウェー海での「ノーザン・ウェディング」など、複数のNATO演習に参加し、一九九一年まで赤旗北方艦隊と呼ばれていたソ連北方艦隊を抑止した。さらに、セベロモルスク、ムルマンスク州、アルハンゲリスク州、コラ入江にあるソ連主要基地の動向を常に監視し、それに関する情報を得ていた。

われわれは、空母を中心とした大規模航空作戦や大規模強襲作戦のほか、対水上作戦や対潜作戦も実施した。同様に、トルコ北西部のガリポリ半島の北に位置するエーゲ海北部の入江であるトルコ領トラキア地方のサロス湾など、東地中海において、ソ連の模擬目標に対する航空作戦と水陸両用作戦を実施した。この戦略目標は、危機が生じた際にソ連がこの海域に侵入するのを抑止することだった。これらの演習には、英米海兵隊の主たる水陸両用部隊も参加した。われわれが支援したさまざまなタイプの水陸両用作戦は、今にして思えば、一九八二年のフォークランド諸島奪還に向けた格好の訓練となった。われわれは、作戦を下支えする戦略や戦術、目下の作戦情報について、絶えず上級艦隊司令部から最新版の提供を受け、説明を受けた。一度に数週間にもわたって模擬戦時体制に置かれたこともあり、第二次世界大戦中に先人たちが何年も耐えたのと同じような日課と苦難に耐えながら、戦闘配置に就いた。われわれはまさに「全社一丸」となったのであり、NATO同盟諸国との緊密な連携と仲間意識が、こうした長期演習の海上生活を耐えうるものにしてくれたのである。私は、途方もなく価値ある最新情報を二四時間絶えず目の当たりにしたが、これがどのように導き出され、分析され、最前線のユーザーに伝達されるのかについての経験と知識を与えてくれたのが、これ以前の二つの任務だった。

海上勤務の最中、私は英保安部と海軍保安機関から「身元調査を受ける《positively vetted》」ことになると告げられた。これは日常会話では「PVされる」と称されていた。私は当然、これはどういうことなのか、無性に知りたかった。というのも、特に複数の友人や隣人、仕事上の知人が聞き込みを受けたと知らせてきたからである。その理由は、次にハンプシャーのポーツマスに帰港した折に明らかになった。ロンドンにいる任命権者を訪ねたところ、私の次の赴任先はワシントンDCで、組織管理上は英大使館に常駐しつつ、米情報コミュニティー及び米海軍と連携して働くことになると告げられた。

一九七六年、冷戦は頂点に達していた。ヨーロッパの中央戦線は比較的安定していたが、それは、米国の大規模なプレゼンスがもたらす抑止効果と、当然のことながら、相互確証破壊(MAD)ドクトリンがソ連とそのワルシャワ条約同盟国による西ヨーロッパへの大規模侵略行為に影響を与えていたからである。中央ヨーロッパでは相対的に安定していたものの、海という領域においてはそう単純ではなかった。ソ連は、海が目標達成のための手段であることを理解していた。つまり、政治的・軍事的・商業的開拓が可能と考えた地域において、ソ連のプレゼンスと影響力を拡大するための手段として海を捉えていたのである。世界の海は、領土的な境界線に妨げられることなくソ連の影響力を拡大させることができる手段だった。中国もそのことに気付き、後述する「一帯一路」戦略を通じて目下それを活用している。ソ連はまた、局所的に拮抗できる海上戦力を活用することで、米国やNATOの世界的影響力に挑戦し、それを無力化できると考えていた。したがって、セルゲイ・ゴルシコフ海軍元帥(一九一〇年生、一九八八年没)下のソ連海軍は、赤軍や空軍ではもたらしえない戦略的影響力と外交の道具として利用されていた。海軍というものは、前方展開型の海軍作戦と外交を行う一方、アクセス、入港、兵站支援を必要とする。ソ連海軍は、一九七六年頃になると西側に挑戦するようになっていた。

私は、ソ連とワルシャワ条約機構に関する専門家グループに加わった。彼らの任務は、ソ連がどこから来てどこへ向かうのか、そしてそれとの関連で、ソ連の海軍力と影響力の拡大に対抗するには、米国に何が必要とされるようになるのかを詳細に調査することだった。この作業は一筋縄ではいかず、通常の情報源や収集手段では見つけられない膨大なインテリジェンス原資料や作戦データを分析する必要があった。このチームのスキル・セット、知識、経験は驚異的だった。そのうちの一人が、グリニッジでともに働いたジェームズ・マコーネルにほかならない。彼は、この素晴らしいアメリカ人チームの質の高さを象徴する人物だった。私は唯一の非アメリカ人であり、米国の機密情報隔離施設（SCIF）を通じて、最も機密性の高い資料にアクセスすることができた。

私の具体的な任務は、地中海におけるソ連の作戦をあらゆる側面から検討するとともに、一九六七年の六月戦争〔第三次中東戦争〕を注視し、それについて余すところなく報告することだった。私が分担したのは、ソ連海軍とその代理機関の世界的活動に関する数多くの調査の一つにすぎなかった。[1] この作業が総体として米海軍指導部や国防総省、議会、情報コミュニティーに提供したのは、ソ連が広義のシー・パワー（ソ連海軍だけでなく、ソ連商船隊、ワルシャワ条約加盟国の商船隊、そして第三国の商船隊）をいかに利用し、それを自国の国益追求と世界における影響力拡大にいかに役立てているかに関する詳細な全体像だった。私の仕事には、六月戦争と一九六七年六月八日に発生したイスラエルによる米情報収集艦USS『リバティ』への攻撃について、あらゆる情報源を駆使してあらゆる側面を集中的に調査・分析することも含まれた。[2] 一九八三年に米国に戻ると、元統合参謀本部議長で海軍作戦部長も務めたトーマス・モーラー海軍大将から、「USSリバティ連合」の委員会に招かれた。この委員会には錚々たるメンバーがおり、米海兵隊大将で名誉勲章受章者のレイ・デイヴィスや、元米海軍法務総監のマーリン・スターリング海軍少将などが名を連ねていた。同少将は、在ロンドンの米海軍欧州総司令官（CINCUSNAVEUR）付参謀だった海軍大佐時代に、ジョン・マケイン海軍大将〔故ジョン・マケイン上院議員の父親〕から調査に派遣されたことがあり、USS『リバティ』がマルタ島に曳航された後、同艦への攻撃の予備調査を開始していた。やがて私は、ほぼ既定路線で「USSリバティ連合」の三代目委員長に就任したが、これはモーラー海軍大将と二代目委員長のクラレンス・「マーク」・ヒル海軍少将（著名な米海軍パイロットで戦闘群司令官）が死去したことに伴うものだった。それから数年後、私は「USSリバティ連合」の委員会において、今は退役したスターリング提督と緊密に協力しながら、多くの時間を過ごした。

情報収集作業では、いくつかの重要な機関に頻繁に出向いた。われわれが活動の拠点にした施設は、ペンタゴンとCIA本部のほぼ中間に位置し、便利だった。六月戦争におけるソ連の関与については、同戦争に関する私の任務の中では、比較的に難易度の低いものだった。イスラエルによるシリア攻撃、ゴラン高原の占領、『リバティ』攻撃に至る状況の全てが、一九六七年六月のわずか数日という非常に短い期間内に起こったため、容易な課題ではないにせよ、さほど骨の折れるものではなかった。私にとって、この作業の目玉となったのは、六月戦争における米側重要人物の数人と面談したことだった。その中で最重要だったのが、当時の国務長官ディーン・ラスクだった。何度か話し合ったが、彼はオープンで率直だった。また、われわれ二人がほぼ全ての機微情報に知悉していることを知っていた。彼は記録上では、イスラエルによるUSS『リバティ』への攻撃は意図的なものだったと供述している。われわれが見解を一にしたのは、モーシェ・ダヤンのイスラエル軍がゴラン高原を越えてシリアの首都ダマスカスに進軍するかのように見えた時点を、一九六二年のキューバ・ミサイル危機以来の最悪の危機として見なした点だった。そうなっていれば、シリアの庇護者であるソ連をイスラエルとの戦争に巻き込みかねない政治的大惨事となっていたことだろう。優秀なインテリジェンスから、われわれはソ連の報復計画がどのようなものになるか分かっていた。ワシントンとモスクワの間では驚くべき速さで通信のやり取りが行われ、ホットラインが利用された。[3] 本書の執筆時点〔二〇二〇年〕で六月戦争から五三年が経過しているにもかかわらず、この機密性の高いシギントの多くは長年にわたって公開されることがないかもしれない。

ファイブ・アイズ海軍の基盤制度

ファイブ・アイズ海軍のインテリジェンス上の関係は、インテリジェンスの進化史と英米の特別な関係の中で、おそらく唯一にして最も際立つ側面であろう。第二次世界大戦中の英海軍に関する偉大な海軍史家スティーブン・ロスキル大佐からかつて言われたのは、米国と英国、そして英連邦の同盟国であるカナダ、オーストラリア及びニュージーランドが第二次世界大戦を通じて保有していたインテリジェンスがなければ、あの戦争の結果はまったく違ったものになっていたかもしれないということだった。計画や政策、作戦も重要だが、インテリジェンスはまさに金だと彼は述べた。

この評価を裏付けたのが、私の個人的な恩師であるサー・ハリー・ヒンズリー教授である。第二次世界大戦中の英国のインテリジェンスに関する公式史家であるヒンズリー教授は、五巻からなる非常に優れた本を執筆し、英政府がこれを王立印刷局から出版した。ヒンズリーは第二次世界大戦中、ブレッチリー・パークで働いていた。一九九八年に死去した時点では、英インテリジェンスの始祖の一人と見なされていた。読者は、私が一九六〇年代後半、ロンドンのパーラメント・スクエアに近い外務省に隣接する英政府施設の地下室で、彼と一緒に働いていたことを思い出すだろう。私は、一九三〇年代から第二次世界大戦とその直後に至るまでの、あらゆる情報源から集まった豊富な極秘情報資料に瞠目したものだった。

冷戦の圧力により、ソ連の兵力レベルや配置、能力、彼らの戦術や技術、手順を示す作戦パターンについて、NATOその他の同盟国と比較しながら絶えず評価する必要があっただけでなく、技術的にソ連を凌駕し続ける必要性もますます増大した。そのため、ソ連の産業基盤や、技術革新や優位性を保つ前提となる研究開発について、いっそう詳しく知らなければならなかったのみならず、相手がスパイ活動その他の手段によってファイブ・アイズの機密を窃取することを防ぐ必要もあった。それは、対策とそれへの対策、それへのさらなる対策といった終わりなきプロセスであり、主導権を維持するために然るべきリソースを投入することを両国政府に間断なく要求するものだったのであり、そうすれば、最悪のシナリオにおいても海軍の優位性が確保されるはずだった。この軍拡競争は、別のレベルでは、西側の民主主義的資本主義体制と生活様式という価値を維持しようとするファイブ・アイズ各加盟国の意志の発露でもあった。その結果、各国は自国の最高の技術とインテリジェンス成果物を他国と共有したのである。

ファイブ・アイズ海軍は、確立された一連の開発プログラムを生み出した。つまり、組織がいかに変化しようとも、これらの海軍間プログラムの極秘の世界はそれ自体で存続したということであり、その基盤となったのが、プログラム独自の原動力だった。それには特別な保全措置と保障措置が備わっており、それら措置が、国防情報機関とほかのファイブ・アイズ国家情報機関以外の部門を阻害しかねなかった新たな官僚機構のアクセスを防いだのである。アクセスは厳しく制限され、ニード・トゥ・ノウの基準が厳格に適用された。プログラムの奥底には、独自の生命が宿っていた。特別な関係にあるファイブ・アイズがソ連の一歩先を歩み続ける必要性は、ソ連とワルシャワ条約機構の終わりが始まる前の一九八〇年代に最高潮に達した。それは、六〇〇隻の艦艇からなる海軍を擁する米国が、前方展開作戦[4]でソ連海軍とその同盟国に正面から挑んだ時代だった。例えば大西洋艦隊内の米第2艦隊は、北洋海域のソ連北方艦隊の目前まで赴いたほか、ノーザン・ウェディングのようなNATOの大規模演習では、かいがいしくも英海軍とカナダ海軍の支援を受けた。太平洋海域では、オーストラリア海軍とニュージーランド海軍が米太平洋艦隊と同様な作戦行動を取った。これらの作戦の推進力となったのが、共有された健全なインテリジェンスだった。

英加豪ニュージーランドのインテリジェンスは、帝国時代に互いに関連していた過去から多大な恩恵を受けてきたのであり、地理的条件に基づくものでもあった。脱植民地化後も残存している関係や施設があるということは、この四カ国のそれぞれとファイブ・アイズ受益国としての米国が引き続き活動できる場

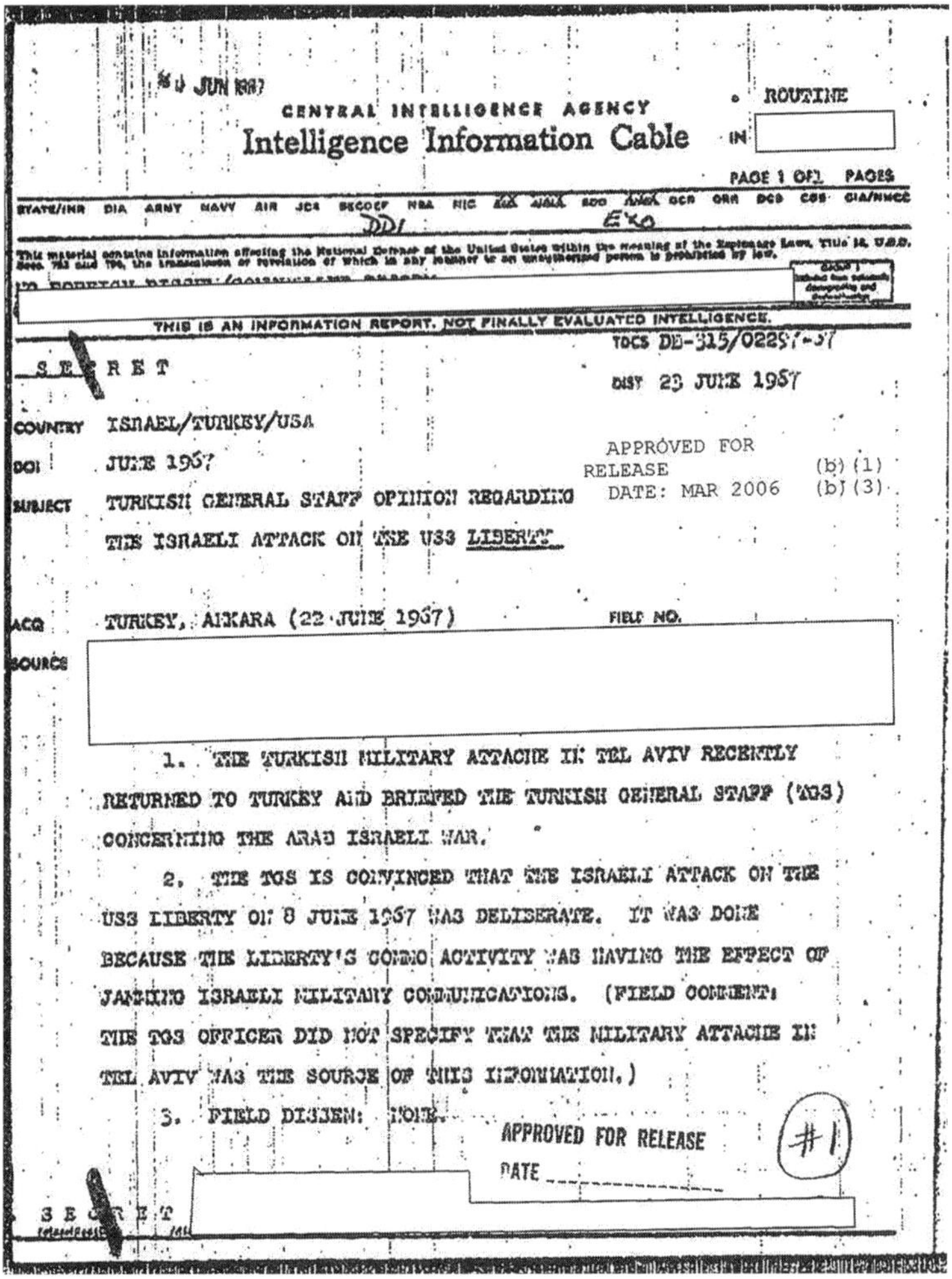

JUN 1967

CENTRAL INTELLIGENCE AGENCY

Intelligence Information Cable

ROUTINE

IN

PAGE 1 OF 1 PAGES

STATE/INR DIA ARMY NAVY AIR JCS SECDEF NSA NIC AID USIA OCI ONE OCR ORR DCS CGS CIA/NMCC

DDI EXO

This material contains information affecting the National Defense of the United States within the meaning of the Espionage Laws, Title 18, U.S.C. Secs. 793 and 794, the transmission or revelation of which in any manner to an unauthorized person is prohibited by law.

THIS IS AN INFORMATION REPORT, NOT FINALLY EVALUATED INTELLIGENCE.

TDCS DB-315/02297-67

SECRET

DIST 23 JUNE 1967

COUNTRY ISRAEL/TURKEY/USA

DOI JUNE 1967

APPROVED FOR RELEASE DATE: MAR 2006 (b)(1) (b)(3)

SUBJECT TURKISH GENERAL STAFF OPINION REGARDING THE ISRAELI ATTACK ON THE USS LIBERTY

ACQ TURKEY, ANKARA (22 JUNE 1967) FIELD NO.

SOURCE

1. THE TURKISH MILITARY ATTACHE IN TEL AVIV RECENTLY RETURNED TO TURKEY AND BRIEFED THE TURKISH GENERAL STAFF (TGS) CONCERNING THE ARAB ISRAELI WAR.

2. THE TGS IS CONVINCED THAT THE ISRAELI ATTACK ON THE USS LIBERTY ON 8 JUNE 1967 WAS DELIBERATE. IT WAS DONE BECAUSE THE LIBERTY'S COMMO ACTIVITY WAS HAVING THE EFFECT OF JAMMING ISRAELI MILITARY COMMUNICATIONS. (FIELD COMMENT: THE TGS OFFICER DID NOT SPECIFY THAT THE MILITARY ATTACHE IN TEL AVIV WAS THE SOURCE OF THIS INFORMATION.)

3. FIELD DISSEM: NONE.

APPROVED FOR RELEASE

DATE

#1

SECRET

1967年6月8日に発生したUSS『リバティ』への攻撃に関するCIAのヒューミント機密報告書3部（出典：ワシントンDC議会図書館USSリバティ文書センター、2017, usslibertydocumentcenter. org）（次の2ページに続く）

CONTROLLED DISSEM C-O-N-F-I-D-E-N-T-I-A-L

COUNTRY	Israel	REPORT NO.	[redacted] 3403-67
SUBJECT	Prospects for Political Ambitions of Moshe Dayan/Attack on USS Libary Ordered by Dayan	DATE DISTR.	9 Nov 67
		NO. PAGES	1
		REFERENCES	[redacted] 16835-46

DATE OF INFO. Oct 67

PLACE & DATE ACQ. Tel Aviv -- 1967

THIS IS UNEVALUATED INFORMATION

SOURCE [redacted] /Source is normally available should this report generate requirements./

1. [redacted] discussions included the future political role of Moshe Dayan. [redacted] said that the longer Israel waits for elections, the less chance Dayan has of becoming Prime Minister. They recognize that Dayan's appointment as Minister of Defense provided impetus to the Israel war effort. Since the war, responsible Israelis have given and continue to give less credit to Dayan and more credit to General Rabin. [redacted] also are emphatic in saying that there will never be a negotiated peace with the Arabs so long as Dayan is Defense Minister.

2. [redacted] commented on the sinking of the US communications ship, Liberty. They said that Dayan personally ordered the attack on the ship and that one of his generals adamantly opposed the action and said, "This is pure murder." One of the admirals who was present also disapproved the action, and it was he who ordered it stopped and not Dayan. [redacted] believe that the attack against the US vessel is also detrimental to any political ambition Dayan may have.

-end-

INFORMATION REPORT INFORMATION REPORT

1 AUG 1967 **CENTRAL INTELLIGENCE AGENCY**

This material contains information affecting the National Defense of the United States within the meaning of the Espionage Laws, Title 18, U.S.C. Secs. 793 and 794, the transmission or revelation of which in any manner to an unauthorized person is prohibited by law.

CONTROLLED DISSEM C-O-N-F-I-D-E-N-T-I-A-L [redacted]

COUNTRY	Israel	REPORT NO	[redacted] 20396-67
SUBJECT	[redacted] Comment on Known Identity of USS LIBERTY/ Resumption of Oil Production of Red Sea Wells by Israel	DATE DISTR	27 Jul 67
		NO PAGES	1
		REFERENCES	[redacted]

DATE OF INFO. Early Jun 67

PLACE & DATE ACQ. Tel Aviv -- Early Jun 67

THIS IS UNEVALUATED INFORMATION

SOURCE [redacted]

1. [redacted]

2. [redacted] brought up the attack on the USS LIBERTY by Israeli airplanes and torpedo boats. He said that "you've got to remember that in this campaign there is neither time nor room for mistakes, "which was intended as an obtuse reference that Israel's forces knew what flag the LIBERTY was flying and exactly what the vessel was doing off the coast. [redacted] implied that the ship's identity was known at least six hours before the attack but that Israeli headquarters was not sure as to how many people might have access to the information the LIBERTY was intercepting. He also implied that there was no certainty of control as to where the intercepted information was going and again reiterated that Israeli forces did not make mistakes in their campaign. He was emphatic in stating to me that they knew what kind of a ship the USS LIBERTY was and what it was doing offshore.

3. [redacted] inquired as to resumption of production facilities. He talked about two fields near the Gulf of Suez on the Sinai Peninsula which had been set afire by the Arabs. Israeli forces extinguished the fires the same day that the fields were captured and were then (10-11 Jun 67) starting to pump oil. Both Egyptian fields were said to have been developed by foreign companies and [redacted] Israel intends to continue pro-rata payments.

- end -

FULL TEXT COPY DO NOT RELEASE

INFORMATION REPORT INFORMATION REPORT

U YES C-O-N-F-I-D-E-N-T-I-A-L S YES

The dissemination of this document is limited to civilian employees and active duty military personnel within the intelligence components of the USIB member agencies, and to those senior officials of the member agencies who must act upon the information. However, unless specifically controlled in accordance with paragraph 8 of DCID 1/7, it may be released to those components of the departments and agencies of the U. S. Government directly participating in the production of National Intelligence. IT SHALL NOT BE DISSEMINATED TO CONTRACTORS. It shall not be disseminated to organizations or personnel, including consultants, under a contractual relationship to the U. S. Government without the written permission of the originator.

所に加え、多くの場合、特別な秘密・非公然施設を保持できる場所があることを意味した。これはシギントやエリントの領域だけでなく、ヒューミントの世界にも当てはまった。米国が宇宙インテリジェンスのシステムと能力を開発・拡大する一方で、ほかの四カ国は、得意分野を控え目かつ地道に拡大していった。全体的に互恵があり、米国の宇宙ベース由来の情報がほかの四カ国に提供される見返りとして、英加豪ニュージーランドの世界的な特殊通信網や、多種多様な秘密の情報源や収集手段から得られたヒューミント成果物からは、非常に幅広い利益が得られた。それら情報源や収集手段の多くは昔も今も四カ国独特のものであり、米国、特にCIAでは同様のものを保有することは極めて困難である。例えば英国は、自国内や世界中のさまざまな重要拠点を米国に自由に利用させることができた。アメリカ人の中には、冷戦時代を振り返って、英国内の極秘施設に赴任していたことを覚えている世代がいる。そこの地元コミュニティーは、防護フェンスの向こう側で進行している機微な活動については何も知らなかった。オーストラリアの場合も同様であり、数世代のアメリカ人が地球の反対側〔オーストラリア〕で地域社会の一員となったのだった。

ファイブ・アイズ海軍は、戦争計画者が想定するシナリオにおいて、ソ連海軍とワルシャワ条約同盟国に対し、技術的にも作戦的にも優位に立つことを常に目指しており、いかなる重要分野でも決して差をつけられないよう、さらには、数だけで優位に立てないよう、常に数的な強さを保つように努めていた。

潜水艦を主体とするソ連海軍の脅威

ソ連は一九六〇年代に、海上戦が起きれば間違いなく地球規模の戦争となり、その勝敗は潜水艦戦によって決することをいち早く理解した。高性能の魚雷と対艦巡航ミサイル（はるか後の一九九一年の第一次湾岸戦争で米海軍が発射したような対地型もある）で武装した攻撃型原子力潜水艦は、長い航続時間や航続距離のほか、高い速力、ステルス性、隠密性、持続的プレゼンスを備えており、世界の商取引に欠かせない商船団を破壊できただけでなく、高価値の水上目標を破壊する能力をも有していた。これら目標には、空母や巡洋艦、駆逐艦、フリゲートのほか、多種多様な水陸両用艦や補給艦が含まれた。換言すれば、十分な数が揃えば、艦隊を撃滅する能力があるということだ。ソ連が大型の高性能潜水艦の建造に乗り出したからには、労力とリソースの配分をその方向に劇的に変化させなければならないことをファイブ・アイズ・インテリジェンスは理解した。では、そのための必須条件と推進要因となったのは何だったのだろうか。

問題は、脅威がどこにあるのかをほぼ常に把握しておくことだけでなく、ソ連海軍の位置を突き止め、追跡し、間近で観察し、作戦・技術情報を収集できるかどうかだった。ソ連の新たな艦級《クラス》の潜水艦の基本設計と技術的能力を正確に把握することが、常に喫緊の課題だった。彼らの水上艦隊については、監視や情報収集をしたり、主要な技術的パラメーターと能力の分析をしたりすることは、はるかに容易だった。ソ連の潜水艦隊はそれ以上の難題だった。ファイブ・アイズは、ソ連の潜水艦部隊の位置を二四時間体制で把握する必要があったが、同時に、ソ連の潜水艦設計局が何を計画し、造船所が何を、いつ、どれだけ、いかなる艦隊配備のために建造するのかを、事前どころか数年前に知る必要があった。この極めて複雑なソ連の研究開発、設計、建造、生産組織に侵入することは、途方もない難題だった。最初の課題の中核にあったのは、音響情報（アシント）という重要面だった。ファイブ・アイズ加盟五カ国のうち、四カ国にはこれを行いうる潜水艦があったが、ニュージーランドは潜水艦の非運用国として、例外だった。

潜水艦の静粛化技術とは、潜水艦の艦級と個々の潜水艦の騒音レベルを含意する。騒音の低減、すなわち静粛化は、設計と建造に求められる最重要要件である。騒音を発する潜水艦は探知・追尾され、最悪の場合、静粛極まる運用巧みな敵潜水艦に破壊される。騒音の発生源は、機械類、推進器つまりプロペラを始め、潜水艦が水中を移動する際の多様な流動音であり、後者はまさに船体表面の性質など、潜水艦の船体設計や形状の直接的な結果として生ずるものである。まったく取るに足りない装置でも、設計や収納が悪ければ、致命的な暴露音源となるおそれがある。小型ポンプやジェネレーターが然るべきタイプの防音土台に設置されていなかったり、特定の周波数で音響信号を発する内部設計機構を備えていたりすると、潜水艦にとっては破滅のもとであり、いかに優れた武器と高錬度の乗組員を擁していようとも、音響的には致命的欠陥となりかねない。要するに、ソ連潜水艦の艦級と、その級の個艦の騒音特性を知ることは、潜水艦のDNAを知るようなものであり、何よりも、潜水艦の重大な脆弱点であるさまざまな音源からの音響放射を知ることだった。それら音源が潜水艦の存在と位置を暴露してしまうのである。ソ連潜水艦の各艦級の水準を解明し、次世代型ソ連潜水艦の設計と騒音レベルを予測する必要性は、必須であるだけでなく、最悪の場合、西側同盟にとって海上での勝敗を決するほど、極めて重大なものだった。この課題は、ソ連が複数の艦級の潜水艦を並行して設計・建造し始め、原子力艦と非原子力艦がそれに含まれるという事実によって、さらに困難となった。この難題は、重要な研究開発が行われるソ連の研究機関の多さ、潜水艦の型や艦級別に多数の設計局が関連しているという事実、さらには、西側諸国で取得プロセスと呼ばれるものの複雑さによって、一段と困難さを増した。しかも、潜水艦用の造船所は多様性に富む上に、数カ所にあった。ソ連はまた、米国の「頭上」監視能力に素早く対応し、新たな建造物を隠すため、完全隠蔽型の潜水艦用大型建造ホールを建設した。レニングラード（現サンクトペテルブルク）のアドミラルティ造船所からソ連の新艦級潜水艦の一番艦が姿を現してからそれを撮像できたところで、遅すぎた。そのような一番艦は、大きな技術変革を誇示する可能性があり、作戦上、深刻な課題をもたらすおそれがあった。米英海軍は、ソ連が何を設計し、どのような能力を発揮しそうか、何年も前に知る必要があった。この複雑な情報要求の核心は、ソ連の継続的な研究、設計努力、能力、生産スケジュールと基準データを照合することだった。後者にアクセスするには、ファイブ・アイズが保有するあらゆる情報能力――イミント、シギント、エリント、ヒューミント、マシント、アシントに加え、高度に専門化された技術情報収集・分析ツール——が必要になった。西側の目が総じて届かない施設の上空に米国の最高の衛星を据えることは、それだけで確かに重要ではあったが、優位を保つにはさらに多くが求められた。衛星データは、あるに越したことはなかったが、それで完全に事足りるというわけではなかった。

ファイブ・アイズ海軍は、ソ連海軍の潜水艦部隊に先んじていた。彼らは極めて有能なアシント収集によって、音紋のベースラインを設定することができた。その収集は当初、ほぼ米英潜水艦のみによる特殊任務でなされた。その後、カナダとオーストラリアの『オベロン』級ディーゼル電気潜水艦が加わり、冷戦後はオーストラリアの『コリンズ』級六隻とカナダの『アップホルダー／ヴィクトリア』級（二四〇〇型）四隻がこれに続いた。これらの任務は、北大西洋であれ、ノルウェー海のはるか北方であれ、あるいはバルト海や地中海の閉鎖水域であれ、太平洋であれ、極めて重要だった。ソ連の潜水艦を発見、追尾し、アシントを収集したことは、冷戦時の偉業の一つであり、それによって西側諸国は常に機先を制することができたのである。そのような活動を計画するには、あらゆる情報源からの詳細な事前知識が必要とされた上、情報収集の強化に適する特殊技術と、そうした任務に特化した「シー・ライダー」（敵の信号をその場で翻訳する技術者。詳しくは後述）を備えなければならなかった。ファイブ・アイズが保有する潜水艦は、近接情報収集活動において、ステルス性と音響優位性を維持するため、細心の注意を払って扱う必要があった。これらの活動から得られたデータを基盤として、ほかの全てが構築された。その論理は次のようなものである。あるソ連潜水艦の音紋が収集され、保存されたということは、西側がその相手の特徴や音、位置を特定し、深海で、沿岸で、あるいは出港・展開時に基地の間近で、追尾できるということを意味した。この位置特定能力を獲得するや、ソ連は水中で丸裸にされた。このアシントを入手すれば、きわめて緻密に計画された先見活動によって、ほかの全ての収集活動を自信に満ちて実施できた。例えば、ソ連が新たなミサイル水中発射実験を行うため、ソ連北方艦隊の主要基地であるセベロモルスクの海域から展開するとの情報がもたらされた場合（特に、アジアロシアのカムチャツカ半島などで潜水艦発射弾道ミサイルの発射実験を行う場合）、姿を現したソ連潜水艦の位置を特定するだけでなく、その潜水艦の特徴を個別に把握する能力を有していることには、絶大な効能があった。発射母体の位置を特定し、実験海域までこれを追尾し、実験の一部始終を観察できた上に、重要なシギント、エリント、ミサイルに不可欠なテレメトリーを取得することができたのである。優れたアシントがなければ、このようなことは不可能だっただろう。

「一九八五年の海戦」——対ソ戦の遂行・勝利計画

私の主たる任務は、米海軍の優秀な大佐にして海軍パイロットでもあったジョン・アンダーウッドと隣り合って仕事をすることだった。それが、後に「一九八五年の海戦」として知られるようになるものである。その名称が示すとおり、このプロジェクトは国防・情報コミュニティーの数機関から多才な専門家を幅広く集め、一九八五年という時間枠の中で米国とその同盟国がソ連に対して海上戦を行い、核戦争にエスカレートさせることなくこれに勝利するための最善の方法を検討、明示するものだったのであり、厳しくも重要な任務だった。その成果は、艦隊の配置や作戦に対してはもちろん、将来のシステムや取得、そしてこれらを推進する包括的な戦略にも影響を与えることになった。大戦略から戦術、技術、手順の細部に至るまでの細かな段階的移行は、成果の重要な部分だった。課題は、最良のインテリジェンスを持たなければならないことであり、そうすることで、前提が信頼に足るものであること、さらには、多様なシナリオを演習し、ソ連の能力と作戦の細部を分析する作戦アナリストが役立つことを保証する出発点になるのだった。ジョン・アンダーウッドと私は、抜群に有能なスタッフとあらゆる情報源へのアクセス権に支えられながら、献身的かつ精力的にこの課題に取り組んだ。

「一九八五年の海戦」に不可欠だったのは、ファイブ・アイズが全情報源から集めた優れた情報だった。それによってわれわれの思考の枠組みが作られ、多数の作戦アナリストや机上演習者が、この机上海上戦を戦うことができたのである。一九七七年当時、六〇〇隻の艦艇からなる海軍など、米海軍の誰も刮目しなかったし、ましてや、笑みを浮かべてこれに賛意を示す者など、ホワイトハウスの中では皆無だった。だが、「一九八五年の海戦」とファイブ・アイズ・インテリジェンス内のほかの作業がきっかけとなって、政治的変化がもたらされた上、海上優勢の決定的必要性が認識され、ソ連を牽制する上でそれがいかに重大な役割を果たすかが理解されることになったのである。アンダーウッド大佐と私、そして「一九八五年の海戦」を構成する特大チームが一九七七年に活動を開始したとき、われわれの誰にもソ連の崩壊を予見することはできなかった。だが、一つだけ確かなことがあった。それは、これらの強力かつ統制の取れたファイブ・アイズ海軍なら、ソ連のいかなる攻撃的動きにも対抗できるはずだということだった。一歩先を進み続けるには、さまざまな重大要素を知り、理解し、それに基づいて行動する必要があった。

数十年後の今になって明らかになったことは、このような大規模プロジェクトは暗中模索の推測ゲーム同然になりかねなかったということである。そうならないようにするには、ソ連の大戦略のあらゆる側面について、その能力、作戦、訓練、兵員、ソ連の政治・軍事的インフラの複雑さ、さまざまな移動要素を全てつなぐ通信システムなど、ごく細部に至るまで、膨大な量の詳細情報に光を当てなければならなかった。そして、上記の最後の部分にソ連の内在的な弱点があった。

ソ連共産党を始めとして、あらゆる軍事・情報組織とその活動を支える政治的・軍事的インフラストラクチャーが中央集権化されていたことこそ、ソ連の最大の弱点だった。この弱点は非常に活用しやすく、立案や作戦の観点からいえば、ソ連の行動は予測可能であり、指揮、統制、通信プロトコルに関して厳格に定められた階層構造の外では、彼らは限られた自発性しか発揮しないだろうという、ある程度の安心感が得られた。心理学的見地から見ると、海・空・赤軍の指揮階梯を通じて下降していくソ連の統率機能は明示可能であり、軍事計画や作戦と同様、非常に構造化されているため、西側の情報分析官にとっては、理解可能なパラメーターの範囲内にあった。われわれは、さまざまなシナリオにおいてソ連がいかに行動するかについて、信頼できる仮説を立てることができたのであり、ソ連共産党政治局の最高レベルから、ソ連の潜水艦艦長が戦術的にいかに行動するかといった細かな作戦レベルまで想定できた。私が見るに、こうした構造の中にソ連そのものの弱点があったのみならず、冷戦期の共産主義体制全体に内在する弱点もあったのである。ソ連終焉の原因は、ソ連自体の制度的弱点と、指導者の個人崇拝の中にあったのだと私は確信している。彼らは本来的に不毛な厳しい締めつけから逃れられなかったのだ。「一九八五年の海戦」は私がワシントンを去った後に終了したが、その影響力は存続し、一九八〇年代に頂点に達した。その時代に、レーガン大統領と猪突猛進型の海軍長官ジョン・リーマンのもと、六〇〇隻海軍が実現したのである。一九八〇年代は、今から見れば、ソ連を衰退と崩壊に追い込む海洋戦略の黄金時代となったのだった。

ファイブ・アイズの優位性

冷戦期のファイブ・アイズは、ソ連よりも優れた信号処理能力を有していた。多種のパッシブ・ソナーがそれであり、固定ドーム型アレイ、船体に沿った側面型アレイのほか、潜水艦の艦尾から巻き出し、巻き取る曳航型アレイなどがあった。水中聴音技術・処理能力はますます高まり、強力な艦載コンピューターと高度な数学的アルゴリズムの出現に加え、何世代にも及ぶソナー専門家が艦上で育成された。そうした中でソ連が対峙したのは、米英の攻撃型原子力潜水艦や、静粛性に優れ、極めて運用性の高いカナダとオーストラリアのディーゼル艦という不倶戴天の敵だった。空中分野では、米英海軍は（英空軍の支援を受けながら）高性能パッシブ・ソナー・ブイを獲得し、これによってソ連潜水艦を探知し、空中投下式の高性能対潜魚雷によって攻撃することが可能になった。

これは重要なベースラインとなった。インテリジェンス・プロセスの他部分も同様に複雑だった。例えば、ソ連の重要な設計局の一つである流体力学研究所やモスクワの取得機関の内部で何が進行しているかとか、造船所での建造スケジュールがどうなっているかなど、いかに解明すればよいのか。ましてや、次の設計の詳細や、性能が向上しそうかどうかなど、どうやって突き止めろというのか。

スパイ活動というものは、いかなる状況でも容易ではない。外国の市民が自国の国家機密を漏らすといった漏洩事件の中心にいるのが、英国あるいは米国のスパイ運営官、つまり訓練を受けたエージェント、もしくは英米人以外の代理人である。冷戦時代、ソ連邦とそのワルシャワ条約機構国のカウンターインテリジェンスは極めて効率よく機能した。全てのワルシャワ条約機構国の国内監視保安機関は、統制と圧力の体制を整えていたため、ソ連の体制を憎み、西側のために働こうとする熱烈なスパイ志願者でさえ、ファイブ・アイズのスパイ運営官やその代理人と継続的かつ定期的に接触することは極めて困難だった。ソ連は、ファイブ・アイズ加盟国の大使館で働くさまざまな職員のうち、誰が諜報活動に従事するため外交官に偽装している可能性があるか、さほど難なく突き止めることができた。ファイブ・アイズの外交官とその関連スタッフを監視・追跡するソ連の能力は驚異的だった。最も無能なカウンターインテリジェンス機関でさえ、公式の外交官リストにどう記載されていようと、例えば誰が米ＣＩＡの支局長で、誰がそのスタッフなのかを素早く把握することができた。人々の動き、連絡、移動申請、二四時間体制の監視といった性質上、冷戦時代には、表向きは外交官に偽装していた正規の秘密機関職員にとって、活動が非常に厳しくなった。無論、外交官の身分があれば、正体が暴露され、最悪の場合逮捕されても、外交特権を使って裁判や投獄、処刑に対抗できるという重要な利点はあった。とはいえ、いったん偽装が露顕すれば追放され、世界を股にかけた活動は実質的に二度とできなくなった。ＫＧＢが当該人物の次の海外赴任に目を光らせているからである。

ファイブ・アイズの海軍武官は、いわゆる従来型のファイブ・アイズ・エージェントよりも、ソ連海軍の状況や活動について見聞する確率が高かった。彼らは、厳重な監視下に置かれることが多かったとはいえ、申請すれば普通に移動することができたし、少なくともレニングラードに公然と赴き、例えばアドミラルティ造船所の内部で何が進展しているかを見ようと、最善を尽くすことはできた。ソ連海軍関係者と堂々と会い、公開データを収集できたし、事前に公式に制限されていない限り、可能であれば写真を撮ることもできた。当然のことながら、制限されたからといって、武官が秘密裏に写真を何枚も撮影したり、その場にある物を無作為に収集したりすることを妨げるものではなかった。その典型的な例が、貴重なチタン溶接片である。ある武官が、ソ連の重要な造船所の近くでトラックから落下したそれを、文字どおり地面から拾い集めたのである。その金属片が米英の技術インテリジェンスに物語ったのは、チタン製船殻を持つ新型の攻撃型原子力潜水艦『アクラ』級に、極めて優秀なチタンの溶接をソ連がいかに苦労しながら行っているかということだった。『アクラ』級は、非常に軽量で極めて頑丈であり、新たな先進型液体金属炉と相まって、高速で水中航行できた〔以上原文ママ。これらは『アルファ』級の特徴を著者が誤認したものと思われる〕。大使館や領事館を拠点に使う従来の秘密工作では、ソ連市民を諜報活動に引き入れたり、転向させたり、あるいは堕落させたりすることに成功する確率は、非常に低かった。実際に、最も確率が高いのは、飛び入り参加、つまり大使館でのカクテル・パーティーその他、外交官の仕事上の集いを通じることであり、そこでなら、ソ連市民も言い寄ることができた。これは、ファイブ・アイズ加盟国の一国のためにスパイ活動を行う意思を示す最初の兆候である。だが、こうしたケースはほとんどなかった。

古典的な諜報活動が成功する確率が高いのは別の手段、すなわち、代理人、商・産業界の人脈、学術界との接点、旅行者や観光客、そして訓練を十分に受け、長期的に配置されたスパイなどだった。最後に挙げたスパイは、ソ連以外のワルシャワ条約機構国にいる接点を通じて潜入、または維持された。代理人には他国の市民も含まれた。彼らはたいていソ連と中立的または友好的な関係にあったため、ソ連に出入りしやすく、自由に移動できた。また、巧みに偽装し、専門職や商人、時に国連機関のような外交身分を有していた。ファイブ・アイズ加盟国以外の国の出張者、特にソ連の国防部門と本格的な取引をしている出張者は、学会や通商会合に出席する中立的立場の科学者や学者、訪問者とともに、理想的なエージェントになった。ソ連国内のターゲットに対して情報を収集するこれらの工作においては、情報活動のノウハウと秘密の技術が大きな役割を演じた。リスクは高かった。発覚すれば深刻な結果を招くおそれがあり、その範囲は長期投獄から秘密裁判後の処刑にまで及んだ。最大級のリスク負担に対する報酬は、多額の金銭だった。この点、イギリス人は非常にそつがない傾向にある。成功の秘訣は自明である。英国の工作につながりかねない情報をカウンターインテリジェンス機関に与えないよう、確実を期すことだ。訓練を積んだ代理エージェントは、いかなる状況下でも、自らの立場を危うくするようなまねはしない。小説や、ファイブ・アイズに関わる数少ない有名な古典的スパイ事件のようなものとは違うのである。初期の冷戦最盛期に、ソ連のためにスパイ活動をしていたフィルビー、バージェス、マクリーンといった英国民が屈従した理由の一つ、あるいはそれ以上となったのが、金、セックス、イデオロギーのいずれか（あるいはこの三つ全ての組み合わせ）だった。本当の仕事をなし、付加価値をもたらしたのは代理人だった。

それにしても、真の利益とは何だったのだろうか。インテリジェンスの成果物はどのようなもので、どれほど優れていたのだろうか。非常に優れた資料というものは、ほかの情報源や収集手段と統合することで作成されるのであり、それによってソ連海軍の能力の全体像が明らかになるとともに、衛星データなどでは発見できなかったような高価値の目標や場所を、ほかの情報源や収集手段に指示することができるのである。例えば、ファイブ・アイズ加盟国以外の国民で、ほかの国から確固とした信用を得ており、しかもソ連で合法的なビジネスを定期的に行っている人物なら、訓練を受けさせ、慎重に扱ってやれば、理想的なエージェントになった。ソ連海軍の人員や研究施設、あるいはモスクワの上層部と直接的に連絡でき、しかもファイブ・アイズ要員の立入りが禁じられている場所について直接見聞し、訪問し、後にファイブ・アイズ・インテリジェンスのためにこれを記録することができる人物というのは、実に貴重だった。同じことは、海軍の重要な活動が行われているソ連の要所に行く必要のあるロシア人以外のワルシャワ条約機構国の国民、特に西側やワルシャワ条約機構のほかの国に親戚がいる国民の場合にも当てはまった。西ドイツ、チェコ、あるいはハンガリーの国民で、ロシアに家族を持ち、その家族を訪問するのに必要な許可を有する者であれば、ソ連の政体に不満を持つ個人のために、情報の運び屋を務めることができた。そのような個人は、ファイブ・アイズの中の一国のためにスパイ活動をするリスクを冒すほどに不満が鬱積していたのである。このようなエージェントは、代理人か、十分に考え抜かれた暴露しえない重偽装を長期にわたって行っている非公然の運営官によって、細心の注意をもって運営しなければならなかった。特にイギリス人はこの種の技能に長けており、第二次世界大戦前から数十年にわたる経験を積んでいた。そのようなイギリス人運営官であれば、ソ連が監視していた英国のインテリジェンス関連施設に出入りするところを、英国内のソ連監視チームに目撃されることはなかっただろう。行動様式、手口、そして技能は、幾重にも重なる偽装に厳重に覆われていた——冷戦時代のスパイ稼業で成功を収め、生き残るにはそれしか方法がなかったのである。

NATO全体としてもそうだが、ファイブ・アイズには絶対に不意を突かれたくないことがあった。それは、水中戦の重大分野、特に潜水艦の建造と戦闘序列において、ソ連が大きな技術的進歩を遂げることだった。NATOは海上優勢を失うわけにはいかなかったのである。NATOには、米国から欧州と中央戦線を補強できるだけの能力がなければならず、最悪のシナリオでも、米国と西側の経済を存続させられなければならなかった。ソ連の潜水艦は、こうした重要な戦略的前提に対する挑戦となった。それとの比較でいえば、今日も同様な喫緊の戦略的要請がある。それは、米第7艦隊とその正式なアジアの同盟国、特に米国以外のファイブ・アイズ太平洋三カ国と関連友好国が、中国潜水艦の脅威の高まりに対抗できるかという問題である。この脅威は、東アジアの海上連絡線、南シナ海と東シナ海における重要資源、係争中の貴重な諸島に対する難題となるおそれがある。

原子力潜水艦あるいは非原子力潜水艦のライフサイクルは、実験室や研究機関、そして実際に潜水艦を建造する産業基盤における研究開発から始まる。最後に挙げたソ連産業基盤の主要施設は、冷戦時代もその後も、ほぼ全て知られている。とはいえ、そもそも数千マイルも離れていることが多いこれら主要施設の内部で何が起きているかを知ることは、難問中の難問だった。第二の難問は、非常に重要なことだが、設計局と取得当局が研究開発を統合し、あらゆる主要分野（船体、推進器、静粛化、戦闘システム、兵器とその搭載、通信機器とセンサー、多種多様な機械・電気システム、乗組員の居住性、つまり米国でいうところのホテル機能）にわたって細かな潜水艦設計作業を実施し、その後にソ連全土に散在する多数かつ多種多様な造船所とともに建造プログラムを管理する点だった。この複雑さは、ソ連が潜水艦の艦級を複数かつ同時に計画、設計、建造し始めたことによって、さらに高まった。ソ連は途方もなく野心的な目標を達成したのであり、米英のインテリジェンスは数十年にわたってそれに悩まされた。ソ連では、新たな艦級の潜水艦が建造されている最中に、その艦級の改修計画がすでに起案されていただけでなく、まったく新たな別の艦級が設計段階にあることもあった。米国はこうしたソ連のモデルを決して模倣しようとはしなかった。英米の潜水艦の艦級は、建造の順番も十分に練られた上で単一級として開発・建造された。例外は、原子力潜水艦計画と並行して進められた英国のディーゼル電気推進潜水艦の設計・建造だった。こうした例外は非常にまれ

ソ連の『シエラ』級原子力潜水艦（出典：ウィキメディア・コモンズ、米海軍）

であり、ケースとして挙げられるのは、英ディーゼル電気潜水艦の『ポーパス』級と『オベロン』級、そしてその後、英国において非原子力潜水艦の運用が終わろうとする頃に開発された『アップホルダー』級潜水艦である。同艦級は最終的にカナダ海軍に譲渡された。

この複雑なソ連のプロセスに侵入し、これを理解し、収集した重要情報を主要なユーザー・コミュニティーにフィード・バックする必要があった。インテリジェンスというものは、実用的な情報をもたらさなければ無価値である――いかなる形態のデータであろうが、戦略立案者、作戦担当者、設計者、科学者、技術者、そしてファイブ・アイズ各国の政府予算担当者が、ソ連の脅威に対抗する際に正しい決断を下せるようなものでなければならない。ファイブ・アイズの政治指導者には、現存する最高のデータについて説明・伝達する必要があった。ソ連に対抗するためのプログラムを承認し、それに予算を付けられるようにするためである。これと同じことが、ロシアやサイバー、中国、イスラム原理主義といった脅威が台頭している今日にも当てはまる。

海は、重要なインテリジェンス・データが最初に得られる場所である。ファイブ・アイズは、一九六〇年から今日に至るまで、海上ベースの収集活動から得られた作戦情報をほぼ例外なく共同で蓄積し、共有してきた。端的にいうと、相手の潜水艦の位置を特定して追尾し、識別し、情報を収集するには、極めて高性能な潜水艦が必要とされる。この大きな基本的優位性がなければ、ファイブ・アイズ海軍は別の状況下に置かれていたことだろう。それどころか、冷戦の歴史が大きく変わっていたかもしれない。ファイブ・アイズが構築したのは、ソ連潜水艦の全艦級と各級内の個艦船体に関する極めて詳細な情報と、完全に文書化されたデータ・ベースだった。

冷戦初期には、二四時間体制で前方展開しながらソ連潜水艦の位置特定と追尾を実施したことにより、いくつかの重要な任務を達成できた。前方展開による作戦情報収集活動はさまざまであり、ソ連潜水艦の位置特定は、これらが母港や外国の港、あるいはソ連が地中海で頻繁に使う停泊地から出入りする際や、ソ連のほかの水上艦艇とともにいるとき、そして、通行する以外に選択の余地がない重要な地理的チョーク・ポイントにいるときに行われた。チョーク・ポイントとは、グリーンランド－アイスランド－連合王国の間隙〔GIUKギャップ〕、デンマーク海峡〔カテガット海峡とスカゲラク海峡〕、ジブラルタル海峡、インドネシア諸島の重要な海峡――スンダ海峡とマラッカ海峡――などである。ソ連潜水艦を探知・追尾できるようなチョーク・ポイントや作戦上よく使われる航路は、これら以外にも数多くあった。

ファイブ・アイズは、ソ連潜水艦の個艦プロファイル、特に特定潜水艦の特徴となる全周波数帯域の騒音レベルや音紋を徐々に蓄積した。アシント〔音響情報〕が、よく知られているヒューミント〔人間由来の情報源〕、つまり古典的な諜報活動を行う情報源の多くよりも、はるかに価値ある情報源であることは間違いないだろう。速力や潜航深度、動作特性、乗組員の技量は、全て観察、記録することができた。極めて重要なのは、アクティブ／パッシブ・ソナーを含むソ連のセンサー・データを収集できたことである。さらに、重要な通信を監視し、記録することもできた。その中には、モードや周波数、未知の技術も含まれた。ファイブ・アイズは、ソ連潜水艦に対する情報収集活動に加えて、ソ連の対艦・対潜航空兵器に対する情報収集も行った。これには、NATOコードネームでいうベアD〔戦略爆撃機ツポレフ95〕とベアF〔対潜哨戒機ツポレフ142〕も含まれた。これらはロシア北部のコラ半島にある有名な空軍基地から飛来したが、それら基地も厳重な監視下に置かれていた。とりわけ重要な点は、ソ連の潜水艦乗組員に染み付いた戦術手順が、ファイブ・アイズの潜水艦乗組員によって分析され、潜水艦学校で再演されたことである。特に米英は、両国とは違うソ連潜水艦乗組員の訓練と行動様式、中央集権的な指揮・統制・通信システムへの依存について、直接的な知見を得た。ソ連は、そうした中央集権的システムによって脆弱になっただけでなく、潜水艦指揮チームの自立性、自信、迅速な思考、革新的な戦術の発展を妨げたのである。ソ連の潜水艦乗組員が厳格な戦術手順から逸脱した例など、知られている限りほとんどなかった。その結果、英米はソ連の作戦行動を予測し、その一挙手一投足を予期し、当該情報を共有することができるようになったのである。

ソ連の潜水艦用新型兵器は、収集リストの上位にあった。英米の原子力潜水艦は音響的に優れており、静粛で運用性が高いという隠密性のため、非常に目立たない危険な区域にも侵入することができ、ソ連の兵器実験を観察し、記録することができた。NATOにとっては、ソ連が新兵器を海上で実験する際に、その最新かつ最高の情報を入手することが不可欠だった。バレンツ海の奥まった場所でこうした重要情報を収集することはリスクが高く、危険な任務だったが、数十年にもわたって成功を収めてきたのであり、その成果は非の打ち所がなかった。ソ連の新兵器の動作特性、射程、主要なセンサー周波数に関する情報は、情報源や収集手段が絶対に暴露されることのない安全な傘のもとで、NATOコミュニティーに伝達することができた。古典的なシギントとエリントは、冷戦期のこうした収集活動の全てにおいて大きな役割を演じた。これは、特別な収集機器に由来する複数の手段を用いてソ連の通信を受動的に聴取し、傍受する作業を必然的に伴った。このプロセスには翻訳が不可欠であり、英米では、高度な訓練を受けた少数の翻訳者が、傍受した技術信号や音声信号の内容を全て解明した。これらの翻訳者は、当然のごとく、第二次世界大戦中の有名なブレッチリー・パークや、米国のマジック暗号解読チームの後継者だった。多くの場合、技術翻訳者は、ソ連が何を実行しようとしているのかをその場で完全に理解するため、リアルタイム・オンボード・インテリジェンスが必要な特定の特殊任務に派遣された。これらの「シー・ライダー」と呼ばれる要員は、不安定な作戦シナリオの中で数週間を洋上で過ごすことが多かったが、NATOは彼らのおかげで先手を打つことができたのであり、ソ連が試作型のシステムや兵器で何をテストしているのか、あるいは、より発展的な能力――これに近いのがNATOで称するところの初期作戦能力（IOC）――を運用試験評価段階において試しているのかどうかを知ることができた。

作戦情報の収集、分析、配布と同時並行するこの複雑なプロセスにおける次の重要な段階は、ソ連内部のプログラム・ベースそのものに侵入することだった。それはモスクワ所在のセンターであり、ソ連の研究開発と設計局の成果が、取得当局において一体になる場所だった。古典的なスパイ活動では、これらのセンターに侵入することは極めて困難だった。

ソ連のインテリジェンスへの侵透

ソ連の要人が自国の機密を漏洩する確率は非常に低かった。このことは、ソ連の亡命者やエージェントの数が少ないことからも裏付けられた。信頼できるヒューミントを定期的に獲得することはほとんど当てにならなかった。米国の「頭上」情報源は、冷戦の全期間中も現在も重要であり、大きな価値があるとはいえ、限界がある。モスクワやレニングラードの建物の中や、ソ連の潜水艦造船所の建物の中は、衛星では見ることができない。衛星は監視だけでなく盗聴もでき、シギント、エリント及び関連分野において、宇宙からかなりの情報を得ることができる。とはいえ米英は、携帯電話通信やマイクロ波通信塔、膨大なデジタル通信の国際転送といったデジタル通信時代より前の時代には、無線周波数（RF）スペクトルに関連する古典的な通信の技術、周波数、手順に頼っていた。RFスペクトルにより、多種多様な方法、プラットフォーム、地理的位置による傍受が可能となった。ソ連とワルシャワ条約機構全般、そしてNATOは、RF通信に加えて地上回線も多用した。その多くは安全であり、さまざまな政府ユーザーや企業の通信サプライヤーが運用する通常の地上回線からは切り離されたものだった。

同じことは、冷戦後に一段と利用されるようになった大洋横断通信ケーブルや衛星通信にも当てはまる。米英は、RF通信に対処するため、第二次世界大戦時代から続く古典的な通信傍受技術と手順に高度な技術を組み合わせる一方、衛星通信時代やその後のデジタル通信時代にも相手に先んじる活動を行っていた。ソ連は当然、機密暗号通信への侵入とその解読を避けるため、保全措置が厳重に講じられた通信手順を有していた。軍の取得管理におけるソ連の中央集権的システムの弱点は、ソ連の軍事・情報機構以外の多くの面と同じだった——非常に中央集権的だったことで、組織そのものが特定・把握されえたため、脆弱になったのである。

ファイブ・アイズは、ソ連の中央取得プロセスに関わる通信への侵入が成功し、前述したベースラインを定める極めて貴重な作戦情報が得られたことも相まって、多々あるソ連の造船所から何が出現しそうか、次世代潜水艦級の能力はいかなるものになりそうかについて、まさに情報に基づいた評価を下すことができた。

実情は必ずしもバラ色ではなかった。一九七〇年代の米インテリジェンスは、ソ連の将来的能力を過小評価するきらいがあった。米国由来の評価は、ソ連がコンピューターを利用した高度なデジタル信号処理、特に低周波のナローバンド信号処理という目立たない領域での処理法を習得できていないことに、完全ではないにせよ大きく依存していた。米国の主張によれば、こうした大きな弱点により、潜水艦の静粛性とそれに付随する船体設計の騒音レベルといった、重大問題が解決できないとのことだった。米国の評価では、ソ連がアクティブ・ソナー・プログラムや広範な非音響対潜システム及び技術に大々的に投資したのは、静粛かつ運用巧みな英米潜水艦を高性能パッシブ・ソナーで探知する技術の理解と獲得に失敗したためだった。

英国はこれとは対照的に、極めて詳細なインテリジェンス報告書の中で、一九八〇年以降に造船所から姿を現す可能性のあるソ連次世代潜水艦は、あらゆる面において、特に静粛性と搭載兵器の種類において、著しく高性能になるだろうと説明した。結局のところ、ソ連が巡航ミサイル潜水艦『オスカー』級と弾道ミサイル潜水艦『タイフーン』級（いずれもNATOコードネーム）を進水させたことで、英国の評価が非常に正確であったことが証明されるとともに、作戦情報によってその正しさが直ちに立証された。英国の評価は、あらゆる情報源からの情報収集に加え、関連データの絞り込みに基づいて行われたものだった。それらに含まれたのは、ソ連の研究開発基盤を始め、機密性が非常に高い調達システム、欺瞞ではないことが明らかな重要オープン・ソース・データ、そしてあらゆるベースライン・データ・ベースだった。英国は、ソ連の能力が一九八〇年までに段階的に変化すると見ていたのであり、実際に非音響ASW〔対潜水艦戦〕プログラムが先進的な新パッシブ音響信号処理プログラムと並行して推進されていることを確認した。英国が見たところ、一九九〇年代のソ連の能力はこれら全てによって一新したのである。

ソ連の攻撃型原子力潜水艦『ヴィクターⅢ』級と『アクラ』級は、それ以前の艦級の刷新として『オスカー』級と『タイフーン』級の仲間入りをした。一九八二年に私がイギリス人同僚と発表した英国の機微文書「脅威に関する統一見解書」では、ソ連潜水艦の新たな艦級の能力について正確な評価が下されているが、いたって小さいながら技術面で例外が一つあった。それは、ソ連が最初の海上試験後に修正したものだった。米英間には、一九七〇年代後半から一九八〇年代前半にかけて見解の相違があったが、その原因は、多々ある米情報機関の多種多様な能力の違いから生じた可能性が高い。彼らは最終的な評価で合意できないことが往々にしてあったのである。英国の場合、情報機関が米国よりも小規模で一体化が図られている上に、情報収集担当官と分析担当官の間に極めて緊密な協力関係があったため、結び付きの強いコミュニティー内で最終評価を統一できるという利点があったのに対し、米国では大規模な情報機関が複数あり、それらが協力し合うとは限らなかったのである。

新たなベースラインがいったん確立されるや、米英はいつもどおりの友好状態に戻ることができたが、摩擦がなかったとも言えない。そんなことを言えば、一九七〇年代後半から一九八〇年代にかけて生じたソ連の能力の重大転換期を軽く扱うことになってしまうだろう。

一九九〇年代にそれが徐々に明らかになったのである。

米英海軍は、作戦に関わる情報収集と分析の両面で、桁外れに素晴らしい仕事を続けていた。その実例が、米国の音響監視システム(SOSUS)の利用である。英国内に位置したSOSUS監視局は、ソ連北極圏のコラ半島からグリーンランド－アイスランド－英国の間隙(英米の海軍用語でGIUKギャップ)を通過するソ連潜水艦の展開(出入りの両方)を追跡できたゆえに重要だったが、それだけではなかった——英国に位置することが、数の乏しい英米のASW部隊を指揮する上で極めて重要だったのであり、広大なノルウェー海や北海、北東大西洋でソ連潜水艦を捜索し、位置を特定し、追尾することが可能となったのである。英米の空中ASW兵力(米P－3機、英シャクルトン機、後にはニムロッドASW機)と水上・水中兵力の協調関係は、さまざまな機関や活動を通じ、高度に体系化されていた。すなわち、イングランド／ノースウッド所在の英海事本部を始め、スコットランド及び北アイスランド担当海軍将官といった地方の下位指揮階梯、ノルウェー海・空軍といったNATOの中核機関、そしてノルウェー北部のロフォーテン諸島から行われる同国海・空軍の主たる活動である。アイスランドのケフラヴィークにある米軍基地も、この連鎖の重要な一部だった。スコットランド北部インヴァネスの東に位置するモーレイ・フォース所在のキンロス英空軍基地と、イングランド南西部コーンウォールのセント・モーガンにある英空軍基地は、米軍機が給油や搭乗員の休養のために着陸できる場所であり、重要な航空拠点だった。キンロス英空軍基地の東に位置するロッシーマウスの英海軍航空基地は、ソ連空軍の偵察機や爆撃機の侵入を阻止するためのもので、スコットランド北部における英海軍の陸上拠点だった。さらに、米国は英国各地にまったく人目につかないシギント局を維持していた。現在は閉鎖されているものの、そのような場所の一つで伝説的なものが、スコットランドの最北東部沿岸のエドセルという小村の近傍にあった。その地元民は、米海軍保全群の活動に関する秘密を何世代にもわたって守ったのだった。

英米の傍受局とそのインテリジェンス成果物

この米国の傍受局は、英国所在のほかのGCHQ局とともに、計り知れないほど貴重なシギント傍受をリアルタイムで行っていた。これらの局は、ソ連のスパイ船、すなわちAGIを始めとするソ連その他のワルシャワ条約加盟国の商船の通信活動を対象としていた。これら船舶は、ソ連海洋監視システム（SOSS）の構成要素であり、英米海軍その他の連合国の活動に関する重要情報を本国に提供していた。しかし、こうした船舶は通信をする必要があり、高度に暗号化された通信であっても、GCHQやそれと同類の米国家安全保障局、海軍暗号センターは、解読することができた。このように、情報源と収集手段を調整し、一丸となることで、米英海軍は、ソ連艦隊が活動する主たる海域においてソ連海軍全体を、北方艦隊を、そして特に最も手強い戦力であるソ連潜水艦の位置と動向を、二四時間体制で監視・追尾すること

ソ連の『オスカー』級巡航ミサイル原子力潜水艦（出典：ウィキメディア・コモンズ、米海軍）

ができたのである。ファイブ・アイズ加盟国のうち、カナダ、オーストラリア、ニュージーランドは、現在も機密扱いとなっている場所から同じような極秘任務を遂行した。彼らの成果物は途方もなく貴重だった。

しかし、こうした肯定的なイメージ、すなわちソ連海軍の中核的な能力と活動のあらゆる段階を監視できたというイメージに対しては、二つの重要な分野で疑問が投げ掛けられた。一つは、ジョン・アンソニー・ウォーカー（一九三七年生、二〇一四年没）率いる米スパイ網によって被った甚大な損害である。もう一つは、ソ連海軍の研究開発コミュニティーが、別の手段で英米の音響的優位に挑戦しようと、内部で取り組んでいたことだった。ソ連は同時に、英米の戦略的抑止体制に対抗するためのプログラムにも着手した。これらは、確立されたパターンとは異なっていた。そのパターンとは、ソ連の情報収集艦（ＡＧＩ）が英米の基地の沖合で待機し、最新の作戦情報をソ連海洋監視システム（ＳＯＳＳ）に提供しようとするものである。このような情報は従来、新型の『ヴィクターⅢ』級のようなソ連の攻撃型原潜（ＳＳＮ）の誘導に役立つもので、西側の核抑止体制の中核たる英米の弾道ミサイル搭載原潜（ＳＳＢＮ）の位置を特定し、それを追尾して交戦できるようにするためのものだった。これらを下支えするソ連の目的は、西側の技術的優位を不安定化させ、相殺することだった。ソ連は、北極の氷冠の下に潜るという重大な戦略的決断を下すとともに、潜水艦の静粛化と並行して、アクティブ・パッシブ音響信号処理の代替技術も開発した。米国のウォーカー・スパイ網が提供した情報は、ソ連がこうした大改革を開始する上で、重要な役割を演じたのだった。

英国にも、海軍分野でソ連のスパイがいなかったわけではない。一世代前のポートランド・スパイ網は、イングランド南岸のドーセット／ポートランドにある海軍本部海中研究施設において、英国の海軍関連プログラムに深く侵入していた。とはいえ彼らの活動は、イギリス人のフィルビー、バージェス、マクリーンからなるスパイ網の活動ほど壊滅的なものではなかった。これら三人は英秘密情報局（ＳＩＳ）の最上層部に浸透し、英国の無数の貴重なヒューミント情報をソ連側に漏らした上に、エージェントを裏切ったのである。特にフィルビーがＭＩ６に与えた壊滅的な影響は、ウォーカー・スパイ網が米海軍とその関連情報機関に与えた惨憺たる結果と非常によく似ていた。

現代世界においては、エドワード・スノーデンによる最近の裏切り行為により、重要な情報源と収集手段、情報の内容の漏洩がいかなる影響を与えるかが浮き彫りになっている。これによって、英米および両国のＮＳＡ－ＧＣＨＱの活動に対する社会的認知が深刻なダメージを受けることになった。スノーデンは、カウンターインテリジェンス機関やクリアランス関連調査員、あるいは職場の同僚にもまったく見破られることがなかったが、せめてもの救いは、彼が何を知らないか、いまだに彼自身が分かっていないということである。これこそ、彼がアクセスできなかったファイブ・アイズ・インテリジェンスの重要部分にある、保全措置が高度に講じられ、密接に結び付いたコミュニティーの大きな功績である。ファイブ・アイズ海軍の情報収集プログラムは、冷戦時代には巧みに防護されていた。ウォーカー・スパイ網によって、これらプログラムの成果物の一部が危険に曝されもしたが、活動面の重要部分には実害がなかった。ファイブ・アイズが、ニード・トゥ・ノウ要員の数を極限まで減らし、エドワード・スノーデンのような潜在的弱点を内部に持つ他機関と情報を共有しないことを徹底していたためである。一九五〇年代以来、ファイブ・アイズ海軍の収集プログラムには極めて高い保全措置が講じられており、内実が暴露されたことはない。これは、ファイブ・アイズ海軍のたゆまぬ努力の賜物である。

ファイブ・アイズ・インテリジェンスの価値は、あるレベルでは計り知れないものである。しかし一方で、その価値が明確な測定基準に大いに左右されることは明らかである。その測定基準は、政治・軍事・経済的インテリジェンスに支えられた科学・技術的インテリジェンスの尺度に基づくものである。集団としてのファイブ・アイズは、ワルシャワ条約機構の同盟国など、いかなる国よりもインテリジェンス業においてはるかに優れていた。この圧倒的な優位性を損なったり、資金不足に陥らせたりするわけにはいかない。そんなことになれば、ファイブ・アイズ各国の国家安全保障上の利益が危険に曝されるだけでなく、相互に連結している世界経済も危機に瀕してしまう。大きな混乱が生じれば、世界経済はあっという間に恐慌状態に陥るだろう。

第3章 政治的・構造的変化——一九七八〜八三年

米国での勤務期間中は、アメリカ人とともにアメリカ人のために働いた。非常にやりがいがあり、刺激も多かったので、それを終えて一九七七年末に英国に帰国するのには辛いものがあった。休暇中は、メンタルの調整をしたり、家族を訪ねたり、ロンドンの自宅からハンプシャー州ポーツマスへの次なる引っ越しに取り組んだりした。私は英海軍の兵器工科学校《Ordnance Engineering》（略してOE学校）の副校長を務めることになった。OE学校では、将校と下士官兵を問わず、英海軍の武器工学専門要員の全員が、それぞれの専門分野と階級、次期海上勤務を踏まえた訓練を受けた。OE学校には、訓練生や職員を含めて七〇〇人以上の人員がいた。私がOE学校の日々の運営に携わっていた頃、ポーツマス基地司令長官から、OE学校を新体制に刷新するよう命じられた。それは、急速に変化する海軍兵器システムと、その運用・保守に必要な訓練を織り込んだものでなければならなかった。今にして思えば、ポーツマス海軍基地の上層部と私が率いたチームが、デジタル・情報革命の最前線にいたことは明らかである。

新たに創設されたのが、英海軍電子工学学校《Electro-Technology》、略してET学校だった。われわれは訓練課程を再編し、最新のシステムについて洋上経験を有する、武器工学《weapons engineering》（WE）の大学院レベルの有能な将校数人や、まもなく就役するシステムの開発・取得に携わる将校を教官として招き、日々の訓練を指導させた。これは、システムそのものを使った実技訓練と座学を織り交ぜたものだった。訓練の対象としたのは、下士官兵と、英海軍のフリゲートや駆逐艦の武器工学部門の責任者に任命された中佐までの将校だった。米海軍とは異なり、英海軍には、武器工学、海洋工学、航空工学を専門職種とする大学院レベルの「一般名簿」将校がおり、米海軍におけるこれら将校と同様に、四つ星の階級〔海軍大将〕に昇進する機会がある。これら「一般名簿」技術科将校は、米海軍の「職域制限のない兵科将校」に分類されるが、英海軍では艦艇の指揮権を有しない。ただし、「一般名簿」の水兵科〔艦艇の運用担当〕と同等の地位として、陸上での高位指揮官その他の上級将官ポストに就くことができる。学校での時間は胸躍るものだった上に、私は一流の訓練スタッフと事務スタッフに囲まれていた。OE／ET学校は、スポーツやポーツマス野砲競技会などのイベントでも優秀だった。将官レベルの査閲にも見事に合格した。

私は、ロンドンでまだ休暇中だった頃、ワシントンでの勤務内容について検討するため、海軍と情報部の最上層部を訪ねるよう指示された。これらの会合は非常に貴重なもので、数日にわたって行われた。それを全面的に支援してくれたのが、ワシントンの大使館スタッフだった。私はワシントンで独自の地位にあり、海軍と情報部の指導部は私の地位の継続を望んでいた。ワシントンでの私の勤務は基本的に「単発」だった。私には前任者も後任者もいなかった。この地位は私のための「特注」だったのである。上層部は、私の後任を見つけるためと、それについて米側と連絡を取るため、必要な行動を開始した。やがて知らされたところによると、かなり探し回った末にようやく適任者が見つかったとのことだった。その人物は、一九七八年末か一九七九年初頭までにワシントンに派遣される予定だった。

私は家族ともども、ハンプシャーの小さな村クランフィールドのモダンな家に引っ越した。この村はポーツマスの真北のピーターズフィールドに近い場所で、ロンドンのワーテルロー駅まで行く急行列車の停車駅がある。グリニッジ滞在中とそれ以降、私は国際法の幅広い側面と海洋法に興味を持つようになった。一九七五年七月にはリンカーン法曹院への加入が認められた。英海軍の支援と資金援助を受けつつ、着実に法曹への道を独力で歩んでいた。クランフィールドに自宅があったおかげで、ロンドンのリンカーン法曹院で開かれる晩餐会に出席することができた。これは、イギリスの法廷弁護士になるのに必要な条件の一部である。ロンドンから夜遅くに帰宅し、翌朝に起床した後、朝七時にはOE学校にいることもあった。一九八〇年一一月、私はリンカーン法曹院から法廷に呼ばれた。グリニッジ王立海軍大学校在学中に国際法を学ぶようになったのは、一九七三年に同校創立一〇〇周年記念として開催された海洋法大会議の影響が大きかった。私はこの会議中、ダニエル・オコンネル教授の接待を担当した。彼はオックスフォード大学の国際法チチェリ講座教授であり、海洋法の第一人者と見なされていた。私の考え方や、専門資格を取得しようという動機に長らく影響を与えたのはオコンネル教授だった。

海軍のあらゆる階級や肩書の人員七〇〇人余がいる現場に戻ったこの時期、私は、「ワシントンやそれ以前に経験したことは昇進の足掛かりになるのだろうか、海軍は自分に別の何かを用意してくれているのだろうか」と訝っていた。英海軍と情報コミュニティーに計画があったのは確かだった。ただし、私がそれを知ったのは、一九七九年初頭にホワイトホールの旧海軍本部ビルに呼び出され、OE／ET学校の役職を離れることをようやく知らされてからだった。私は、内閣府が直接監督する特別プログラム事務局に赴任することになった。私の「任命権者」は詳しいことは何も知らなかった。彼からは、「自分には知る許可が与えられていない」と告げられた。私はその後、正式な通知を受け取ったが、それには職務内容や場所が一切記載されておらず、日付だけが記されていた。当然ながら、昇進できるのかと心配になったが、昇進者として選ばれたことでその不安も和らいだ。そして、ET学校の素晴らしい同僚たちから豪勢な酒食でもてなされた後、休暇に入った。クランフィールドにあるわれわれ夫婦の家を売却し、ロンドンの中心部まで簡単に行ける距離にある家に引っ越すまで、ロンドンのアパートに住むことになるのは分かっていた。じきに私は、職務になる一連の内容について探り当てた。英国の四つの情報機関と、ワシントンDCでともに働いたことのある主要な情報機関と、横断的かつ個々に働くことになったのである。

ファイブ・アイズの文化的基盤

中央集権化プロセスが実施され、新たなヒエラルキーが確立された後も、第二次世界大戦中の特別な関係が最大限に保たれた領域があった。それは、五カ国の海軍とそれぞれの海軍情報機関の傘下で極めて緊密に実施された極秘作戦だった。まさにこうした作戦の性質上、五カ国の海軍はおしなべて新たな中央組織から独自の距離を保つことができたのであり、ほかの機関や情報機関が享受できなかった政治指導部への特別なアクセスやルートを保持することができたのである。さらに、各海軍はこれらの作戦に緊密に関与していた。こうした作戦には、極秘の特別大統領令や、英国の場合は首相の署名入り命令が必要とされることが多かった。その中間にあるあらゆる組織、あらゆる人々が蚊帳の外に置かれた。そうする後押しとなったのは、一つの重要な要因だった。五カ国の海軍はそれぞれ世界規模で展開していた。彼らは、ほかのアセットや情報機関が赴くことのできない場所にいた。宇宙ベースのシステムが重要な意味を持つようになった後でさえ、特定の重要情報機能をリアルタイムに果たすことができたのは、永続的なプレゼンスを基盤とする海軍アセットのみだった。今日に至るも、前方展開する海軍情報アセットが大いに求められている。ファイブ・アイズ活動の守護神となっているのが、秘密保全とニード・トゥ・ノウの原則である。

欧米の民主主義国家が自国の安全保障政策の基盤に据えてきたのは、明確に認識できる価値観と戦略的配慮だった。その第一は、個々の国家の地理的・政治的一体性とアイデンティティを脅かす侵略や脅威から、国民を守ることである。すなわち、平和と調和の中で生きる権利、民主的な制度を通じた民族自決権、そして、いかなる源からの抑圧や脅威をも免れた独立国家として存在する権利を守ることである。歴史的・文化的・民族的・言語的・経済的に深く根差した要因が、ファイブ・アイズ各国を結び付けている。国家のアイデンティティと自決権を維持するために必要な戦略的条件は、時代や地理的空間によって異なる。これらの要因によって、例えば、自由で安定的な独立国家の現状が脅かされ、パワーバランスが変化した場合、ファイブ・アイズ各国の反応が決まったのである。

二〇世紀前半の教訓で重要な点は、世界情勢が風雲急を告げ、将来の安全保障に重大な懸念を生じさせるような方向に変化している場合は、前もって防衛の準備をする必要性があるということに尽きるだろう。そのことを明示する好例が、ナチ党の台頭と一九三三年のドイツの選挙である。これによってドイツは一九三六年から一九三九年九月の第二次世界大戦勃発に至るまで、好戦的な挑発をますます強めていった。準備不足は弱さの表れと認識され、現状に挑戦する侵略者を勢い付けるおそれがある。侵略は、今日の環境においては必ずしも最悪のシナリオを伴う古典的な領土侵犯とは限らず、水や石油などの資源、パンデミック問題、主要原材料の独占貿易、サイバースペースの悪用など、経済的なものである可能性がある。

第二に、ファイブ・アイズのような国々は、自国の安全と重要な国益を守るために同盟関係を築いてきた。これとは逆に、好戦的で往々にして拡張主義的な意図を持つ国々は、表面上の利益があると思われる国と同盟を結んできた。独ソ不可侵条約、日独伊三国同盟、そして後のドイツによる独ソ不可侵条約の破棄は、敵対国が演じた現実政治《レアルポリティーク》の好例である。彼らは同盟を結んだり破棄したりすることで、表面上の利益を得ると認識していたのである。

第三に、二〇世紀の民主主義を導いた主要国である米英は、カナダ、オーストラリア、ニュージーランドと同盟を結び、率先して自決権を称揚してきたほか、英国の場合は、脱植民地化と自治権の尊重を主導してきた。第一次世界大戦後に国際連盟の父となったのはウッドロー・ウィルソン大統領だったが、国際連合機構（UNO）の創設に当たってはファイブ・アイズ諸国がその中心となり、北大西洋条約機構（NATO）の場合は米英加が中心となった。国際連盟は平時に国際協調を促進し、将来の戦争を鎮めるために構想された一方、国際連合は国際連盟が国際秩序を維持できなかった点を教訓として、平和維持を目的として構想された。NATOの強みは軍事的結束力、組織、軍事力にあったのであり、その目的は威嚇することではなく、抑止することだった。

ファイブ・アイズには文化的基盤があり、整然とした同盟機構における明確な軍事力や国家の決意、協力によって、強さを示す必要がある。これらは、彼らの戦略的思考を貫く一つの非常に明確な筋道を指し示すものである――つまり、変化する脅威環境に備えることが肝要だということだ。ファイブ・アイズは、国際安全保障の外交手段、すなわち平和的な成果を追求するための力の行使は、非常に雑多な内容で構成されていることを見て取っていた。それには、外交圧力を始め、経済制裁や孤立化、物流や資本移動の制限といった多国間による圧力の行使が含まれる。これらが失敗した場合、武力行使が最後の手段となる傾向があり、封鎖や機雷敷設、臨戦態勢の強化、あるいは、最悪の場合は公然たる戦争の開始宣言といった形態を取る。

ファイブ・アイズの中でも特に英米加は、これら手段の使用が制約される立場に置かれたことがある。戦略情勢全般とパワーバランスが自らに有利でなかったためである。ソ連によるハンガリー、チェコスロヴァキア、アフガニスタンへの侵攻が示すのは、状況の組合せによって米加英とその同盟国がいかに無力――不健全な状況――になったかということだ。この三ケースは全てがソ連の影響圏にあったため、NATOは抗議以外に有意義な反応を示すことができなかった。これら三つのシナリオには、深遠かつ普遍の教訓がある。それは、外交政策と国家安全保障政策全般の手段としての軍事力には限界があるということだ。その限界を理解することが極めて重要である。同様に重要なのが、中央集権化の問題と、それがファイブ・アイズに及ぼす影響についてである。

第二次世界大戦は、間違いなく人類史上最大の紛争だった。第二次世界大戦について非常に驚くべき点は、米国も英国も、あるいは英連邦の同盟国も、戦時中に主要な国防組織を根本的に変更することがなかったということである。統制が強化され、必然的に協力が強いられたが、英連邦の中で軍が反対した、あるいは抵抗した国は皆無だった。第二次世界大戦があらゆるレベルで複雑だった点——特に、産業を基盤とする大規模な戦争機構を迅速に構築し、技術革新を極短期間で行うという極めて驚異的な能力——に鑑みると、明確なことが一つある。それは、当時のシステムが機能したということだ。完璧なものなどないとはいえ、第二次世界大戦時の英米の国防組織は見事に機能したのである。改革は臨機応変になされた——官僚主義的な惰性は消え失せ、改革や直接命令に抗う者はじきに排除された。機能不全はいかなる形態であれ、是正された。

そこで疑問が生じる。なぜ改革が行われたのだろうか。さらには、なぜ各軍種中心主義から中央集権主義へと変化したのだろうか。第二次世界大戦中とその後のファイブ・アイズの軍種の中で、チームワークを乱した、あるいは最悪の場合、自軍種の目標追求のための策を弄したと非難されうるものは皆無である——非難の中でも、これ以上事実から乖離したものはない。政治指導部と軍首脳、そしてその幕僚は、大戦略に合意し、それを実行するために軍リソースを配分した。軍種間のライバル関係は、リソースというパイの決定をめぐって深刻に争われるような問題ではなく——むしろ非常に価値あるライバル関係であり、あらゆる点で実績を上げ、卓越し、真価を示し——、非常に健全な状態だった。ファイブ・アイズは、大戦略を実行するに当たり、誰が何をするかや、リソースをめぐって他軍種と激しく争うことはなかった。パットン軍は「バルジの戦い」の最中、天候が回復して米陸軍航空隊が現れ、空対地支援を提供してくれるのを見て、これ以上ないほど喜んだし、水上艦艇部隊は、頭上のリベレーターやショート・サンダーランドが浮上中のUボートを攻撃するのを幾度となく歓迎した。軍種間のライバル関係は、相互の効用をいかに組み合わせるかの問題であり、内輪もめではなかった。

第二次世界大戦は、国防組織についての公理である三つの特性を証明した——実際的な価値があること、効率的であること、効果的であることである。第二次世界大戦で浮上したのは、より大規模な一体化と、トップレベルでの管理を求める声だった。なぜなら、中央集権化の外見的メリットを通じてそれぞれの独立した軍組織を管理した方が、ライバル意識や非効率性が認識されるシステムよりも効率が上がるからである。実現したのは、既存の機構の上に政治的な上塗りを施した巨大な官僚機構だった。米英では国防インフラが成長した。法的措置に裏付けられた基本的な政治改革がなされると、米国では国防長官室と参謀機構が、後に英国では、国防省と中央国防参謀部が急成長した。これらの改革を実施するために貴重なリソースが使われ、莫大な費用がかかった。とはいえ、正負の教訓はあったにせよ、もし両国が第二次世界大戦中に有していたものが機能したのであれば、それだけの価値があったのではなかろうか。

改革とマウントバッテン要素

第二次世界大戦後の著名人の中には、中央集権主義者が数人いた。英国で最大の提唱者は、意外にも、中央国防参謀部の創設を直々に監督した海軍元帥ルイス・マウントバッテン卿であろう。なぜこのようなことがありえたのだろうか。マウントバッテン提督は、中央集権化すればより高い効率が達成できると純粋に信じていた。彼は、軍種間のライバル関係ではなく、協力関係を固く信じていた。また、将官としての初の重要任務として、一九四一年から一九四三年まで連合作戦本部長を務め、統合作戦を提唱した。極東においては、一九四三年から一九四六年まで、東南アジア連合軍最高司令官として軍種間協力の価値の

東南アジア地域連合軍総司令官時の海軍元帥ルイス・マウントバッテン卿（出典：ウィキメディア・コモンズ）

大きさを理解した。この役職において指揮した諸部隊が、第二次世界大戦後にファイブ・アイズとして出現することになった。

ルイス・マウントバッテン卿（一九〇〇年六月二五日生、一九七九年八月二七日没）は、あらゆる点で異色の存在である——エリザベス女王のはとこの子であり、エリザベス女王の夫であるエディンバラ公フィリップ王子の叔父でもあった。血筋は申し分なく、バッテンベルク公ルイスとヘッセン公ヴィクトリア王女の末子で次男である。マウントバッテンは、一九一三年五月にオズボーン王立海軍大学校に入校した。一九一四年には、父親が第一海軍卿兼海軍参謀総長に就任した。バッテンベルク家（ドイツとの関係が深かったため、マウントバッテンと改名（ドイツ語の「ベルク」は「山」（マウント）の意））にとって非常に暗い影となったのが、英国内の反ドイツ感情のために父親が職を追われたことだった。若きマウントバッテンはこうした境遇を乗り越えて軍の最高職に就き、一九五五年四月から一九五九年七月まで第一海軍卿兼海軍参謀総長を、さらに一九五九年から一九六五年までは初代国防参謀総長を務めたのであり、後者としては歴代最長だった。彼は父親ともども第一海軍卿兼海軍参謀総長を務め、英海軍の歴史に名を刻んだのである。

したがって、マウントバッテン卿には絶大な影響力があった。一九五〇年代には、朝鮮戦争を始め、冷戦の激化、ソ連によるハンガリー侵攻、そして一九四九年八月にソ連が初の核爆発実験を行った後に生じた核競争の激化などがあった。マウントバッテンは、英軍は名目上のみならず組織実体上も一体になる必要があると明確に考えていた。彼は、ハロルド・マクミラン内閣（一九五七年一月～一九六三年一〇月）、アレック・ダグラス・ホーム内閣（一九六三年一〇月～一九六四年一〇月）、ハロルド・ウィルソン内閣（一九六四年一〇月～一九七〇年六月）とともに、英国の国防組織を改革するための体系的な取組に着手した。そして、英海軍の由緒ある組織の政軍機構を実質的に解体したのである。海軍卿は、単一組織としての英海軍を議会において直接代表する立場で、閣僚の一員でもあったが、今やそれが消滅した。この事実だけでも、劇的かつ長期的な結果をもたらした。マウントバッテン卿はそのことに気付かなかったか、あるいは改革が必要だと判断したため、重要視しなかったのだった。

英海軍は、もはや議会における独立した単独代表権を持たず、内閣レベルに直接アクセスすることもできなくなった。国家機関としての海軍本部は国防省に吸収された。第一海軍卿兼海軍参謀総長に率いられる海軍参謀本部は、依然として従来の形で存在していた。海軍計画部、作戦要件部、作戦・通商部の主要部署はそのまま残った。これら海軍参謀本部の主要部署は、取得・調達部署を率いる海軍参謀本部管理部、海軍人事部とともに、常に無駄のない組織だった上に、勤勉で効率的なことで有名で、決して官僚主義的でも人員過剰でもなかった。海軍情報部も同様の人員数だった。海軍参謀本部は直接の政治的アクセスと影響力を失い、今や中央国防参謀機構を通じて職務を遂行しなければならなかった。この機構には新たな参謀調整機能があったが、大勢が感じたようにこれは重複した機能であり、それ以前の数十年間は、参謀長委員会を通じて行われていたものだった。同委員会も効率的な組織であり、今は拡大して国防参謀総長の組織下に置かれた。同組織は、統合参謀レベルで個々の参謀機能を再現したものであり、英海軍の場合、その機能を体現していたのが極めて能率的な海軍参謀本部だった。同本部は、二〇世紀の二回の世界大戦を通じ、歴史的にも優れた実績を残した。

海軍の四つ星指導者〔海軍大将〕は、今や直接的な政治アクセスが奪われただけでなく、国防省に統合された中央国防参謀部を始め、国防参謀総長以下のヒエラルキー、国防参謀次長および参謀次長補への報告系統も失ったことに気付いた。これらは、国防の主要な機能――政策、計画、作戦、情報、人事、取得（研究開発を含む）――の全てを担っていた。したがって、数十年間と両大戦中のみならず、まさに数世紀にわたって機能してきた旧海軍本部の機構の上に、何層にも及ぶ参謀機能とそれに付随する人員と官僚機構が追加されることになったのである。そのカルチャー・ショックたるや相当なものだった。その上、英海軍は突如としてこうした新たな国防ヒエラルキーを通じて業務をすることになっただけでなく、拡大・確立した文官官僚機構とも仕事をすることになったのであり、それが英海軍の運営業務に手間と費用を上乗せすることになった。これらの改革が組織に及ぼす長期的影響については、一九六四年当時も、正式な改革に至るまでの数年間も、十分に分析・理解されることはなかった。中央集権化と統合は、それ自体が正しいことと考えられたのであり、軍内の協力、一体化、計画実行性を高めるという名目で、冷戦がもたらす安全保障上の課題に対応することになったのである。

英海軍は、いつしかこうした新たな環境の中で競争することになっていたのであり、もはや海洋戦略に対する直接的な政治的代表権を持たなくなったのだった。これは大改革だった。なぜなら、英海軍はネルソンの時代以来、それ自体が自明の存在と見なされてきたからであり、海上遠征戦をとりわけ特徴とするシー・パワーを通じて、イギリスの大戦略を具現するものとして国民に受け入れられてきたからである。

英国は一九六〇年代、ハロルド・マクミラン首相の有名な「改革の風」演説の後、特にアフリカやアジア、西インド諸島において、計画的かつ大規模な脱植民地化を開始した。ハロルド・ウィルソン労働党政権とデニス・ヒーリー国防相は、インド独立（さらにはインドとパキスタンの分離、さらにその後の「東パキスタンのバングラデシュ」の誕生）に始まる帝国最後の残滓からの独立運動を、ヨーロッパに引き返す理由と見なした。「撤収」が重要な国防用語となり、特にそれが当てはまったのが極東と、シンガポールと香港を拠点とする英極東艦隊だった。ヒーリー国防相は、英国が一九五〇年代から一九六〇年代初頭まで維持してきたような規模の艦隊は必要ないと考えていた。また、同国防相が明言したのは北大西洋に重点を置くという点だけで、それ以外には、英海軍を新たな世界的海洋冷戦環境に融合させる海洋政策にも、戦略にも言及しなかった。歴史的な領域である地中海からも計画的な撤収が行われ、地中海艦隊司令長官の地位が廃止されてマルタ担当海軍将官へと変わった上、最終的にはマルタ海軍基地が閉鎖され、ついには地中海における英海軍の継続的プレゼンスが終了した。これらに続いて極東の基地が支援施設に縮小され、最終的にシンガポールにおいて極東艦隊司令長官旗の最後の降納が行われた。こうした一連の事態が生じたのは、英国の領有権減少に伴う予算や外交政策上の配慮だけでなく、国防組織の構造的な変化もその要因としてあったのである。

国防組織が改まったことにより、これまでとは異なる政軍環境が出現し、その中で重要な意思決定が行われることになった。新設された国防省は、植民地の縮小・撤収期に、相反する優先課題を数多く抱えた。特に、戦略核防衛の必要性と通常戦力のバランスや、西ドイツに駐留するライン川駐留英軍（ＢＡＯＲ）の地上戦力をもって欧州のＮＡＴＯを支援する主観的必要性などである。相反することの多いこうしたリソースをめぐる問題の中には、ほかにも根本的な問題があった。特に、英海軍と英空軍の対抗意識の高まりである。

マクミラン首相とケネディ大統領は、一九六一年一二月にバミューダで歴史的な会談を行い、その後、米国は原子力潜水艦と戦略核弾道ミサイルの技術を英国と共有することに合意した。英海軍は、攻撃型原子力潜水艦（SSN）と弾道ミサイル原子力潜水艦（SSBN）の両方を建造することになった——後者は核抑止力による英国の国家戦略防衛の要となり、今日では主力となっている。英空軍は、核搭載可能なV爆撃機部隊を維持するリソースを得ようと競合した。V爆撃機とは、ヴァルカン《Vulcan》、ヴィクター《Victor》、ヴァリアント《Valiant》のことであり、米戦略航空軍のB－52と同様の核爆弾を搭載した。これらはリソース集約的な要求と戦力だった。デニス・ヒーリー国防相は、かつての英領土に配置してあった基地からの撤収を、海洋プレゼンスと前方展開からの撤収と同類と見なした。世界中に配置されていた英海軍に、こうした現実が突きつけられた。ヒーリー国防相がこの撤収に見いだしたのは、大幅な経費節減と英海軍の削減を始めとして、英陸空軍を欧州に展開させて欧州防衛に専念することや、急成長するソ連北方艦隊に対抗するNATOに貢献するため、英海軍を北欧海域に集中配置することだった。ソ連北方艦隊は、グリーンランド－アイスランド－英国の間隙（GIUKギャップ）を通過して大西洋とその先の海洋へのアクセスを拡大しようとしていた。戦略全般を突き動かしたものは利用可能なリソースだったのであり、米国の支援と技術に基づく独自の戦略核抑止力が必要とされたこと以外、英国の主要な戦略目標を深く分析することは二の次にされた。英空軍は、本土防空と欧州における在ドイツ英空軍の任の維持に加え、海上哨戒の任も維持できるように望んでいた。この任務は英空軍沿岸航空軍から英空軍第18飛行集団に移行したもので、同集団は当初、シャクルトン機、後にニムロッド海上哨戒機からなる飛行隊を複数備えていた。

英海軍は、ヒーリー国防相が主な艦隊空母を交代させる決定をすると、いつの間にか好ましからざる立場に置かれた。海軍参謀本部は今や英空軍と競合するだけでなく、中央参謀機構の環境の中でも競合しなければならなかった。そこでは、戦略だけでなくコスト削減も重視された。最も考慮されなかった要素は、英国にとって重要な、核抑止力以外の戦略的利益だった。海洋遠征戦という中核概念は、グローバルな文脈において、欧州重視に代わるものとして扱われることがなかったのだった。

デニス・ヒーリーと改革

デニス・ヒーリー国防相は知識人であり、戦後の労働党を代表する思索家の一人だった（付録参照）。彼は、かねてより空母についての見解を表明していた。それによれば、空母は新型の攻撃型原子力潜水艦からの雷撃に対してあまりに脆弱であり、水兵が居住を強いられる「浮遊式貧民窟」のようなものだった。彼の分析はそれ以上のものではなく、新型の攻撃型潜水艦が将来的に空母戦闘群をいかに守るかを探索するものでもなかった。また、次のような点も認めようとしなかった。すなわち、英海軍の水上部隊が対潜水艦戦の中核として構成されつつあり、空母や水陸両用強襲揚陸艦、商船を守る一方、これらの主力部隊を航空攻撃から守るのが新型防空ミサイル・システムだということである。ヒーリー国防相の辞書には、固定翼機による海上からの機動攻撃の戦略的価値に関する記載がなかった。かくして、英海軍航空隊に難題が突き付けられ、英海軍にとっても前代未聞の状況となったのである。一九六四年の大改革で制定された新たな政軍機構は、空母の代替計画に関する議論において、英海軍に利することがなかった。なぜなら海軍は、閣僚レベルの海軍卿の地位を失った上に、中央集権化された国防省に中央国防参謀部が設置されたことで、政治的影響力を失ってしまったからである。

固定翼機搭載空母であるHMS『ヴィクトリアス』、『エルメス』、『イーグル』、『アーク・ロイヤル』の耐用年数については十分に理解されていたほか、二隻の軽空母HMS『アルビオン』と『ブルワーク』は、英海兵隊用のヘリコプター搭載コマンド空母（強襲揚陸艦）に改装された。英海軍は、固定翼機搭載空母の

デニス・ヒーリー（出典：ウィキメディア・コモンズ）

代替プログラムをめぐる闘いに敗れた。同プログラムによれば、英海軍の主要な固定翼機部隊を二〇二〇年頃までに退役させることになっており、その頃には『クイーン・エリザベス』級空母二隻の一番艦がロッキード・マーチンF－34を搭載して就役することになった。HMS『アーク・ロイヤル』は、一九七九年に退役した最後の主力空母であり、その就役期間は海軍参謀本部によって可能な限り延長された。F－4、バッカニア、ガネットからなる同空母の各飛行隊は、英空軍に移管されるか解隊された。海軍参謀本部は短期の回復作業の立案に着手し、多くの海軍専門家や外部の戦略専門家から国防省と中央国防参謀部の重大な判断ミスと見なされたものから立ち直ろうとした。この重大決定を修正するのに五〇年を要し、二〇一七年一二月には、英海軍が取得した艦艇の中でも史上最大のHMS『クイーン・エリザベス』が、さらに二〇一九年一二月にはHMS『プリン

1976年4月ヴァージニア州ノーフォークにてUSS『ニミッツ』と並ぶHMS『アーク・ロイヤル』(出典：ウィキメディア・コモンズ)

ス・オブ・ウェールズ』の両空母が就役した。

この決定がなされた手順は、いかにも内閣レベルで活動せざるをえなくなった英海軍の手法らしいものだった。海軍は、内閣や議会レベルでの直接的な代表権がなくなったため、従来のような方法で政治的実力者や議論にアクセスすることができなかった。海軍参謀本部は、中央参謀本部と国防省が新たな職能を有するため、海軍に直結する任務を遂行する以外には、主流外に置かれることになった。第一海軍卿はもはや由緒ある海軍本部の主役ではなく、国防参謀総長率いる機構の中で、自らの大義を唱え、チーム・プレーをすることがますます求められるようになった。第一海軍卿が認識せざるをえなかったのは、自分の発言権が四分の一（三軍の参謀長プラス国防参謀総長）になっただけでなく、配下の職員が、強大な権限を持つ文官事務局に加えて中央国防参謀部とも闘わなければならなくなったことだった。中央国防参謀部のうちの何人かは海軍に所属していたが、せいぜい三分の一しかおらず、それも三軍間の輪番制に基づくものである場合が多かった。海洋戦略の必要性を明確にし、表明し、正負を説得するのに、前述の全てが妨げとなった。海洋戦略は、英国の安全保障の守護者たる英海軍の歴史的役割に基づく主戦略であるが、主たる地位を争う英海軍の能力が低下していたのである。

新設された中央国防参謀部はプロセス主導の組織となり、その本務となったのが、極めて官僚的な委員会活動であり、相反する利害の調整であり、はたまた、三軍の要望と予算要求に妥協しつつ、絶えずそれに応えようとする試みだった。このプロセスにおいては、核心的な最重要機能、すなわち、英国の国家安全保障上の重大利益に基づく大戦略を議論、決定、合意する機能が、三軍の妥協の中で見失われることが往々にしてあった。ここ数十年の英国の「戦略防衛安全保障見直し」(SDSR)は、そうしたものとして見なされてきたものである。

改革の悪影響の歯止めとなった米国の政治制度

米海軍は、英海軍と比較すると、ある重要な点において極めて恵まれていた。米国の政治制度と憲法の性質そのものが、前述の組織改編後も、米海軍の永続的な影響力を維持するのに役立ったためである。最重要の要因は二つあった。第一に、米国では立法権と行政権が分離していること(英国の議院内閣制においては両権の分離が曖昧)、第二に、一九四九年に海軍長官が内閣(顧問団)における地位を失い、新設された国防長官がヒエラルキー的な意味で全権を握ったにもかかわらず、海軍長官の地位と役割が問題にされないまま無傷で残ったことである。フランケ長官を始め、コナリー、コース、フェイ、ニッツェ、イグナティウス、チェイフィーまで、一九六〇年から一九七二年まで就任した各長官は、確立された憲法上のルートを通じて、米海軍の利益を最優先して行動する自律性を依然として享受していた。この時期の海軍作戦部長

――一九六〇年から一九七四年に就任したバーク、アンダーソン、マクドナルド、モーラー、ズムウォルト各海軍大将――は、同時期の第一海軍卿とそのスタッフに立ちはだかったジレンマに直面することはなかった。海軍の政治指導部も制服組トップも、議会にアクセスするための、明確に定められた合法的な手段を有しており、それらは複数あった上に、いくつかのレベルがあった。彼らには、計画上や予算獲得上の利益だけでなく、毎年の国防予算を動かす核心的な戦略問題をも代表する手段があった。公聴会という公開フォーラムは、米海軍の利益を代弁する場となった。歴代の海軍作戦部長の個人的な強みが光ったのが、下院軍事委員会（HASC）と上院軍事委員会（SASC）での公開の質疑や、一般市民や報道陣が入れない非公開の秘密公聴会だった。重要な戦略問題は公然と放送された――議論は白熱し、多くの場合、厳しくも率直でユーモアにあふれていたが、時には、極めて有能で知識豊富な委員会スタッフや個人スタッフから十分な説明を受けた議員や上院議員が、的確な質問を直接かつ積極的にすることもあった。これら委員会の委員長や有力委員には、絶大な影響力があった。したがって、米海軍にはリソースに関する主張を述べる機会が常にあり、その基本となったのが、議会に配置された職員が行う説明だった。海軍作戦部長が独自に抱える議会連絡担当官は、議会の委員会と合法的に連絡・調整を行うことができるほか、国防に関する議論を始めとして、プログラムや人員、水上艦艇、潜水艦、航空機、兵器、主たる運用・維持（O&M）予算に関する主張に影響を与えることができる。

このプロセスにおけるもう一つの要素は、海軍と産業界の関係である――後者は、生産とサービスのあらゆるレベルで海軍と取り引きしようとする請負業者のことである。これらの請負業者、そのロビイスト、そして彼らの居住地や事業運営地である選挙区や州の議員と上院議員は、雇用その他の重要な利害が絡むプログラムを追求するため、密接に絡み合った関係を有している。海軍の予算獲得の財布の紐を握っているのは、両院のそれぞれの歳出予算委員会である――HASCとSASCは、認可はできるものの、法的に予算を割り当てることができるのは、上下両院の歳出委員会の国防歳出小委員会のみである。これらの委員会は全て強力な権限を有しており、失敗したプログラムに対しては予算の割当てを打ち切ることができる。米海軍が憲法上、このプロセスに影響を与えうる権能については、明確に規定され、よく理解され、非常に巧みに実践されている。上級海軍将官の立身出世は、キャピトル・ヒル〔連邦議会〕での能力発揮いかんにかかっている。三つ星や四つ星の将官〔それぞれ中将と大将〕が連邦議会で意見表明する場合、海軍長官も臨席し、その両脇に海軍作戦部長と海兵隊総司令官が着座することが多い。英海軍にはそのような特権的な憲法上の制度がなく、議会で主張を展開し、直接的な影響力によって予算を獲得することはできない。

米海軍と連邦議会の関係に深く静かな影響を及ぼしているのが、政治文化と人間関係である。連邦議員の多くが米海軍に従軍したことがあり、非常に著名な議員も数人いる。特にアリゾナ州選出の故ジョン・マケイン議員やヴァージニア州選出のジョン・ワーナー議員は、退役海軍軍人であることで有名である。こうした例はほかにも無数にある。連邦議員の多くはポトマックの両岸、つまり国防総省と連邦議会で勤務した経験がある。その結果、彼らは必要な手順を理解しているだけでなく、すでに忠誠心があり、状況や物事の進め方についての意見も持っていた。米海軍に対する個人的な忠誠心が身に染み付いていた上、海軍の戦略上の主張も理解していた。彼らのスタッフは技術的知識の不足を補い、海軍の制服組と協力しながら、海軍作戦部長のスタッフから説明を受けたり文書を入手したりした。第二次世界大戦以降は、行政府と立法府の間で、健全かつ精力的な、絶えず変化し続ける政軍対話が常に行われてきた。英国のシステムはそれとはまったく異なり、国防費削減の時代において、英海軍の利益に資するものではない。

前述のように、英米海軍が任務を遂行する環境においては、政軍関係上の差異が基本的にあるのであり、政治指導者の性質と憲法上の地位ほど、そのことを象徴するものはないだろう。米国では、数人の大統領が議会での経験を有している――彼らは異なる視点から政府の裏側を見てきた。ローズヴェルト大統領は、政治家として駆け出しの頃に米海軍次官補を務めており、これはチャーチル首相が海軍卿を二回務めたのと同様である。第二次世界大戦後の大統領の何人かは、退役海軍軍人である。ケネディ、ジョンソン、ニクソン、フォード、カーター、G・H・W・ブッシュの各大統領は、いずれも退役米海軍軍人として有名である。高く称賛すべき軍歴を持ち、数多くの受勲に輝く者も数人いる。彼らは一様に海軍を理解していた。すなわち、海軍の機能、その目的と存在理由、シー・パワーの戦略的意義などである。これとは対照的に、第二次世界大戦後の英首相の中で、英海軍に従軍した人物は一人しかいない。第二次世界大戦中の一九四二年から終戦まで従軍したジェームズ・キャラハン首相（一九七六～一九七九年在位）である。彼の父親は英海軍の下士官だった。キャラハン首相は、一等水兵として英海軍志願予備隊（RNVR）に入隊し、RNVRの大尉として戦争を終え、非常に立派な軍務成績を残した。とはいえ、英国の指導層は、激しい戦闘行動を経験した米大統領のような、深い個人的知識と経験を有したことが一切ない。この要因は、米国の最高司令官が困難な決断や選択に直面したときに、大きな違いをもたらす――彼らは戦争の実相と、自ら下した決定がもたらす結果について承知している。さらに、海軍出身の大統領は、予算配分と優先順位という同様に重要な面に関しても、海軍が年次予算サイクル内で何を、なぜ要求しているのかを理解し、それを尊重する傾向にある。一九八二年春、アルゼンチンがフォークランド諸島に侵攻すると、英海軍のルーウィンとリーチ両提督はサッチャー首相に対し、海軍に関する入門書を急遽用意しなければならなくなった。サッチャー首相は予備知識がゼロだったが、幸いなことに飲み込みが非常に早く、第二次世界大戦を経験したこの二人の優秀な専門家の指導のもとで、提示された計画を理解した。一方、この二〇年前の一九六二年に発生したキューバ・ミサイル危機に際して、ジョン・ケネディ大統領は、ソ連の目論見と作戦を阻止するには海軍力をいかに投入すべきかについて、そのような指導を必要としなかったのである。

改革の戦略的影響

米英における改革は、第二次世界大戦時の状況と比較すると、誠に注目すべきものだった。米海軍は、一九四七年の大改革を経て、議会に直訴したり必要なリソースを要求したりすることが、一貫的かつ恒久的にできるようになった。これとは対照的に、英海軍は政治的な制約を受けるようになり、はとこのような立場に置かれた――一族の一員でありながら、家督とは無縁の存在である。ここに注目すべき重要な点が一つある。それは、米海軍が機能する上で不利な米国の制度に根付いているのが、合衆国憲法の基軸やまさに統治の文化と手法であり、米海軍はそれによって官僚的・組織的な改革を乗り越えていくことができるという点である。英海軍には、そのような恵まれた特典がなかった。かつての英海軍は、単に上位の軍種であっただけでなく、主張が常に聞き入れられ、理解される環境の中で活動することに慣れていたが、前述した英国における改革によって、窮地に立たされたのである。中央集権化や統合、さらには、文官主導の官僚機構とプロセス重視の国防省と中央国防参謀部に権力が政治的に集中したことは、何世紀にもわたって政治的アクセスを享受してきた、伝統に縛られた英海軍にとって死の宣告となったのだった。

ファイブ・アイズは、戦略的課題に団結して立ち向かった。米国は一九六二年、第二次世界大戦と朝鮮戦争以来、最大の試練となったキューバ・ミサイル危機に直面した。これに続き、一九六三年にはケネディ大統領が暗殺され、後継者リンドン・ジョンソン大統領の在任中にヴェトナム戦争が激化した。これら出来事の大きな背景として、冷戦の激化と、世界規模の米ソ対立が挙げられる。米英海軍は、ソ連海軍やワルシャワ条約機構国の海軍と世界中で、特に大海で日常的に対峙していた。米ソ両国の同盟国と従属国は、ソ連が崩壊するまでこの壮大なゲームの一部となった。一九六七年にエジプト、シリア、ヨルダンのアラブ諸国とイスラエルとの間で戦われた六月戦争では、当時の国務長官ディーン・ラスクが、キューバ・ミサイル危機よりも大きな脅威と見なした危機が生じた。その一〇年間が終わる頃、欧州情勢が悪化した――西ヨーロッパとワルシャワ条約機構を隔てる中央戦線と、NATOのFEBA（主戦闘地域の前縁）は、軍事プレゼンスが大きい上に、常に演習や臨戦準備が行われる地域だった。NATOの軍事機構においては、欧州連合軍最高司令官（SACEUR）は常に米軍の四つ星将官が務め、核抑止態勢の基礎となる相互確証破壊（MAD）に依拠した報復計画を監督した。MAD環境においては、鉄のカーテンの両側に軍事的均衡がもたらされたが、通常戦力による西ヨーロッパ侵攻があった場合、それも無意味となった。なぜなら、NATOには、FEBAが崩壊して赤軍が西ヨーロッパに侵攻した場合には核兵器で応じるべし、とする公然の方針があったためである。MADドクトリンとはよく言ったものだ（「狂気の沙汰」を意味する形容詞madを連想させるとの意）。ソ連は一九六八年、チェコスロヴァキアの指導者ドゥブチェクが激しく抗議したにもかかわらず同国を占領したが、この際の軍事バランスと、危機がエスカレートする圧倒的な危険性に鑑みれば、NATOがプラハの悲劇的状況に何の支援も提供できないことはあまりにも明白だった。

ソ連と西側諸国にとって、世界における影響力をめぐる熾烈な競争、共産主義と民主主義のいずれが優れているかをめぐる激闘を繰り広げられる領域の一つが海上だった。さらには、経済的にもイデオロギー的にも浸透の機が熟した国々への進入路を、海上アクセスが提供してくれる地域もそうだった。ソ連に関しては、成長するソ連海軍による影響力拡大のこのプロセスが、ソ連の海軍外交として特徴付けられるようになった。世界の大洋こそ、冷戦が真に戦われた場所だったのである。

NATOはこれに対応すべく、重要な海軍司令部機構を創設した。その中心となったのがヴァージニア州ノーフォークにある大西洋連合国軍最高司令官総司令部（SACLANT）であり、米海軍の四つ星将官が常にその指揮を執った。この機構の中で重要だったのが米海軍の兵力と能力であり、その具象が序数艦隊だった――大西洋の米第2艦隊と地中海の米第6艦隊である。太平洋の米第3艦隊と米第7艦隊は、太平洋におけるソ連の海軍力に対抗する戦力として重要だったが、太平洋におけるソ連海軍の成長に不利に作用したのは、地理的要因その他の地政学的要因だった。太平洋でのソ連艦隊の動きは、コラ半島を根拠地とするソ連北方艦隊や、黒海を根拠地とするソ連第5戦隊の動向に匹敵した。増強するソ連北方艦隊とワルシャワ条約機構同盟国の海軍による作戦行動は、レニングラード（現サンクトペテルブルク）を拠点とするソ連バルチック艦隊の役割と任務とも相まって、実弾が飛び交わないだけの事実上の海上戦争において、NATOの対処課題となった。現在の目をもって分析すれば、ソ連邦の存続中に持続したこの海洋紛争の戦略的基盤が、中央ヨーロッパの陸上情勢よりもはるかに重要であることは間違いない。なぜならソ連は、「核の傘」戦略の外で拡大し、影響を及ぼし、西側を弱体化させる現実的な機会を手中にしていたからである。それを防ぐのが米海軍と同盟国の任務だった。これを達成するための戦略は、複雑かつ挑戦的、発展的で、技術的に高度なものだった。

＊

英国は一九六〇年代、一〇年にわたってアイデンティティの危機を経験した。それは、脱植民地化が頂点に達した後、「スエズ以東」政策なるものから脱却することで治まった。この政策を支えた軍事戦略は、前方展開プレゼンスと基地施設に立脚する海軍戦略に主に基づいており、その目的は、海軍部隊——水上、航空、水中、水陸両用の各部隊——によって、英国の同盟国とスエズ以東の英国の経済権益を後援することだった。英国が一九六〇年代に旧植民地マラヤ（現マレーシア）を支援すべくインドネシアと対峙したことには、非常に重要な意味があった——それにより、特殊作戦部隊（特殊空挺部隊と英海兵隊の特殊舟艇部隊）の支援を受けた海軍と海兵隊が、ボルネオ（東マレーシア）のジャングル・河川地帯においても、インドネシアの正規軍と準軍事部隊の侵入を阻止できることが実証されたのである。英海軍と英海兵隊が協力して戦った戦争は、対日ジャングル戦におけるイギリス第14軍の作戦や、第二次世界大戦後にマラヤで発生した共産主義者の反乱に対する作戦を彷彿とさせるものだった。ボルネオ戦役は、今にして思えば、反政府勢力に対するジャングル戦をいかに行うかの前例となったのである。こうした作戦に関する英国の教範の基となっているのが、ケニアにおけるマウマウ団との戦いや、キプロスにおけるキプロス闘争民族組織（EOKA）との戦いのほか、今日のアラブ首長国連邦、イエメン及びアデン、マスカット及びオマーンを含む中東地域における実体験である。

イギリス極東艦隊の撤収計画、シンガポールと香港の海軍基地に設置された主要施設の縮小とその後の閉鎖は、帝国の消滅のみならず、戦略的思考の転換をも予告するものだった。その思考法は、もはや海洋や世界を見据えたものではなかった。ウィルソン内閣とヒーリー国防相の政策は欧州重視であり、地球的規模の海洋大国ではなくなったことが何を意味するのかを広く深く分析しないまま、「海洋撤収」する政策と見なされた。公平を期していうなら、英国はリソース重視の国になったのであり、幾度かの経済危機とポンドの切り下げを経験した後では、三軍を世界に展開させうる経済状態になかったのである。脱植民地化を基本とする外交政策が意味したのは、ヨーロッパへの撤収と、中央戦線、北大西洋の海上連絡線、そして独立した核抑止力の創設・維持への専念だった。

先に分析した政軍上の再編は、英国の国防は高度に官僚化されたプロセスを重視しているという見解を演出したものだった。一九六〇年代の国防省には、「大戦略」という言葉が見事に欠落していた。海洋戦略というものは、理解も文書化も分析もなされた概念に基づくべきであるという主張は、NATO主導の核をめぐる難解な表現の中でかき消された上、その表現も、官僚主義的な妥協以外の何物でもなかった。そのことは、毎年の国防予算編成において、これ以上ないほど明白になった。そこでのパイは、ヨーロッパ中心観主導の環境の中で活動する三軍のニーズを満たすために分配されたのであり、海洋中心の世界観は度外視されていた。この問題の心理的側面は、英国が一九六〇年代に直面した経済的現実と同じほど重要であろう。振り返ってみれば、生じた事態は単純化しすぎた見方の均衡化だった。つまり、帝国からの撤収は、世界的な海洋プレゼンスからの撤収に等しいという単純すぎる見方がそれである。この同一視の中に、数十年にわたる英国の戦略的断絶の種があった。英国は実質的に、海洋国としての伝統を忘れてしまったのだ。つまり、英国が立脚してきたのは植民地の建設ではなく、極めて単純な事実――貿易だということである。英国は大航海時代の当初から常に海洋貿易国だった。生き残るには、単に貿易をするだけでなく、海を使って商活動をしなければならない。イギリスの多くの学校で毎日行われていた「船で海に乗り出し、大海原で商いをする人々」への祈りは、珍奇な愛国心ではなかった。それは、ごく単純な経済的事実に対する現実的かつ不変の確信だった。すなわち、英国は当初は農業国として、後には工業国として、生き残るために海に依存していたという事実である。さらに、英海軍はこうした貿易や死活的利益を守る手段であっただけでなく、英国の外交政策の主たる軍事的手段でもあったのであり、前方展開のプレゼンスと作戦によって、政治・経済的利益を下支えしたのである。

英国は、歴史的に「市民軍」をもって主な陸上戦役に参戦したのであり、それらは大規模な正規軍や常設軍ではなかった。アジャンクールの戦い（一四一五年）におけるヘンリー五世の軍隊も然り、ブレンハイムの戦い（一七〇四年）でのジョン・チャーチル（後のマールバラ公）、ナポレオン時代の半島戦争におけるサー・アーサー・ウェルズリー（後のウェリントン公）の軍も、さらには、エル・アラメインのバーナード・モントゴメリー将軍の第8軍や、コヒマのウィリアム・スリム将軍の第14軍も然りである――これらは市民軍であり、平時のごく少数の職業軍人の基幹要員によって紛争期間中に徴募され、訓練されたものだった。英海軍はそれとは違った――高度な訓練を受け、経験を積んだ職業将校とその部下――非常に広い意味での水兵――からなる大規模かつ恒久的な組織だった。英海軍の空母艦隊を更新しないという重大決定がデニス・ヒーリー国防相によって下されたとき、何世紀にもわたって練られ、実施されてきた英国の海洋戦略が実質的に否定されたのである。一九六〇年代に、ブライアン・ランフト教授のような著名な学者が参謀大学のグリニッジ王立海軍大学校で海洋戦略と海軍史を教えていた一方、国防省の中央国防参謀部が、何世紀にもわたって成功を収めてきた海洋戦略を組織的に否定していたのは、何とも皮肉なことだった。

これとは対照的に、一九六〇年代の米海軍は、政軍的な組織改編があったにもかかわらず、英国とは正反対の方向に進んだ。一九六二年のキューバ・ミサイル危機では、第二次世界大戦中に海軍に従軍した米大統領が、国家的危機を回避するために海軍力をいかに利用できるかを示した。核ミサイルを満載したソ連海軍のキューバ侵入は、海軍力――ソ連の作戦を海上で阻止する米海軍の能力と兵力――に裏付けられた外交によって、寸前で停止させられた。その力を認知せず、物理的実体もなく、さらには、必要とあらば海軍力を行使すると米大統領が公言しなければ、成り行きが大きく違っていたことは間違いない。しかもケネディ大統領は、カーティス・ルメイ米空軍参謀総長の恐るべき反論を、海軍力の行使によって相殺することができたのである。米艦隊の力がなければ、フルシチョフ首相を交渉のテーブルに着かせることも、軍部内の急進的タカ派を抑えることもできなかっただろう。米国が一九六二年に核兵器を使用していたとすれば、今にして考えるととんでもないことであるだけでなく、いささか信じがたいことのように思えるかもしれないが、実際のところそれは選択肢の一つだったのであり、米国の利益に反して制御不能に陥っている一定の状況に鑑みれば、その提唱者もいたのである。ケネディ大統領は、強烈なプレッシャーがあったにもかかわらず、冷静沈着を保ち、海軍を見事に使いこなしたのだった。

キューバ・ミサイル危機は、一九六〇年代の米国が海軍戦略の活用において群を抜いていたことを明示するものである。リソースの有無は決して深刻な問題ではなかった。米海軍は、明確に打ち出された海洋戦略を支えるための、文書化された要求に対し、望むものを得たのである。実際の作戦、特にヴェトナム戦争における米海軍の戦闘行動や東マレーシアにおける英海軍の作戦に加え、当時は注目されずに分析されることがなかった状況もいくつかあった。それらは、現代の出来事や将来の海軍作戦にとって、今や重要な意味を持っている。

海外基地の重要性

英国の海軍戦略は、海外に拠点施設を提供する必要性の上に何世紀にもわたって成り立っていた。英海軍は歴史的に、一連の海軍基地その他の関連施設、すなわち無線基地や、蒸気時代には給炭地などを擁していた。それらの地名を挙げるのは難しいことではない――ホンコン、シンガポール、モルディブのガン、セイロン（スリランカ）のトリンコマリー、ペルシャ湾口付近のマシラ、アデン、バーレーン、ディエゴ・ガルシア、モンバサ、モーリシャス、シモンズタウン、ジブラルタル、マルタ、バミューダ、カナダ東岸の諸基地、西インド諸島の施設群、そして南大西洋のフォークランド諸島（ポート・スタンレー）である。これは世界に広がる見事な兵站網であり、相互協定に基づくオーストラリアとニュージーランドの港もその中に含まれていた。固定基地がなく、燃料や食料の補給もできず、整備施設を維持することもできなければ、海軍は深刻な問題に直面する。ただし、原子力を使用し、大洋を横断する環境の中でも維持できる大規模な艦隊洋上補給能力があれば、陸上基地に頼る必要はない。乗組員には休息と娯楽が必要であり、港湾訪問は外交・通商関係において常に重要な役割を演じてきた。港湾施設への定期的アクセスが保証されることは、グローバル海軍にとって必須である。このような施設の有無は、移動時間、配置時間、弾薬補給、乗組員の士気に劇的に影響する。これらは些事などではない重要な要素である。真珠湾から南シナ海に移動する攻撃型原子力潜水艦でさえ、移動に長時間を費やさなければならず、原子炉が燃料や電気、新

キューバ・ミサイル危機（出典：米国防総省キューバ・ミサイル危機ブリーフィング資料。ジョン・F・ケネディ大統領図書・博物館、ボストン）

鮮な空気と真水を絶えず供給してくれるとはいえ、乗組員の体力が大きな要因であることに変わりなく、さらには、敵対行動が生じた際の弾薬補給や電子・機械システムの定期・緊急メンテナンスの必要性といった要素も同様である。

主として北大西洋に撤収した英国は、たまに他地域に進出しながらも、嘆かわしいことに、将来的に何が待ち構えているかの評価を適切にすることなく、由緒ある基地から撤収してしまった。これらの基地があった国々が植民地ではなくなり、独立したからといって、将来それらを利用することを妨げるものではなかった——とはいえ、いったん結び目がほどけると、結び直すのはいっそう困難となり、米国のような主要同盟国が代わりに関与することが重要になった。しかし、時代の趨勢と世界の再編は米国に有利となっている。米海軍は、NATO域外でシンガポールやバーレーンなどと良好な関係を築き、英海軍の代わりを務めてきた。英国が、インド洋の要衝ディエゴ・ガルシアの基地使用権を米国に与えたのは賢明だった。イタリアのナポリやスペインのロタが依然として機能している一方、英国がマルタを閉鎖したことで、潜在的交戦国がそこに接近しようとするのではないかという懸念が当初あったが、今日まで目立った動きはなく、地中海における米国の作戦に影響を及ぼしていない。相互協力戦略に基づく海軍同盟を構築する上で、基地に関連する関係は極めて重要になる——冷戦期ほど北欧や地中海の港湾訪問が重要であったことはなく、二〇二〇年時点において、米海軍とマレーシア海軍、シンガポール海軍、インドネシア海軍、フィリピン、ヴェトナム、タイ、韓国、そして日本というアジア諸国との間で急発展している関係は、全て一つの目的を物語るものである——統合作戦や演習を支えるのは港湾訪問であり、それに伴う施設であるということだ。後者は、今日のアジアにおいて、海軍の協力という積み木を積み上げるための接着剤である。

洋上での弾薬、燃料、食料の補給は、艦艇運用の主要技能である——それを習得するには練習に加え、困難で危険な環境条件におけるニーズを満たすための最高の技術が必要とされる。米英海軍は、昔からこれらの技能の達人である。両海軍とも、艦隊補給能力のかなりを開発した。補給部隊はまさに海軍の中の海軍であり、それがなければ海軍は戦闘に従事できなかっただろう。原子力空母でさえ、航空燃料や弾薬の補給が必要である。英国が艦隊補助艦（補給艦）と呼んだ「輜重艦隊《フリート・トレイン》」がなければ、海軍は冷戦を首尾よく遂行できなかっただろう。逆にソ連は、非常に不利な立場に立たされていた。洋上補給に関連する技術や技能の開発・習得が遅れたためである。米国人のマーヴィン・ミラー（一九二三年生、二〇〇九年没）は、カリフォルニア州ポート・ヒューネメの米海軍基地において、先進的な洋上補給システムと技術の開発を主導し、偉業を成し遂げた一方、ソ連海軍にはそれに匹敵するものは皆無だった。

ファイブ・アイズ海軍の間では、戦略的技術交換とインテリジェンスの協力、共有が行われ、それが一九六〇年代における第三、第四の重要な特徴となった。ここで敢えていうなら、一九六〇年代に両要素が及ぼした影響のおかげで、日常的な作戦と長期的な取得という最重要レベルにおいて、特に英海軍が救われたのである。そうでなければ英海軍は、撤収政策が始まった後に、縮小という滑りやすい坂道を転がり落ちていたことだろう。

英米の原潜協定

ケネディ大統領とマクミラン首相は、交渉中のナッソー協定を一九六二年一二月二二日に調印した。この協定により、米国は英国に英国製弾頭を搭載できる「ポラリス」弾道ミサイル能力を供与した一方、英国は米海軍に、スコットランドのホーリーロッホに米潜水艦用の基地を長期リースすることで合意した。バハマでの会談は、米国製AGM－48「スカイボルト」核ミサイル・プログラムの終焉も意味した。これは、マクミラン首相とアイゼンハワー大統領がこれ以前に合意した結果として、英空軍が取得を計画していたものである。英空軍は、V爆撃機部隊と後のトルネード機で戦術核能力を維持した。しかし、独立した抑止力を維持するのは今や英海軍が主体となった。これは、ロバート・マクナマラやディーン・アチソンといったアメリカの高官が以前から懸念していたにもかかわらず、実現したものである。彼らとしては、英国のスタンド・オフ・ミサイル・システム「ブルー・スティール」や中距離弾道ミサイル「ブルー・ストリーク」が失敗し、英国が購入を計画していた米国のAGM－48「スカイボルト」システムに技術的な問題が生じたことから、米国が英国に実現可能な抑止力を持たせることは賢明ではないと考えていたのだった。

冷戦が過熱するにつれて、両海軍は情報の収集、分析、共有において一段と緊密さを増し、情報の提供も、作戦上の利用に供するためだけでなく、技術的に優位に立ち、取得プロセスにハイレベルの最新脅威情報が確実に盛り込まれるようにするという、重要な任務のために行われるようになった。両海軍の情報参謀は一九六〇年代に、情報空間のあらゆるレベルで極秘協力の基盤を築いた。水中領域ほどこれが顕著な領域はなかった。

ファイブ・アイズの情報共有は、技術交流と一体だった。英海軍は、米政府と特にハイマン・B〔原文ママ。正しくはG（George）〕・リッコーヴァー海軍大将が創設した原子力艦艇主体の海軍によって莫大な支援を受けた――原子力潜水艦技術の取得は、最長を誇る英米の産業関係の始まりを予言するものだったのであり、それを担ったのがコネチカット州グロトンにあるジェネラル・ダイナミクス社のエレクトリック・ボート部門と、英国バロー＝イン＝ファーネスにあるヴィッカース造船エンジニアリング社（後にブリティッシュ・エアロスペース社が買収）だった。米英間でこうした交流があったということは、全ファイブ・アイズ海軍の間で収集・交換された音響情報（アシント）その他の特殊情報（SI）が、極秘裏に交換されたということを明示するものである。

＊

英米の国防組織が改編され、英国がスエズ以東から撤収するという混乱があったにもかかわらず、米英海軍は双方とほかの三カ国海軍とも強固な関係を保っていた。これは、五つの別個の機関内に存在した独特な制度上の関係であり、まさに五カ国の中に築かれた一つの国家だった。その土台となったのは、協定やハイレベルの安全保障上の合意だけでなく、個人的な関係や信頼、洋上活動によってもたらされる永続的な交流、そして日常的に直面する共通の脅威だった。こうしたファイブ・アイズ海軍間の独特な関係は、他機関はおろか、北大西洋条約機構やファイブ・アイズ各国が有するほかの主要な国際協定、条約、同盟といった、はるかに広い文脈の中でも享受されたことがないものである。

ファイブ・アイズが独特な集団に留まっていた理由は明らかだ。情報の収集と交換にまつわる性質が、その主な理由である。しかし、ファイブ・アイズはそれ以上に、機動力のある前方展開の情報収集アセットという本質的要素を擁しており、しかもそれらは永続的かつ秘密の存在でもある。互いにどれだけそれに関与しているかを知っているのは、大きな会合や、日常的な協力関係や人的交流を継続的に行っているこの五カ国のみである。さまざまな法的合意や、より正式な外交上の情報交換は、公的関係を外見的に表すものではあるが、ファイブ・アイズの核心は歴史的に不変の人的関係にあるのであり、一九四一年八月にウィンストン・チャーチルとフランクリン・ローズヴェルトがHMS『プリンス・オブ・ウェールズ』艦上で握手して以来、過去七九年にわたって培われてきたものである。前述したような改革や激変を乗り越えてきたのは各加盟国の個々人であり、彼らは関係を維持したのみならず、発展させもしたのだった。私はこうした偉大な遺産の中に身を置いていたのであり、冷戦たけなわの頃に英国の各情報機関やファイブ・アイズ諸国の情報機関と横断的に関与した後の一九八三年一二月、米国に永住帰国したのである。

ソ連とその同盟国、代理勢力に対する行動

一九八三年末までの間、私は複数の領域やプログラムにまたがる仕事をしていた。それらは英米の情報機関や、英国と加豪ニュージーランドとの特別な関係に関連するものだった。英国の安全保障と安寧全般の中核部分には、ソ連の極めて現実的かつ陰湿な脅威が迫っていた。私は当初、二件の関連任務を担う一グループに参加していた。いずれの任務も組織的には相互に関連していたが、指揮系統は別だった。しかし、両者は最終的に英内閣府の合同情報委員会（JIC）内に統合された。ソ連とワルシャワ条約機構同盟

国、そしてその代理勢力がもたらす脅威には、当然のごとく相乗効果があった。脅威の一つは、ソ連とワルシャワ条約機構の商船と便宜置籍船《べんぎちせきせん》（船主の国籍とは異なる国に船籍が置かれている船舶）の非営利的利用、そしてソ連の情報機関KGBとGRUが活動を秘匿するために活用していた代理勢力に関係するものだった。

もう一つは、英国内に深く潜入しているKGBエージェントや、軍の主要情報機関GRUが管理する高度な訓練を受けた「スペツナズ」（特殊任務部隊）がもたらす脅威だった。どちらの機関も、英国その他のNATO諸国に要員を潜入させたが、これら要員は、古典的な諜報活動（機微な役職に就いている英国民をソ連のスパイに転向させたり、英国の標的に対する技術的・科学的情報を収集したりすること）を実施しようとしていたわけではなく、それよりはるかに陰湿な役割、すなわち、ソ連およびワルシャワ条約機構と、英国およびNATOの間で大戦が勃発するという最悪のシナリオに備えるための役割を担っていた。英国内に深く潜入したこれら要員は、イギリス人に見えるように訓練された。彼らは前もって言語を習得し、文化や場所について研究しており、そこでイギリス国民に成りすまして生活し、活動することになった。偽造文書は、今日であれば即座に見破られるだろうが、デジタル暗号化以前の時代には、偽造パスポートその他の身分証明書を難なく使うことができた。彼らは秘密裏に資金供与を受け、事がうまく運ばなかった場合は直ちに引き抜かれた。彼らの任務は、大規模戦争という大惨事における英国の安全保障と存続に必須の目標に向けられていた。すなわち、主な政軍指導者の暗殺、主な通信施設の攪乱と破壊、軍事施設への破壊工作、さらには、英国の抑止力を支える通信システムへの侵入と破壊などである。特に最後の点は、英国の抑止力と四隻の潜水艦からなるSSBN戦力を支えるインフラの維持という観点から、極めて重要だった。

こうした極めて憂慮すべき脅威を探知し、位置を突き止め、妨害し、逮捕あるいは騙して管理するという任務がいかに機微なものであるか、読者にも理解できるだろう。われわれのチームは少人数で、ロンドン警視庁公安課の特別班と直結していた。同班は法執行機関として、われわれが特に拘束に値すると評価した人物を逮捕する法的権限を有しており、英国の国家安全保障に多大な犠牲を払ってでも、そうした人物に監視や情報収集を続けさせるつもりはなかった。私は、現場で活動しながら脅威に関するデータ分析を行った二年余の間に、不安に思うようになった。それは、この卑劣な脅威を封じ込め、私から見て最重要なこととして、それを覆すための独創的な戦略や戦術が欠如していることだった。私は最高峰の人々から訓練を受けていた。彼らは第二次世界大戦中、アドルフ・ヒトラーとナチ機構全体に対する「ダブル・クロス」体制を構築した人々だった。私が提案したのは、これを装いも新たに刷新し、われわれが自由に使える極めて巧妙な秘密手段の多くを駆使することだった。私は、ロンドン警視庁の極めて知的な敏腕刑事部長とともに現場で仕事をした。多くの問題を共有し、国家安全保障のためにそれらの問題にどう対処すべきかを話し合った。私のアプローチは彼とその非常に小さなチームに気に入られた。だが、官僚主義的な文官上層部はリスクを回避しようとした。私と同僚が意見の一致を見たように、その理由は実際の技術や行動上のリスクにあったのではなく――サー・ジョン・マスターマン〔「ダブル・クロス」作戦の責任者〕とその優秀な部下たちは、第二次世界大戦でそのことを知り尽くしていた――、上層部が、責任を負わなければならないような問題が発生した場合に備えて、自分たちの出世の道を守ろうとしていたためだった。私にはこれが非常に情けなく思え、いささか幻滅させられた。

思い出すのは、ロンドンの拠点施設でのある深夜のことだ。そのとき私は、脅威に対する緊要な行動を翌朝早々に実行する権限を文官上司に求めた。彼の返答は実に官僚的で、担当大臣に下駄を預けたがっているのは間違いないようだった。彼の言い分に同意はしたものの、内心ではそんな承認を求めるわけにはいかないだろうと思った。ソ連は、英国の特定ターゲットに対し、極めて機微な情報を相変わらず精力的に収集していた。ロンドン警視庁の同僚とコーヒーを飲みながら、仮にマーガレット・サッチャー首相が、紛争が起きれば自分が暗殺の主要ターゲットになるという事実を十分に知らされたなら、その脅威を弱体化し、制御、管理するために、巧妙で管理万全の秘密行動を実施するよう望むのではなかろうかと考えたものだった。われわれ二人は同意見だったが、どちらも官僚主義の壁にぶつかってしまい、相応のレベルにアクセスすることはできなかった。まさに、「止めようのない力が動かせない物にぶつかったらどうなるか」という古い諺を彷彿とさせた。その結果、ソ連は多くのことをやってのけた。現代社会には、これから学ぶべき重要な教訓がある。現在のロシアの指導者ウラジーミル・プーチンは、ソ連と同じようにあらゆる手段を使って今後とも西側の偉大な民主主義国家の弱体化を推進するだろう。私がソ連の活動に立ち向かっていた頃と何も変わっていないのである。唯一の例外は、デジタル革命、インターネット、そしてワールド・ワイド・ウェブ内部に侵入する新たな手段である。求められるのは、優れたカウンターインテリジェンス活動と革新的な新ツールだ。とはいえ、従来の方法も依然として極めて重要であり、活動上も価値がある。世代交代と集団的な記憶障害によって失われた昔の妙技を、われわれは新世代に伝授する必要があるのである。

＊

前述したように、ソ連は秘密要員を投入する際も撤収させる際も、さまざまに偽装した商船を利用していた。それら秘密要員は、全員が商船員を装っていた。出入国を管理し、船員をチェックすることは、デジタル・データベースがない時代には容易なことではなかった。船の乗組員はソ連以外の国籍が多く、これも混乱を招く要因だった一方、偽のデータとパスポートを使った秘密潜入には理想的だった。例えば、ティルベリーやハルに上陸した人物は、出港する船に戻ってきた人物と同一なのだろうか。こうした問題に加えて、技術的な情報収集の脅威があった。ソ連やワルシャワ条約機構、便宜置籍船、代理商船が、英国の一二海里以内の制限水域や港に入ったり、国際的に認められた無害通航権を行使して通過したりすることは、極めて深刻な脅威だった。これらの船は、特殊な通信傍受能力やエリント収集装置、水中作戦に関連する機器を装備していることが往々にしてあった。特に脅威となったのは、それらが英海軍や同盟国海軍の水上艦や潜水艦の動きに合わせた位置に就いた場合だった。特に出入港の段階で、例えば潜水艦が航行や安全、水深の理由から浮上しているような場合である。そうした船は港に停泊することがよくあり、表向きは貨物の積み下ろしをしながら、海軍施設や艦艇の間近に隣り合うように泊まった。

われわれには、ソ連のこうした秘密アセットがソ連海洋監視システムの一部であることは分かっていた。これらは、技術情報を収集すると同時に、水上艦や潜水艦の動向に関する作戦情報をリアルタイムで提供していた。このような活動に対抗することが、わがグループの重要な役割だった。最大の懸念事項は、こうした船舶が、英米の水上艦や潜水艦の航路に展開しているとみられるソ連潜水艦に情報を提供することだった。英米の潜水艦は、安全な潜航位置に到達するまでの間、制約のある水深や水路の範囲内に留まらなければならず、たいてい水上航行を余儀なくされた。われわれが懸念したのは、追尾行動がこれに続くことだった。そうした不測の事態に対処すべく、これらの脅威に対抗する方法をいくつか考案した。おそらく、彼らに勝るとも劣らないほど、彼らについての情報を収集することができたはずである。エムコン（電波輻射管制）は、通信を避け、エリントの傍受を避けるための安全な手段であるが、無論われわれは、どれが不正船であるか、すぐに分かるようになり、それらの出入港要請通知にも順応できた。冷戦時代にKGBとGRUが実施した多くの作戦と同様、彼らの作戦は巧妙に練られてはいたが、決して十分なものではなかったし、当然のことながら、英国の海域や港にこっそり侵入できると彼らに思わせること自体、価値ある策略だった。

われわれは、英国に対する秘密手段による主権侵害よりもはるかに広い意味合いにおいて、商船隊の非営利的利用が世界的にいかに作用しているか、その配置、動向、技術的能力、秘密裏の投入努力について、極めて多くを知ることができた。これらの情報は、敵対行為が生じた場合にどのアセットをその場から排除する必要があるかを知っておくという最悪のシナリオにおいて、全て非常に貴重なものだった。今にして確実に分かるのは、KGBとGRU双方の対監視下に置かれながらも、われわれが優れた情報収集と作戦によってこうした多様な脅威に幸いながら対抗できたことである。

今日においても、ウラジーミル・プーチンのFSB（KGBの後継機関）とGRUは、ロシア人亡命者や、西側のためにスパイ活動を行った人々への報復を画策している。英国に暗殺要員を送り込むことも行われており、化学・生物剤の使用など、特に陰湿な事件についてはメディアにも克明に記録されている。そのため、英国や同盟国に入国するあらゆるロシア人とその代理人を、公然と非公然の両手段で追跡することが現在でも緊急に必要とされているのである。正規のパスポートと入国権を持ってモスクワ発の航空便から降りたロシア国民は、ロシアあるいはその代理組織の商船を経由してイギリスの港に秘密裏に入国する要員と同様、脅威となるおそれがある。データベースやビデオ検査、生体認証、慎重な指紋採取、CCTVその他のTTL装置（タグ付け、追跡、位置特定）を活用することで、暗殺者や古典的工作員その他の不正入国者の活動を困難にできる。これら要員は、英国の国土や、情報をやり取りする同盟国あるいは友好国の領土にいる間に偽装や欺瞞を必要とするが、前記の手段を用いればそれが困難となる。テロその他の凶行は、例えば極右グループや個人による国内の脅威に比べると、近年は影が薄い傾向にある。さらには、見当違いのサイコパス的な殺人犯もいる。これらは、宗教グループやマイノリティに対する復讐殺人の一環として銃を乱射することが多い。ヘイトクライムは、外国情報機関とその代理組織による古典的な秘密工作と同様、蔓延している。

私は一九八三年末に米国に戻ったが、その頃の同国では、ソ連がもたらす多様な脅威と、それに対抗するための計画と作戦の必要性がロナルド・レーガン大統領の指導下で一段と認識されるようになっていた。私は、それが実現する前に第一線の現場勤務から離れ、性質が非常に異なる特別プログラムの分野をいくつか率いることになった。そしてその後の三年間、ソ連の戦略的脅威に関する情報の収集と分析に没頭するようになったのである。

マーガレット・サッチャーによる最大規模の投資とインテリジェンス投入

ソ連海軍の能力、作戦、建造計画、研究開発計画に関する日々の情報収集と分析とは別に、私が一九七〇年代後半に特別な科学技術情報グループに加わった頃には、一つの状況が時代の趨勢となっていた。同グループを率いるナイジェル・ヒューズは、長年にわたってインテリジェンス・プロセスに深く関与し、ホワイトホールの現場と政治を知り尽くした英政府きっての科学者だった。私は特別プログラムの責任者に任命された。

一九七九年には、マーガレット・サッチャーが首相に選出されていた。国家安全保障における彼女の初仕事は、英海軍の弾道ミサイル搭載原子力潜水艦（SSBN）四隻からなる国家抑止力を将来的にどうするかを決定することだった。最新艦に向けた計画と財政を策定することが喫緊の課題であり、その前提となるのが、老朽化した『レゾリューション』級SSBN（一九六四年から一九六八年にかけて建造され、ポラリスA－3ミサイルで武装したHMS『レゾリューション』、『レパルス』、『レナウン』及び『リベンジ』）を、『ヴァンガード』級と命名予定の艦級と交代させることが英国の進むべき最善の道だと決断することだった（トライデント・ミサイル・システムを搭載する『ヴァンガード』級は一九九四年に初めて艦隊に導入された――HMS『ヴァンガード』、『ヴィクトリアス』、『ヴィジラント』及び『ヴェンジェンス』は、一九八六年から一九九九年にかけて、後にBAEシステムズに買収されたヴィッカース造船エンジニアリング社によってバロー・イン・ファーネスで建造された）。計画では、英空軍の核戦力を廃止し、四隻の『ヴァンガード』級潜水艦を英国の唯一の核抑止力プラットフォームとして残すことになっていた。これは、一九九八年に英空軍がWE177自由落下式熱核兵器〔水爆〕を退役させた折に実現した。英国は現在、『オハイオ』級SSBNを『コロンビア』級に更新する予定の米国と並行して、『ヴァンガード』級の更新を計画している。両建造計画はいずれも二〇三〇年代初頭まで継続し、それによって両国には優れた潜水艦がもたらされることになる。一九七九年に立ち返ると、サッチャー首相は正しい決断を下すのに一〇〇パーセントの確信を欲していた。そのため、当然のごとく情報コミュニティーと、特に科学技術情報の専門家にその判断が委ねられた。私は経歴上、ソ連の能力分析に深く関わってきたこともあり、情報活動の指導的役割を果たすことになるグループに加わるのにふさわしい候補者となった。

　全員の念頭にあったのは、現在のソ連の能力のみならず、将来的にそれがどこへ向かうのか、そして、防衛・安全保障への単発の投資としては英国史上最大となる期間中に、それがどうなるのか、だった。重要な問題は残存性だった。これらの潜水艦は、艦隊に導入されてから三〇年余にわたって、哨戒中に非脆弱性を維持できるだろうか。英国は、常に哨戒に就いている艦《ボート》〔潜水艦以外の艦艇の乗組員にとって、潜水艦は船ではなく「ボート」〕を少なくとも一隻保有し、現場にいる艦と交替すべく出港する艦を少なくとも一隻擁する。かくして、四隻からなる潜水艦部隊は、恒常的な抑止力を維持でき、修理や整備を行う余裕もある〔原文では言及されていないが、修理中の一隻を含む〕。

　したがって、これら四つの非常に高価なプラットフォームが絶対に探知、追跡されないようにするとともに、潜在的に無力化されないようにし、さらには戦時下の哨戒という最悪の事態下でも破壊されないよう確実を期すには、ソ連の能力を正確に予測することが不可欠だった。そのため、被探知防止能力が平時に損なわれることは、これら潜水艦の抑止力としての価値を危うくするものだった。前述した情報源と収集手段は、われわれが利用できるアセットの総体であり、全体として膨大なものだった。肝心なのは、英国は概して米国の情報機関と見解を一にしていたという点である——両国は、ソ連が静粛化やナローバンド信号処理、音響情報収集といった分野や、パッシブ・ソナーといった高度な領域では後塵を拝していることに同意していた——とはいえ、ソ連の能力の予測などについては例外もあり、しかもそれらは取るに足りない問題ではなかった。

米国のウォーカー・スパイ網の影響

米国は、ウォーカー・スパイ網が一九六八年から一九八五年までソ連のために活動していたことに気付かなかった。一九八五年以降、米国はソ連に渡ったものの大きさに気付き、以前の国家情報評価（NIE）を再評価することになった。ウォーカー一味は貴重な情報を漏洩し、私が思うに、一九七〇年代の米国の主要情報機関を慢心に陥らせたのである。一九七〇年代から一九八〇年代初頭にかけて、ワシントンで先方の同僚と持った会議では、英側の重要な情報報告の一つを、その内容にもかかわらず彼らに説得するのが困難だった。それは私が主導したもので、機密性ゆえに配布が限定されていたものだが、婉曲的な語句が満載で、今日に至るも私でさえ完全には思い出せないものだった。われわれは、米国で先方同僚と仕事をする中で、組織上の問題に関しては不文律ながら非常に重要な指針に従った。英国側としては、そうした問題は米国の幾多の機関の間に存在する競合関係から生じるものと理解していた。例えば、CIAと米海軍情報部との間には、常にではないにせよ、非常に明白な機能不全関係が時折あった。米海軍情報部は、最高機密クラスの、しばしば極秘裏に収集されたデータをCIAと共有しなかった。

私はCIAの本部職員から、あるデータについて尋ねられ、気まずい立場に置かれることが多々あった。彼らは、そうしたデータは情報源からして、私がロンドンで責任者を務める類の機関と米海軍情報部との間でしか共有されていないことを承知の上で尋ねてくるのだ。常に愛想よく機転も利かせながら、一方では特別なクリアランスとデータを尊重しつつ、しかも同時に、極めて有能で信頼できる上に良質極まる分析を行うＣＩＡの各階層の職員と、積極的に協力しなければならなかった。これは難しいことではあったが、ＣＩＡには軍人が多くいたため、克服可能だった。米海軍は当然のことながら、貴重な情報収集活動とその成果物が危険に曝されるリスクを最小限に抑えようとする意識が高かった。英国の視点から見ると、米国の国家情報評価（ＮＩＥ）は不正確であることも分かった。なぜなら、完全に異なる、時に矛盾する評価を行う米国のさまざまな情報機関を満足させるために、一般化されていたからである。ロンドンに戻ったわれわれの中には、ＮＩＥは妥協の産物であり、ソ連の能力や意図、計画、作戦に関して信頼できる決定的な報告ではないように思った者もいた。

こうした面が前面に出てきたのは、ソ連が潜水艦の能力格差を縮めようとして開発している代替技術、特に戦略的探知と追跡に関するわれわれの懸念について、私が米海軍とＣＩＡの双方に説明したときだった。米海軍はしばらくの間、われわれ英側がワシントンで示した懸念に対して、さほど前向きではない態度を取った。この点は特に、従来のパッシブ・ソナー探知に代わる対潜水艦戦（ＡＳＷ）探知技術の分野について当てはまった。後者は、西側諸国が優位に立ち、卓越した能力を有していた。非音響ＡＳＷは重要な課題となった。私はこの分野で英国を主導しており、ソ連が推進している投資の増大と詳細なプログラムについて、米国の主要当局に最大限の注意喚起を行った。

米海軍の乗り気のなさと、頑なな態度もしばらくかなり感じられ、ＣＩＡの主要職員にもそれが腑に落ちなかった。ワシントンＤＣを何度も訪問し、ブリーフィングをして分かったのは、潜水艦部隊が優勢な米海軍は、こうした問題を極秘裏に直接扱い、人目に触れることを最小限に抑えようと強く主張していることだった。われわれ英側は、この立場を十分に尊重したし、米海軍のこうした意向に違反した英インテリジェンス関係者は一人もいなかったと断言できる。米海軍と米空軍の戦略能力（米空軍のＢ－52および地上配備型ミサイルの能力と、隠密性が高くて探知困難な米海軍の弾道ミサイル搭載原子力潜水艦部隊の能力）をめぐる対抗意識は、英国では非常によく理解されていた。われわれは、米海軍全体と、特に潜水艦部隊へは常に誠実に接してきたし、それが揺るいだことは一度たりともなかった。また、こうした問題で米国の政治に立ち入ることもしなかった。

とはいえ、事実を直視する必要はあった。ソ連は、さまざまなプログラムをもってわれわれの脅威となっていたのであり、米英の従来のパッシブ・ソナー能力に対抗できないソ連という国が奮闘していただけでなく、ロンドンの私のチームが懸念していたように、実際には二つのことを行っていたのだった。つまりソ連は、アメリカ人同僚が後れていると主張する分野で追いつきつつあったのみならず、それと並行して革新的な新システムや新技術を追求し、潜在的に極めて深刻なことに、米英から主導権をこっそり奪おうとしていたのである。ごく少数の関係者が集まったワシントンのセキュリティー厳重な部屋の中で、このことを論証するのは大変なことだった。その関係者の集まりは、CIAではなく、国防情報局（DIA）でもなく、当時はまだ極秘だった国家偵察局（NRO）でもなかった。

英国に戻ると、米国の要人が特別に来訪したことで事態が劇的に変化した。私はその訪問の責任者だった。ロンドンの中心部で会議を開く代わりに、ハンプシャー州のファーンボローにある王立航空研究所（RAE）の施設を手配した。そこで、世間から隔絶されながら邪魔されずに日々の活動を実施できた。私は特別プログラムの責任者として、ソ連とワルシャワ条約機構の日々の活動や、重要な科学技術要素の収集と分析に深く関わっていたが、アメリカ人訪問者の意見に一日じゅう耳を傾けるため、日々のインテリジェンス・プロセスを免じてもらう必要があった。彼ら米国人訪問者は、ソ連がどこに向かっているかについて、われわれ自身の評価と見解が一致していた。彼らは、メリーランド州フォート・ミードにある国家安全保障局（NSA）のグループだった。技術面での中心人物は連邦職員ではなく、プリンストン大学で物理学の博士号を取得したデニス・ホリデイ博士だった。彼は、R&Dアソシエイツ（RDA）という、有名ながら米国の国防・情報関連企業と比べると小規模な会社に勤めていた。同社は、著名な核物理学者であるアルバート・ラッター博士が代表を務め、カリフォルニア州ロサンゼルスのマリーナ・デル・レイに本社を置いたほか、ヴァージニア州アーリントンにも支社がいくつかあった。RDAを構成していたのは、一九四一年一二月七日〔現地時間〕の真珠湾攻撃に関する名著*Pearl Harbor: Warning and Decision*〔邦題『パール・ハーバー――警告と決定』（日経BPクラッシクス）〕を著したロバータ・ウォルステッター（一九一二年生、二〇〇七年没）の夫アルバート・ウォルステッター（一九一三年生、一九九七年没）など、米国の国防・情報機関の要人とつながる複数の米国人科学者だった。ちなみに、ウォルステッター夫妻は一九八五年一一月七日に、レーガン大統領から大統領自由勲章を揃って授与された。RDAの幹部職員は大統領対外情報諮問委員会（PFIAB）の一員で、米国の最新かつ最高機密情報に精通していた。NSAグループとの会議において意見の完全一致がみられたのは、ソ連のプログラムの重要性と英米の国家安全保障に対する潜在的脅威のほか、特に両国の主要抑止力の不可侵性の維持に関する点だった。また、協力と技術交流を進めていく点でも合意した。ただし、特に米海軍情報部に関連して、取り組むべき機微な政治的問題もあった。われわれのグループは同部と一心同体の関係にあっただけでなく、ローズヴェルト大統領とウィンストン・チャーチル首相によって築かれた、第二次世界大戦中の特別な関係を受け継ぐ機関同士でもあった。われわれ英国のインテリジェンス・グループは、友人にして同僚でもある米海軍情報部の機嫌を損ねるわけにはいかなかったし、そのつもりもなかった。駆け引きが日常茶飯事となり、われわれはこの重要な問題については、年月が経過するにつれ、ONI〔米海軍情報部〕とあらゆる評価を共有する一方で、NSAグループとの個別の重要なつながりを維持するという、プロフェッショナリズムに徹した微妙な舵取りをするようになった。これは、新たに登場した潜水艦級に関する英国の評価が正しいことが証明された一九七〇年代後半から一九八〇年代前半にかけてのことだった。他方、私は非常に機密性の高い技術情報収集作業と並行して、ソ連の計画と意図について画期的な評価を行っていたジェームズ・マコーネルとそのグループと、緊密に連絡を取っていた。

最高機密となったこの仕事は、英米間の一連のイニシアティブとプログラムという成果となって表れた。その後、私にとって、個人的にも仕事の上でも一大転機が訪れただけでなく、私の一生と家族をも変えることになる招待状が届いた。それは、私が米国に移住してから三七年後に本書を著した原因でもあった。われわれの仕事が、非常に重要なものだと認識されたのである。米国が多様なプログラムを開始した最中、私は、英海軍の職を辞して家族ともどもワシントンに来ないかと誘いを受けた。RDAの後援のもとで、少なくとも一つのプログラムを手掛けてほしいのだという。私はこのことを上層部、特に英科学技術情報部長のナイジェル・ヒューズと国防情報参謀部長のサー・ロイ・ハリデイ海軍中将に相談した。二人は招待を心から祝福してくれ、在ワシントン大使館に私のクリアランス資格を移してくれた上、英海軍での地位から米国の民間職へと移してくれるなど、至れり尽くせりの支援を惜しまなかった。二人とも、これによっていくつかの領域で英米関係が強化され、私が米国との特別プログラム関係の構築に貢献する機会になると考えたのである。

私は、網羅的な手続きを経た後、最高の条件で英海軍を退職した。わが恩師、上司、情報機関と英海軍の友人や同僚、そして妻と三人の子供たちの全面的な支援を受けながら、一九八三年のクリスマス直前、ブリティッシュ・エアウェイズのワシントンDC行き便に搭乗した。かくして、まったく新たな人生の幕が開けたのである。

第4章　特別な関係の最盛期――一九八三～二〇〇一年

その後の一九八三年から一九九〇年までの七年間は、非常にやりがいがありながらも慌ただしく、海外出張に追われるなどして骨が折れた。ベルリンの壁が崩壊し、ソ連邦が崩壊するまでに、私はワシントンDCという眺望の利く新たな場所から、まったくの新世界を目の当たりにしたのである。それは、私の知るほぼ全ての英国民が知らないものだった。その英国民の中には、アメリカの政治を理解、報告し、特別な関係を維持することを使命とする英大使館の外交官も含まれた。私は、ヴァージニア州アーリントンのウィルソン大通りに居を構えた。そこはポトマック川の南側という便利な場所にあり、ペンタゴンに近く、ジョージ・ワシントン記念公園道を少し北上すると、ヴァージニア州ラングレーのCIA本部に行けた。ヴァージニア州アレクサンドリアの連邦地方裁判所で宣誓し、晴れてアメリカ国民となったことが非常に誇らしかった。その際は、伝説の上院軍事委員長であるヴァージニア州選出のジョン・ワーナー上院議員のスタッフに世話になった。

一九八四年当時、レーガン大統領はソ連に対する攻撃的姿勢を追求しており、ジョン・リーマン海軍長官は、世界中でソ連海軍に対抗すべく、六〇〇隻海軍を創設しようと躍起になっていた。まさに激動の時代であり、ワシントンでは、ソ連の影響力と拡張主義を抑制、制御し、弱体化させようとする競争が始まっていた。私はRDAに入社して数週間もしないうちに、国会議事堂でHASC（下院軍事委員会）とHPSCI（下院情報特別委員会）、そして上院の同委員会の主要委員と会い、ブリーフィングを行った。ソ連に対抗することが緊要だったからである。RDAは非常に有利な立場にあり、国防総省と国家情報コミュニティーを通じて、各委員会とその主要スタッフに最高の技術的支援を提供するための人脈を有していた。これは、いかなる形態のロビー活動でもなく、国防総省や情報機関のさまざまな機関を代表するものだった。これら機関は、RDAの職員が自らの専門職員をサポートしてくれることを望んでいたのである。それが奏功し、私はすぐに政治・軍事・情報活動のプロセスに浸りきるようになった。米国籍を取得するまでは、「ファイブ・アイズ及び英国最高機密SCI（隔離機密情報）クリアランス」を使用していた。これは基準に合致したものであり、英大使館が保持していた

成果が上がったのは、英米両政府が新たな取組として、それぞれの最高の頭脳を結集しようと行動に移ったときだった。これは冷戦の終結後まで続いた上、共同プログラムは政府の最高レベルで注目を浴びた。詳細は依然として機密扱いになっているが、私も一員となっていた英米のチームが並外れた成果を上げたといえば事足りるだろう。ソ連がもたらす脅威を明らかにしたと同時に、それに対抗するための行動を起こしたのである。この時期には、胸躍るような新技術が生まれたほか、確立された原則が修正されもした。それはまた、第二次世界大戦の文化的な側面をも示しているように私には見えた。一九八〇年代の環境下では、重要な問題に取り組む少数精鋭の男女がいたため、大勢の人や請負業者は必要なかった。彼らは、われわれの最優秀の人員ですら、従来の手段や科学的アプローチでは対処できない問題を解くことができた。私は一九九〇年代まで、時間の大半をこの仕事に費やした。しかし、米国に移住する前の英国在住時代の仕事や人脈があったおかげで、さらなるプログラムも進めた。

私は、公私問わず非常に強力な人脈を東南アジアと東アジアに持っていた。主な人脈はマレーシアにあった。こうした人脈を携えて渡米した私は、米国務省の技術援助協定に基づき、ボルネオ島の東マレーシアに位置するサバ州の第六代首席大臣の「技術顧問」となった。これは実質的にはそれ以上のものだった。私が個人的かつ直々に仕事をしたタン・スリ（「卿」と同等）・ガザリ・シャフィー（一九二二年生、二〇一〇年没）は、伝説の元内相（一九七三～一九八一年在位）と称され、後にマレーシア外相（一九八一～一九八四年在位）となった。同人は勇猛無比の驚くべき人物で、統一マレー国民戦線（UMNO）の一員だった。第二次世界大戦中は、日本占領軍に対する秘密抵抗組織の幹部を務めていた。一度など、私は彼から、戦争末期に日本軍の上級将校を自らの手で処刑した場所を見せられたことがある。その将校は、日本軍部隊を攻撃したレジスタンスをかくまったとして、村の成人男性全員の処刑を命じていたのだった。彼らは全員斬首された。私は、彼らの首が埋葬されている橋を見せられた。そしてその橋の近くで、日本軍の戦犯は三途の川を渡ったのである。私は、ガザリ・シャフィーのことをプライベートな場でも常に「タン・スリ」と呼んでいたが、国民的英雄である彼は「キング・ガズ」という愛称で呼ばれていた。われわれは、タン・スリ・ダトゥク（「サー」と同等）・セリ・パングリマ・ハリス・ビン・モハマド・サレー（一九三〇年一一月生）サバ州首相（一九七六～一九八五年在位）と連携を密にした。ダトゥク・ハリス首席大臣と一般に呼ばれていた彼は、サバ州沖のラブアン島をクアラルンプールの連邦政府に割譲し、その結果、ラブアン島はマレーシアで二番目の連邦領となった。ダトゥク・ハリスはサバ・ベルジャヤ党の党首だった。

その島は、ある重要なプロジェクトのために重要になった。南シナ海の戦略的な位置にあり、格好の港と造船・修理施設を備えていたからである。例えばヴィクトリア・ハーバーには、揚げ能力七〇〇〇トンの最新シンクロ・リフト・システムがあった。われわれは一九八〇年代半ば、マレーシア海軍用の潜水艦建造プログラムを開始した。米国側では、傑出した退役米海軍中将ジェローム・キング（一九一九年生、二〇〇八年没）の助けを得た。同人はイェール大学を卒業して第二次世界大戦に参戦し、軽巡洋艦ＵＳＳ『トレントン』とＵＳＳ『モービル』に乗艦したほか、在ヴェトナム米海軍司令官を一九七四年まで務めた後、海軍作戦部副部長（水上戦担当）と国防総省統合参謀本部のＪ３（作戦担当）を歴任した。私は彼のことをいつもジェリーと呼び、タン・スリやクアラルンプールの連邦政府と仕事をしている間は、米海軍との連絡に彼が不可欠だった。クアラルンプールでは、マハティール・ビン・モハマド博士（一九二五年七月生）と何度も会談した。同博士は一九八一年から二〇〇三年まで首相を務め、二〇一八年に再選された。マハティール博士は極めて有能な人物であり、元々は医師としての教育をキング・エドワード七世医科大学――現在はシンガポール国立大学の一部――で受けた（一九四六〜一九五二年在学）。われわれが携わったプロジェクトは、マレーシアがフランスの『スコルペヌ』級潜水艦二隻の契約に調印した二〇〇二年に完了した。長い道程だったが、やがて成果が上がった。

このプロジェクトと並行して、私はタン・スリとともに、インドネシアやフィリピン、タイ、パキスタン、ブルネイ、そして中国において複数の事業に携わった。出張に飛び回ったが、われわれが関与した仕事は実質的にほぼ全てがいまだに最高機密になっている。私にとっては夢のような時間だった。アジアやイスラムについて、さらには世界経済の源となったこの地域の地政学のことが真に理解できた。パキスタンを何度も訪れ、人脈を築いたことで、米大統領や情報コミュニティーが直面するさまざまな重要問題を解決するための特別な拠り所となることができた。

アジアで仕事をしている頃、戦略的ＡＳＷ技術に関する案件が急に動き出した。元々は米国で始まり、私もそれに協力していたものだった。ソ連時代の後期にはさらに懸念が高まり、私は英米共同プログラムを開始するための込み入った作業に従事した。同プログラムは何年にもわたって目玉となり、国防長官室や国防高等研究計画局（ＤＡＲＰＡ）、国家情報コミュニティーの重要機関とじかに作業を進めた。この時期、私は出張に飛び回り、英米関係に調和をもたらす一助になれたことを誇りに思った。英米の最優秀の頭脳が、物理的現象や運用上の問題に対する解決策を模索、発見してくれたのであり、彼らでなければそれらを抽出することは不可能だっただろう

ベルリンの壁が崩壊した後、私は二度、短期休業した。仕事面でも金銭面でも充実していたのは、カマン・エアロスペース社の海軍マーケティング部長として、さらには、ウィリアム・L・ディキンソン元下院議員とともに連邦議会のパートナーとして過ごしたときだった。ディキンソン元議員は下院軍事委員会の筆頭委員だった。われわれは、上下両院のオフィス・ビルに近い一番街に堂々たる事務所を構え、米国の国家安全保障のためにリソースをいかに投資すべきか、主要企業に熱心に助言して回った。われわれはロビイストではなかったし、倫理的・法的な理由からそうした活動を拒んでいた。われわれが提供した助言は群を抜いていた。ディキンソン下院議員は、国防総省との提携に尽力したことがあるため「ブラック・プログラム」〔最高機密プログラム〕の世界を知悉しており、私自身も、一九七〇年代のワシントン滞在時とその後の一九八〇年代を通じて、そうした世界に精通するようになっていた。われわれの主たる職員二人は、冷戦の最悪期と最盛期に常勤委員会スタッフを務めていたことがあった。われわれ全員が脅威について理解していたし、全プログラムの位置付けや、米国と同盟国、特に英国の最善の利益のために将来がどうあるべきかについて、承知していた。

一九八九年一一月九日、東ベルリンの東独共産党は、同日午前零時をもってドイツ民主共和国（GDR）国民は東ドイツ国境を自由に越えることができると発表した。そしてソ連が崩壊し、冷戦が終結したが、一九八九年から二〇〇一年九月一一日までの約一二年間は、一九三〇年代にヒトラーが中央ヨーロッパで最初の攻撃的行動を取って以降の期間と比べると、国際的には比較的平穏な期間が続いた。ドイツは一九九〇年一〇月三日に統一された。これは、欧州紛争史や、他国への影響という点において重大事件だった。

米国を含むファイブ・アイズの情報コミュニティーは、イスラム過激派が台頭するまで平常業務を続けていた。

ファイブ・アイズにおける英米海軍情報部の重要性

ファイブ・アイズ・コミュニティーの中でも、最も長く存続している情報機関は二つある。一八八二年に創立された対外情報委員会を母体として一八八七年に設立された英海軍情報局（NID）（後の英海軍情報部）と、一八八二年に設立された米海軍情報部（ONI）である。一八八二年から第二次世界大戦後までの英米海軍情報部の歴史に鑑みれば、両機関がインテリジェンス全般において支配的な勢力であっただけでなく、主導的な組織でもあったことは明らかである。一九〇九年に英国でMI6が創設されると、その初代長官マンスフィールド・カミング海軍中佐（後のサー・マンスフィールド・カミング海軍大佐）は、一九二三年に死去するまでMI6を運営した。彼は文書に緑色のインクで「C」とだけ直筆で署名したことから、「C」と呼ばれるようになり、この習慣は後のMI6長官にも受け継がれた。ただし、「C」は現在では「チーフ」を意味すると主張する向きもある。イアン・フレミングはジェームズ・ボンドの小説の中でMI6長官を「M」と呼んだが、これはカミングが慣例とした署名からヒントを得たものである。

英国では、NIDが一八八七年に設立されたのを皮切りに、MI6とMI5がそれぞれ一九〇九年と一九一六年に創設された。さらに、一九一九年には政府暗号学校が設立され、第二次世界大戦勃発時にこれがブレッチリー・パークへと発展、続いて一九四六年六月には政府通信本部（GCHQ）が設立された。英特殊作戦執行部（SOE）は一九四〇年七月に創設され、一九四六年一月に廃止された。英政府は、一九四六年に内閣府内に中央集権的な合同情報委員会（JIC）を設置し、一九六四年に国防省と中央国防参謀部が設立されると、これをもって各軍の情報部門は国防情報参謀部（DIS）に統合された。二〇〇九年には同部が国防情報部（DI）と改称された。英政府は二〇一〇年五月一二日、内閣の一委員会として国家安全保障会議（NSC）を創設し、国家安全保障、情報活動の調整、防衛戦略に関するあらゆる問題を監督することになった。NSCの権限には、外交、防衛、サイバー・セキュリティー、国家強靭性、エネルギー、資源安全保障が含まれている。NSC議長は首相が務める。

米国のONI（一八八二年創設）は、海軍作戦部長室内の米海軍N2／N6組織〔情報戦などを所管〕に組み込まれているが、依然として三つ星提督〔海軍中将〕が指揮を執る米国最古の情報機関である。沿岸警備隊情報部は一九一五年に設立され、米国で二番目に古い情報機関である。これはまたも米国のインテリジェンスが海洋面を重視していることの表れである。米海軍情報部は、第二次世界大戦後まで通信傍受と暗号解読を独占していた。他機関の沿革は、それに比べると地味なものである。

合衆国大統領は米情報コミュニティーの長である。これは、ロナルド・レーガン大統領の一九八一年一二月四日付け大統領令によって制定された。[1] 大統領のもとで、国家情報長官室（ODNI）が情報コミュニティー（IC）を直接監督する。ICは、海軍情報部に加えて次の機関によって構成される。すなわち、一九四八年に創設され、第25航空軍が管理する米空軍情報部、一九七七年に創設された米陸軍情報保全コマンド、一九四七年に創設された中央情報局（CIA）、一九六一年に創設された国防情報局、そして一九七七年に創設されたエネルギー省（DOE）情報・カウンターインテリジェンス局である。DOEは米国の核兵器プログラムを管轄し、核兵器の開発・製造を担うテネシー州オークリッジなど、米国の主要な国立研究所や施設を管理している。

国土安全保障省の情報・分析局は二〇〇七年に創設された。しかし、米国務省情報調査局はCIAより前の一九四五年に設立されている。九・一一テロ事件後の二〇〇四年、米財務省はテロ・金融情報局を創設した。米司法省の麻薬取締局（DEA）には、二〇〇六年に設置された国家安全保障情報室がある。連邦捜査局は歴史上、捜査を主務とする法執行機関であるため、古典的な情報収集や工作には関与してこなかった。しかし、司法省は九・一一テロ事件後の二〇〇五年、FBI情報部を設立した。九・一一以降は世界が変化し、CIAや国家安全保障局といったほかの米情報機関と緊密な協力関係を築く必要があると認識したためである。二〇〇三年には国家テロ対策センター（NCTC）が設立されたが、これは、テロリストその他、米国内の安全保障に対する脅威に鑑み、国内外の情報を調整することが緊要の課題となったからだった。米海兵隊は、国防総省内の海軍省の一部として、一九七八年〔原文ママ。正しくは一九八七年〕に海兵隊情報本部を別個に設置した。米国の情報機関の中でも、高度に技術的・科学的な面においては主要三機関が優位を占めており、その途方もない貢献は、英米の情報機関とファイブ・アイズ全体に対してだけでなく、複数の情報収集・分析領域にもわたっている。それら三機関とは、一九五二年に設立され、米国防総省の機関にして英国のGCHQの姉妹機関でもある国家安全保障局（NSA）を始め、一九六一年に設立され、宇宙ベースのマルチソース情報を提供する国家偵察局（NRO）、そして、一九九六年に設立された国家地理空間情報局（NGA）である。これらのうちNGAは、NROその他あらゆる主要な米政府機関を補完する機関であり、宇宙ベースなどの成果物からなる、高度に専門化された非常に優れた地理空間情報を提供している。これらを総計すると、米国は現在、一六の情報関連省庁を擁しており、ファイブ・アイズのほか四カ国はおろか、どの国の情報機関と比べても、特筆すべき状況にある。

ファイブ・アイズの強み——カナダ、オーストラリア、ニュージーランド

英米以外のファイブ・アイズ加盟三カ国は、当初はやはり英国モデルを踏襲する傾向があった。植民地として、後に自治領として、英国と歴史的なつながりがあり、英連邦内の独立国家となったためである。

カナダでは、一九二〇年に創設された情報部門を通じて、王立カナダ騎馬警察（RCMP）が国家情報を

提供していた。また、GCHQにならって通信保全局（CSE）が設立された。カナダでは、国内のさまざまな脅威、特にケベック分離主義運動に関連する脅威にRCMPがいかに対処してきたかについて論争があった。カナダ政府は一九八四年、RCMP保安局を解体し、RCMPから分離されたカナダ安全情報局を新設した。カナダ軍は、一九六四年以降の英国モデルにならってカナダ軍情報部を設立した。同部は、カナダ軍の役割と任務に関連するファイブ・アイズの主要情報機関の全てと横断的に連携している。例えば、カナダ海軍は第二次世界大戦中も戦後も、当然ながら英海軍情報部と緊密な協力関係にあった。

オーストラリアでは、オーストラリア保安情報機構（ASIO）とオーストラリア秘密情報部（ASIS）が設立された。後者は、英秘密情報部（SIS）すなわちMI6に類似の機関である。軍事面では、オーストラリア国防総省に信号局（ASD）と国防情報局（DIO）があり、英国のDIS／DIに酷似している。さらに、国防画像地理空間機構（DIGO）もある。その中心にあるのが国家評価局（ONA）であり、これも英国のJICにやや似ている。アリス・スプリングスのパイン・ギャップには大規模施設があり、米豪が非常に特別な関係にあることは、もはや秘密ではない。そこでは、相当数のオーストラリア人とアメリカ人がファイブ・アイズ情報機構のために二四時間体制で肩を並べて働いている。

ニュージーランドは、人口からすれば最小国だが、ファイブ・アイズへの貢献度は大きい。同国には、数百人の優秀なスタッフを擁する政府通信保安局（GCSB）――南太平洋におけるミニGCHQ――と、ニュージーランド保安情報局（NZSIS）――ミニSIS／MI6――がある。後者は、職員が少数ながら、非常にプロフェッショナルな組織である。英国やオーストラリアと同様、ニュージーランド政府にもJICに相当する国家評価局（NAB）がある。国防面では、国防情報保安局があり、これに加えて警察、税関、入国管理局に情報部門がある。ニュージーランドは、規模の割には十二分にその役割を果たしている。例えば、GCSBについていえば、ニュージーランドには二つの重要な傍受局があり、それぞれがファ

表1

	人口（100万人）	国内総生産（1兆米ドル）
米国	325.7	18.57
英国	65.64	2.619
カナダ	36.29	1.53
オーストラリア	24.13	1.205
ニュージーランド	4.693	0.185
総計	456.453	24.109

表2

	人口（100万人）	国内総生産（1兆米ドル）
中国	1.379（10億人）	11.2
ロシア	144.3	1.283▼2

イブ・アイズ・コミュニティー内に貴重な情報を提供している。

ファイブ・アイズの中でどの国が何をしているのかを詳しく調べるには、相互に関連する二つの要素、すなわち各加盟国の人口規模と国内総生産（GDP）を比較することが非常に重要である。これらの要因により、情報活動への投資戦略や、各国が年間予算内で何ができるかが大きく決まるからである。ファイブ・アイズの情報活動の性質上、その予算は機密となっており、閉ざされたドアの向こうで個別に可決されるか、ほかの予算要素に密かに組み込まれる。各国は、ファイブ・アイズ各国の総合的な予算編成プロセスの一環として、非公然・秘密活動に関連する資金を秘匿している。

ファイブ・アイズそれぞれの人口規模やGDPを比較すれば、各国がファイブ・アイズのみならず、世界の安全保障に計り知れない貢献をしている意義が理解できるようになるだろう（表1参照）。

中国とロシアの数値の比較は上の表2のとおり。

これらの数字が反映しているのは、ファイブ・アイズがかなり豊かであるという点と、中国とロシアの人口一人当たりの平均所得と大きな格差がある点である。中国とロシアのGDPの合計は、ファイブ・アイズの約二分の一である。カリフォルニア州のGDPは二兆四四八〇億米ドルで、ロシアのそれの二倍である。世界経済比較表におけるロシアの位置付けは、実質的にカナダより下位で、オーストラリアよりわずかに上位なだけである。後者の人口は二四一三万人であるのに対し、ロシアは一億四四三〇万人である。ロシアを差別化する要因は、国際的なパワーバランスの観点からすれば、同国が拒否権を持つ国連安全保障理事会の常任理事国であること以外に、核兵器と原子力潜水艦部隊を保有しているという重要な事実である。

したがって、ファイブ・アイズが強大な経済力に支えられた最強の情報収集国家集団であることは間違いない。彼らの統合能力、すなわち、情報能力を個々としても集団としても維持・向上させる能力は相当なものである。もう一つの重要な要素は、個々が集まって全体を構成していることである。総合力とは、個々の機関の成果物の倍数であり、集団的評価によって維持されるものである。ファイブ・アイズにとって、向こう数十年の重大問題は資金や献身ではなく、重要かつ新たな情報源や収集手段への投資を決定することがはるかに困難になる点である。なぜなら、脅威の性質が変化しているだけでなく、技術環境が急速に変化している——例えば、ムーアの法則が遠い過去のコンピューター時代の遺物と見なされる環境になるかもしれない——からである。

フェアチャイルド・セミコンダクターとインテルの共同創設者であるゴードン・ムーアは一九六五年、高密度集積回路のトランジスタ数は約二年ごとに倍増するという仮説を立てた。情報革命とデジタル革命は、予測することが不可能ではないにせよ、困難なほどのペースで進んでいる。何に投資するか、なぜ投資するかという問題は、いくら投資するかよりも一段と重要になっている。一九一七年のツィンメルマン電報の時代と、それに続く第二次世界大戦における英国のブレッチリー・パークと米海軍情報部の大勝利にまで遡れば、それは確かに過ぎ去った技術時代である。その当時は、短波暗号通信が巧みに傍受・解読され、それにより、例えば日本の山本五十六提督のような敵は破滅に追い込まれた。山本五十六は第二次世界大戦中、日本の連合艦隊司令長官であり、米国の暗号解読機関に飛行計画を傍受され、一九四三年四月一八日にニューギニアのブインで撃墜された。これにつなげたのが、ワシントンDC西方のヴァージニア州の田園地帯にあったキー局、ヴィント・ヒル・ファームだった。この局は一九九七年に閉鎖され、現在は連邦航空局の航空管制施設の一部となっている。建設されたのは一九四二年で、第二次世界大戦中は敵の通信を傍受する極めて重要な役割を果たしていた。例えば一九四三年には、ベルリンの日本大使から東京の指導部に宛てた重要メッセージを傍受したほか、後には、フランス沿岸のナチスの防御施設について詳述した通信も傍受した。連合国最高司令官ドワイト・デイヴィッド・アイゼンハワー将軍は、ヴィント・ヒルのデータがDデイ〔ノルマンディ上陸作戦〕の成功に大きく貢献したと述べている。ヴィント・ヒルは冷戦時代、ソ連に対しても同様の活動をしていた。ファイブ・アイズ・コミュニティーには、ここでは細かく触れられないほど多くの施設がほかにもあり、それらが第二次世界大戦における連合国の勝利と冷戦の終結に貢献したのである。ヴィント・ヒルは、技術の進歩とともに色あせてしまった過去の栄光のほんの一例にすぎない。短波通信は、完全にではないにせよ、ほとんど過去の遺物となった。技術は変化し、情報収集の対象も変化している。

ソ連邦崩壊の影響

ファイブ・アイズは、一九九〇年代のソ連崩壊とその余波によってさほど無気力になることもなく、むしろ別の何かに方向性を絞る必要性に迫られた。そのため、脅威を点検する必要があった。それらは、ファイブ・アイズ・コミュニティー内の大勢の目にはすでに見えつつあったが、メディアには依然として注目されていなかった。一九九〇年代には軍備縮小が趨勢となり、「世界は万事安泰」という感覚があったが、その後に中東の現実が顕在化した。

中東の緊張は、一九六七年の六月戦争〔第三次中東戦争〕の前にも、最中にも、後にも存在した。この戦争の影響は、中東の関連諸国だけでなく、欧米諸国にも及び、インテリジェンスの観点からはファイブ・アイズもそれと無縁ではない。ファイブ・アイズは、中東の情報のみならず、注目を浴びるようなほかのプレーヤーに関するあらゆる関連情報の収集・分析にも余念がない。それらプレーヤーに含まれるのは、ロシアを始め、イラン、シリア、イラク、ヨルダン、イスラエル、サウジアラビア、エジプト、湾岸諸国、オマーン、イエメン、レバノン（ヒズボラを含む）及びトルコである。これ以外の代理国や武器を供給する第三国もこれらに交じって活動しているため、情報収集プロセスが複雑になっている。仮に、加盟各国が意見を表明する国連の機能を加えれば、いっそう複雑になるだろう。

富と影響力を持つさまざまなアラブ少数民族は、六月戦争後から一九九〇年代にかけての苦い経験の中で、失われたアラブ領土をめぐるイスラエルとアラブの論争において米国が果たした役割に対し、激しい憎悪を募らせていった。さらに、スンニ派国家とシーア派国家、アラブ諸国内のサブグループ諸派は、歴史的に神権政治や文化において分断されており、外部からの刺激によって分断が大惨事に発展しかねなかった。情報機関というものは、意思決定者に対して実用的な確たる情報を提供するものである。政策を決定したり、政策に影響を与えようとしたりすることは決してない。情報機関の本務は、政策を立案・実行する人々に、信頼できる確固としたデータをありのままに提供することである。特定の結果が生じることが自明で、選択肢も限られているように見える場合もあろうが、それでも、情報機関には意思決定の機能も権限もないのである。第二次世界大戦以降の数十年にわたって、私も含めた多くの関係者が述べてきたことがある。それは、一国家の情報収集とその遂行を任された人々の質がその国の質を決めるということだ。技術的・科学的な卓越性、専門家としての献身と誠実さ、機密情報に対する高い保全意識、そして何よりも、政治的圧力や偏見をものともしない自立的思考と分析に伴うプロ意識、これら全てが情報要員にとって重要なのである。現場の要員にとって、これに伴うべきは肉体的強靭性と勇気、さらには、極めて困難な状況でも任務を完遂する能力である。

イスラム過激主義は、メディアと大衆の目に触れるようになるまで、ひっそりと徐々に台頭してきたのであり、劇的な通信革命と並行するものだった。この二つは発生が一致したが、情報の収集・分析プロセスという点では一致しなかった。米国は、米国防総省のDARPAで開発された先駆的な通信網ARPANETを導入した結果、インターネットの始祖となった。最初のデモンストレーションはかなり古く、BBNテクノロジーズが初のルーターを開発した一九六八年だった。要するに、情報革命がこれに続いたのである。その後、オックスフォード大卒の優秀な物理学者にしてコンピューター科学者でもある、現サー・ティモシー・ジョン・バーナーズ゠リー（一九五五年六月八日生）が現れ、一九八九年三月、ワールド・ワイド・ウェブとなるものを最初に提案した。

インターネットとウェブの組合せは、個人、企業、政府を問わず、あらゆるレベルでグローバル通信に革命をもたらした。これと並行してやってきたのがデジタル通信革命だった。それを支えたのが米国の投資であり、先見の明に富んだ人々だった。例えば、マイクロソフトのビル・ゲイツやアップルのスティーブ・ジョブズ（一九五五年二月二四日生、二〇一一年一〇月五日に五六歳にて没）とその同僚のスティーブ・ウォズニアックやロナルド・ウェインなどは、カリフォルニア州ロスアルトスのクリスト・ドライブにあった、まさに自宅のガレージで創業したのである。イスラム過激派は、九・一一の悲劇が起こる頃には衛星電話を通じて連絡を取り合っていた。ファイブ・アイズはこうした事態推移に後れを取らないようにするだけでなく、機先を制する必要もあった。タイムラグは避けられなかった。インターネットは、米国防総省とDARPAの前身の範疇を超えて、商業的かつ飛躍的に発展した。

さらに、米国とその同盟国に対する激しい憎悪と、急速にグローバル化した通信革命とが重なって、世俗政治から神権政治を目指すイスラム主義革命が起こった。こうした出来事が一体となって、中東はおろか世界の安定にも影響すると予測した者は、ファイブ・アイズの実力と影響力の中心に近い者の中でも、ごく少数の例外を除いて誰もいなかった。著書 *Terror in the Name of God*〔未邦訳『神の名のテロ』〕以外にも優れた分析を公開しているジェシカ・スターンは、米国家安全保障会議の中心にいた。それは、一九九〇年代半ばから後半にかけて、オサマ・ビン・ラディン一味の活動が知られ、同人の動向が追跡されるようになった頃である。ラディンがスーダンにいることが分かり、米国の権益を攻撃しようとしている可能性が高いと判明したことで、彼は「明白かつ現在の危険」となった。ホワイトハウスの政策と思考を決める米国家安全保障会議には、スーダンにいたビン・ラディン一家と側近がアフガニスタンの山奥に逃げ込む前に排除を勧告して歴史の流れを変えるということができなかった、あるいは変えようとしなかった。一九九八年八月七日に東アフリカの大使館が攻撃された事件の前後にも、インテリジェンス・プロセスに多くの不手際があった。この日、在タンザニア・ダルエスサラーム米大使館と在ケニア・ナイロビ米大使館の二カ所でほぼ同時にトラック爆弾が爆発し、二〇〇人以上が死亡した。このような事態を招いた決定の責任は、最終的には一人の人物、米大統領にかかっている。

警報や兆候は、あるにはあったが、最悪の事態を防ぐことができるのは政治的決断力のみである。それらテロリストの指導者は、誰ひとりとして政治指導者でも国家公認の人物でもなかった。彼らを排除することは、政治指導者の暗殺を禁じる米国の法律には抵触しなかった。一九三〇年代との類似性でいえば、アドルフ・ヒトラーとナチス指導者の排除が妥当なのは、ヒトラーを暗殺すれば世界と数千万人が死と苦難から救われたかもしれないという限りにおいてのみである。ヒトラーは国家指導者であり、ナチスの指導者を秘密裏に攻撃するという重大な一歩を踏み出す覚悟は、どの国にもなかった。一九九八年の大使館

1998年に発生した爆弾攻撃後の在タンザニア米大使館（出典：中央情報局）

攻撃の前段階と、九・一一テロ事件に至るきっかけとの類似点は、あったとしてもほとんどない。ビン・ラディンは資金力がまずまずのテロリストで、非対称攻撃を立案した支持者も少数だった。ファイブ・アイズは優れたデータを有していたが、実用的な情報は活用されてこそ価値がある。

実用的な情報を駆使して大惨事を防ぐのは誰か

その兆候は、第一次湾岸戦争終結後の一九九三年二月二六日にニューヨーク市で起きた世界貿易センタービル爆破事件の前に、すでに明確にあった。その日、世界貿易センターの北棟（タワー1）の地下で、一三三六ポンド（約六〇六キログラム）の硝酸尿素・水素強化型爆弾が爆発した。テロリストの目的は、北棟を南棟に衝突させて両タワーを倒壊させ、数万人の犠牲者を出すことだった。幸いにもこの目的は達成されなかったが、港湾局の職員五人と駐車場にいた実業家一人の計六人が命を落とした。負傷者は一〇四二人に上ったが、そのほとんどは爆発後の避難に由来するものだった。テロリスト・グループはラムジ・ユセフが率いており、同人おじのハリド・シェイク・モハメドが資金を提供（六六〇米ドルを電信送金）していた。米国は一九九四年三月および一九九七年一一月に、実行犯に対して六件の有罪判決を下した。ユセフはクウェート生まれで、アフガニスタンのアルカイダ・キャンプで訓練を受けていた。ユセフの裁判記録によれば、同人の動機は、パレスチナと敵対しているイスラエルを支援する米国に復讐することだった。裁判記録によって明らかになったところでは、FBIの情報提供者である元エジプト軍将校エマド・サレムが重要情報を提供していた。彼は、早くも一九九二年二月六日の時点で攻撃について警報を発していたとされる。パキスタンの軍統合情報部（ISI）も、ユセフ逮捕につながる情報に関与していた。イラクは、一九九三年のテロ攻撃に加担していなかった。ニューヨーク市の合同テロ対策本部、FBI、ニューヨーク州南部地区連邦検察局、CIA、国家安全保障会議、米国務省による調査でも、イラクと関連付けられる証拠は何ら見つからなかった。

不吉な前兆があることは今や明らかだった。ファイブ・アイズは、テロ容疑者に対する監視リストを世界的に拡大し、ファイブ・アイズ・コミュニティー外で連絡を取っているあらゆる機関との連携を強化した。一九九三年のテロ攻撃が示したのは、ニューヨーク市のような密集した都市部では、資金に乏しいごく小規模なグループでも甚大な被害をもたらすおそれがあるということだった。一九九三年の攻撃は、広範にわたる類似の攻撃と同様、非対称戦争として特徴付けられるようになった。非対称戦争とは、攻撃者が非在来的かつ非伝統的な軍事手段を用いて、大編成部隊やニューヨーク市のような民間の組織実体に損害を与えるものである。

結果論ではあるが、ファイブ・アイズはこうした課題に対し、組織的にも文化的にも準備が整っていなかった。このことは、米国のさまざまな主要情報機関、特にCIAとFBIの間で情報が共有されない傾向があったことや、組織文化的にも分断されていたことで、さらに悪化した。一方は海外の情報を収集する秘密機関であり、もう一方は、犯罪後の捜査に重点を置き、CIAのような機関と米国の国内情報を収集、分析、共有することのない法執行機関だった。それどころか、FBIのカウンターインテリジェンス部門には、不干渉を保つ理由があった。CIA内部にスパイがいないかを監視し、ソ連などの国に対するカウンターインテリジェンス活動を実施するためである。このような状況は、今から見れば情報の共有と協力という点では災いの元だった。これは、ファイブ・アイズが全体として変えることも、確実に予測することもできなかったものであり、それによって九・一一という情報活動の悲劇的失敗と結果につながったのである。しかし、米国の国家安全保障機構の別の部分では重大な変化が生じており、変化の最前線に立つ米海軍は、非対称の脅威という新たな世界を予測し、それに備えていた。

一九九一年の湾岸戦争中に初めて実戦投入されたトマホークのような精密兵器は、紛争の初期段階において極めて重要な役割を果たしうることが分かってきた。一九九一年以降の兵器の改良により、精密兵器はさらに高性能になった。とはいえ、一九九一年の第一次湾岸戦争では、現場の軍司令官が非常に早い段階で認識していた深刻な弱点がいくつか露呈した。簡潔にいえば、いかに優れた兵器であっても(トマホークから、携帯兵器で武装した特殊部隊まで、何であろうと)、照準システムそのものと照準データの適時性、正確性、信頼性以上には優秀たりえないということである。リアルタイムあるいはそれに近いデータが必要とされるのは、流動的な戦術状況や、脅威源に対する民間人の配置など、間近の戦術状況を対処部隊が知らない場合である。なぜなら、予期せざる戦術的事象においては、交戦規則やジュネーブ条約、単純な人道問題が直ちに影響を及ぼしかねないからである。テロリストの非対称攻撃の位置を特定、追跡し、標的にするには、こうした要素が重要であるという点に、以上の文脈において今いちど留意すべきである。

最前線の兵士や、現場の秘密工作員、あるいは小規模な特殊部隊への情報データ伝達は、極めて重要である。一九九一年には、いくつかの要因により、特に「頭上」/衛星からの重要な情報データが自由に伝達できなかった。機密保全上の制限により、非常に貴重な情報を広く伝達できず、しかも、必要なセキュリティー・クリアランスを持つ者にさえ、適時に伝達することができなかった。情報が収集され、分析され、特別なチャンネルを通じて少数限定の人々に伝達された頃には、時すでに遅しという場合が多々あり、そのため、流動的な作戦や戦術行動には意味がなかった。一九九〇年代初頭、NROは米情報コミュニティーの中でも唯一の非公然機関だった。「頭上」データを最前線の兵士にリアルタイムあるいはそれに近い状態で伝達することは、NROに関して前代未聞であっただけでなく、情報コミュニティーの重要な一部であるNROの組織文化や機構（及び通信システム）と完全に反するものだった。第一次湾岸戦争中のインテリジェンスは貧弱だったという指摘は的外れだが、十分でなかったのは確かである。特殊部隊による「スカッド狩り」作戦ほど、そのことが当てはまるものはなかった。この作戦は、イラクのスカッド・ミサイルがイスラエルや米軍、多国籍軍の標的に向けて発射される前に、その位置を特定し、排除しようとするものだった。イラク側は、スカッドの位置や動きを偽装したり、欺こうとしたりした。カムフラージュされ、移動可能なスカッドの発射台に精密兵器を命中させるのは、思うほど単純ではない。スカッドのような機動性のある脅威に対しては、位置を特定、確認し、その後、攻撃を準備する間の触接を維持するため、リアルタイム「頭上」イミント、シギント、エリントといった対抗手段が必要である。これらのあらゆる要素の前提となるのが、衛星の利用可能性を始め、衛星の軌道計画、軌道と観測幅を通じた正しい位置決め、ダウンロード・プログラム、配置、そして司令部から兵士に伝達される分析をダウンロードするタイミングである。そのどれもが容易なことではない。その結果、不十分な情報や古びた情報により、多くの兵士が危うい状況に追い込まれたのだった。

湾岸戦争後の変化と技術革新

米国の情報コミュニティーは、一九九〇年代に第一次湾岸戦争後の状況を是正するのに大いに骨折り、多大な投資も行った。その通信ソリューションは体系的で想像力に富み、技術的にも優れたものだった。さらに、衛星以外のシステムの必要性も認識された。そこで、自ずと無人航空機（ＵＡＶ）が誕生し、移動する標的を空中から詳しく追跡する能力が必要とされた。プレデターやグローバル・ホークなどのＵＡＶや、米空軍のジョイント・スターズ（監視目標攻撃レーダー・システム）航空機といったプラットフォームやシステムは、実戦経験から生まれたものである。ジョイント・スターズのレーダーは驚異的なシステムだ。とはいえ、この航空機でさえ、航続距離と航続時間という要因によって能力に制限があり、空中給油を行ったとしても、搭乗員が疲労するという要因がある。ジョイント・スターズは、比較的安全な防空環境において、選択した目標地域からかなりの距離で撮像可能であるが、搭乗員の持久力や、空中給油ができるか否か、さらには、整備や支援用に友軍飛行場が利用できるか否かによって能力が制限される。

第一次湾岸戦争により、米情報コミュニティーは非常に大きな教訓を得た。それは、情報をサニタイズする方法を模索するという、組織文化上の大改革を行う必要があるということだった。その目的は、ニード・トゥ・ノウの資格と機密レベルに応じたクリアランスを持つユーザーが、当該レベルの機密情報を使えるようにするためである。これが意味したのは、最高機密レベルの資料を、その本来の価値が損なわれないように変更する巧妙な方法を考案しつつ、仮に資料が漏洩した場合でも、情報収集システムの真の能力が推測されないようにすることだった。これがファイブ・アイズに与えた影響は計り知れず、ファイブ・アイズの軍部隊、特に特殊作戦部隊が互いに緊密に連携していた九・一一テロ事件以降、その影響がさらに強まった。

私は、一九九一年の第一次湾岸戦争で露呈した弱点を解決するための重要なプログラムに直接関与した。

今日でもなお特別な注意を必要とする領域の一つが特殊部隊の活動であり、米海軍の場合はシールズである。シールズは非常に危険な状況に置かれるが、それに対処する訓練を積んでいる。ただし、常に最高かつ最新の戦術情報を必要とする。こうした能力を提供するのは容易なことではない。最新の軽量小型トランシーバーを携行するにも、重量が増す上に、供給される武器や弾薬、水、食料に相殺されるからである。一九九〇年代には、シールズに衛星画像をリアルタイムで送信するための、実地試験ずみの認証手段というものは存在しなかった。デジタル通信時代とアイフォン時代の進化は遅々としたものだった。問題は、小型で軽量かつ安全なハード・ドライブや小型ディスプレーだけでなく、バンド幅でもあった。この問題は今日に至るも、従来の米軍通信、特に衛星システムの悩みの種となっている。

ファイブ・アイズが二〇二〇年代以降に採用予定の次世代後継システムは、膨大な量のデータや音声、画像を送信することになり、情報にまつわる第一次湾岸戦争の問題は、海上をバウンドする有名な「ヨーカー」弾をネルソンが仇敵フランス軍に放ったのと同じほど時代遅れに見えることだろう。衛星の軌道が特殊作戦をサポートするようにうまくプログラムし直されたとしても、米情報コミュニティーはシールズにリアルタイムの情報を提供するのに、衛星経由の音声通信を除いて、長い時間を要してきた。二〇〇五年六月二七日にアフガニスタンで開始されたシールズによる「レッド・ウィングス」作戦については、文献等が多くあるが、いくつかの理由でうまくいかなかった。大きな理由の一つは、優れた商用通信システムがある時代に、貧弱で信頼性の低い通信システムが使われたことだった。シールズという小規模チームとしては、大部隊との対戦や、最悪の場合、包囲されて攻撃されるという勝ち目のない状況を避けたいものであり、脅威の所在や人数、動き、相対的な位置、武器らしきものなどに関する画像やビデオを受信することは、絶対に不可欠である。これは、特殊部隊をヘリコプターに乗せて敵地に出入りする際にも当てはまる。

地上の脅威は、手遅れになる前に時間的余裕をもって特定する必要がある。このパラダイム・シフトに貢献したのがUAVであり、持続的で信頼性の高いリアルタイム・インテリジェンスに代わるものはない。イミント、シギント、そしてエリントがそれだ。一九九一年の砂漠には、そうしたネットワークは皆無だった。英国のSAS部隊はその際、戦術情報が劣悪で、情報がタイムリーに伝達されなかった結果、周囲の状況のみならず、未知の敵にも直面した。携帯式の衛星トランシーバーは、非常に危険な戦術的状況において多くのストレスを回避することができるが、そのためにはハードウェアが信頼でき、一つのシステムが故障しても十分な電力を備えたバックアップシステムがあり、さらには、必要とされる情報が直接的あるいは間接的に音声や画像、ビデオ、またはそれらのいくつかの組合せによって伝達される必要がある。

イギリス軍はフォークランド戦役(一九八二年)においても同じ戦術的ジレンマを経験しており、アルゼンチン本土用に計画された作戦は、乏しいか無に等しい情報と、信頼性の低い実用的リアルタイム情報とが相まって頓挫した一方、衛星音声通信は機能していた。とはいえ、最前線の部隊に伝達すべき実用的な情報がなければ、それも役立たない。最悪なのは、遠方の司令部(例えば、イングランドのノースウッドにある統合作戦センターなど)が、活動中の特殊部隊の諸部隊に対して全般的な指揮統制を行うものの、これら部隊は通信相手の部隊にとって信頼できる有益な実用的リアルタイム情報をまったく保有せず、上辺だけの指揮統制をしている場合である。そうした状況からは最悪の戦術状況が生まれかねない。現地の部隊は、接敵した結果として現場の状況を間合い悪く把握し、部隊展開前の最終ブリーフィングの情報評価が不正確か不完全か、あるいはその両方であったことに気付くのである。

ここで、第一次湾岸戦争以降の二五年間における民・軍/産・政複合体における重大な変化を見ることが重要である。ファイブ・アイズ各国政府の取得プロセスや取得サイクルは、今や民間の研究開発や取得サイクルに大きく後れを取っている。民間部門においては、企業が生き残るにはテクノロジーや工業生産プロセスの急速な進歩に後れを取らないようにし、理想的には、常に競合他社に先んじなければならない。競争相手が将来的に敵となりうる脅威であるならば、軍と政府の関係において明らかとなるのは、単に初期作戦能力（IOC）に到達するのが遅すぎるということのみを理由として、調達の所用時間が技術的先行性を無効にするような取得プロセスであってはならないという点である。例えば、システムの実戦配備に一〇年あるいはそれ以上かかれば、そのシステムはすでに時代遅れとなっているおそれがある。

これはデジタル時代と、特に指揮・統制・通信・情報・監視・標的選定の領域において、大きな問題である。産業というものは本質的に先を行くものだ。ファイブ・アイズ各国政府の調達機関は、現在の取得慣行に従い続ければ、技術進歩に後れるという重大なリスクを負うことになる。通信、特に非商用衛星システムほど、このことが当てはまるものはない。世界的にネットワーク化された4G LTEや5Gシステムは、あらゆる種類の膨大なオープン・ソースを伝達できる。高度な保全措置が講じられた現代の暗号化ネットワークは、多様なサイバー保護を提供することができ、実際にファイブ・アイズ機関用のサイバー攻撃・防御システムに組み込まれている。

非対称戦争を推進する米海軍

ファイブ・アイズの中で、非対称戦争とそのテロに関連する広範な現象に先陣を切って真剣に取り組んだのが米海軍だった。

一九九〇年代の米海軍で変革の中心となっていたのは、カリフォルニア州サンディエゴの艦隊旗艦USS『コロナド』に司令部を置く米太平洋艦隊の第3艦隊だった。第3艦隊は非対称戦のみに関心があったわけではないが、この革新的かつ行動的で統率の取れた艦隊は、次世紀で珍しくなることよりも当たり前になることに注目し始めたという点で、大いに称賛されるべきである。第3艦隊には先見の明がある中心的人物が数人おり、彼らは、米海軍はもとより米軍全般が非対称的な脅威に直面することを認識していた。第3艦隊の思考の中核にあったのは、インテリジェンス・パラダイムの重要面だった。これが後にファイブ・アイズに影響し、そこに転移したことで、状況が一変することになった。

非対称戦争の概念自体には、目新しいものは何一つなかった。非対称戦争とは、二つの敵、交戦国あるいは敵対勢力もしくは徒党が、戦力リソースの点で異なる場合、リソース弱者が戦術や低級システム・技術を駆使しながら、質・量両面における弱点や不足を補うというものである。リソース弱者は、系統だっていない非正規手段に訴え、相手が持つ系統だった正規戦力と良質な装備を弱体化させる。陸戦史や海戦史には、非対称戦の事例が数多くある――近代では、アメリカ独立戦争、アメリカ南北戦争におけるジョン・モスビー大佐の行動、南アフリカにおける第二次ボーア戦争中のボーア人の戦法、アラビアのロレンスによるトルコ軍への攻撃、第二次世界大戦におけるフランスのレジスタンスやユーゴスラヴィアのパルチザンの勇敢な戦術などである。米海兵隊参謀部を含め、第3艦隊が認識していたのは、世界が再び変化しつつあるということだった。すなわち、冷戦時代の構造的な二極化世界ではなく、非対称の方向へと変化するということである。こうした見解の根拠となったのが、国際戦略研究所（IISS）やストックホルム国際平和研究所（SIPRI）といった信頼できる世界のシンクタンクが収集したデータのほか、政府ベースの情報評価だった。いわゆる「平和の配当」は、一九九〇年代が過ぎるにつれて徐々に損なわれていった。さほど衆目を集めていないとはいえ、中東や中近東では暴力的過激主義が容赦なく急増している。出現しつつあったものは、近年すでに経験されていたものだったのであり、英国の場合は優に二〇年以上にわたるアイルランド共和国軍の脅威だった。中東の場合は、レバノンの米海兵隊兵舎襲撃事件のほか、パレスチナ－レバノン－イスラエルの領土における無数の暴力事案だった。その全てに非対称性があったのは明白である。その後、東アフリカの大使館爆破テロ、ソマリアのモガディシュにおける米通常戦力の敗北（「ブラックホーク・ダウン」事件）、アデンにおけるUSS『コール』への攻撃と続くことになるが、これらは全て二〇〇一年九月一一日の前兆だった。第3艦隊の参謀が聡明にも認識していたのは、世界のバランスが変化していることや戦争の性質が変化していること、さらに、海軍はそうした脅威に対抗するための訓練を受け、備えなければならないことだった。

一九九〇年代が過ぎるにつれて、ワシントンからの反応が一向にないことがますますはっきりした。訓練に向けて予算を付ける、あるいは、世界的変化を認識していると発信するようなドクトリンを、より公的な声明にし、文書化するといった反応は皆無だった。これは国防総省だけでなく、情報コミュニティーの主要三機関（CIA、NSA、DIA）にも見受けられた。イスラム過激原理主義が勢いを増していたにもかかわらず、公的な回答はなかった。サンディエゴの第3艦隊で生じたことは、今にして思えば、概念の上でも行動の上でも、極めて革命的だった。第3艦隊のチームは、ワシントンが主導するまで待つことなく、自ら動き始め、主導したのである。同艦隊は、リーダーシップや創意工夫、リソースの獲得、そして自らが提唱する内容を完璧に理解する独自の有志連合を形成することによって、前途を切り開いたのだった。彼らは、国防総省や米議会が正式な行動を起こすことがない中で、変化を生み出す二つの主たる手段を見つけ、これを実行した。彼らの功績はやがて巨大な変化をもたらしたのであり、それは単に海洋戦略・戦術に留まらず、情報コミュニティー全体、ひいてはファイブ・アイズというコミュニティー全体にも及ぶものだった。

第3艦隊が用いた手段は、艦隊戦闘実験（FBE）と限定目標実験（LOE）だった。これらは、変化する世界に対応するための新たなアイデアを実験し、ドクトリンの刷新を実施するために採用されたものである。一九九四年から二〇〇三年までの九年間に米海軍が上げた成果は、第3艦隊の極めて有能な司令官二人がリーダーシップを発揮したからこそもたらされたものだった。その二人とは、一九九六年一〇月から一九九八年一一月まで同艦隊司令官を勤めたハーバート（ハーブ）・ブラウン海軍中将と、一九九八年一一月から二〇〇〇年一〇月まで同地位にあったデニス（デニー）・マッギン海軍中将である。両者とも、歴代の偉大な第3艦隊司令官の系譜を継いだ人物であり、その父となったのがウィリアム・F・「ブル」・ハルゼー提督だった。傑出した先達はほかにもいる。S・L・グレイヴリー・ジュニア海軍中将（ちなみに私は、英海軍から原子力巡洋艦USS『ベインブリッジ』に交換派遣された折に、光栄にも同提督とともに海上勤務に就いたことがある）、K（ケン）・R・マッキー海軍大将、S・J・ロックリア海軍大将などである。ブラウン、マッギン両海軍大将は、各々が仕えた米太平洋艦隊司令長官（この由緒ある呼称は、後にドナルド・ラムズフェルド国防長官によって、ほかの米司令長官職と併せて、太平洋艦隊司令官という呼称に政令で変更されることになった。合衆国大統領が唯一の司令長官〈総司令官〉だからというのがその理由だった）から全面的な支援を得ていた。また、その上には米太平洋軍司令長官がおり、これは歴史的に常に四つ星〈海軍大将〉の海軍将官が就いた。したがって、四つ星の錚々たる顔ぶれが、この二人の第3艦隊司令官の後ろ盾となっていたのである。

アーチー・クレミンス海軍大将は一九九六年一一月から一九九九年一〇月まで、ハワイ・オアフ島の真珠湾海軍基地に隣接するマカラパに艦隊司令部を置くアメリカ太平洋艦隊司令長官を務めた。クレミンス提督は自らも革新者であり、艦隊がネットワーク中心の発想とテクノロジーをもって現代のデジタル時代に足を踏み入れられるよう指導した。また、改革の実施に個人的な関心を持ち、関与もしていた。それゆえ、九・一一の悲劇が米国を襲う前の米海軍太平洋艦隊には、「A」チーム〈指導的役割を持つ最優秀チーム〉としか呼びようのないものを擁していた重要な時期があった。それがやがて、ファイブ・アイズに多大な影響を与えることになった。

ブラウン、マッギン両提督は、傑出した海軍パイロットであり、指揮官としても素晴らしい経歴を積んでいた。ブラウン提督はヴェトナムで海軍十字章を受章し、その後、海軍宇宙コマンドを経て第3艦隊を指揮した。さらにその後、コロラドスプリングスの米宇宙コマンドで副司令官を務めた後、退役して米軍通信電子協会（AFCEA）の会長に就任した。マッギン提督は第3艦隊を離任後、ペンタゴンの海軍作戦部長室で戦闘要件担当作戦副部長〔当該地位（N6）の職務内容については次段落にて説明あり〕という重要な地位に就いた。彼は将来の海軍力の全てを担うことになったのであり、第3艦隊での革新に続き、最適任の役職に就いたのだった。退役後の二〇一三年には、オバマ政権のエネルギー・施設・環境担当海軍次官補に任命され、グリーン・エネルギーに関する知見と情熱を発揮し、米海軍に報いた。

海軍の予算には、第3艦隊の取組に対する公式な予算項目がなかったばかりか、間接的な議会資金を通じた「割当て」資金もなかった。後者は、上下両院の軍事委員会および国防歳出小委員会の主要メンバーが、個人的に支持するプロジェクトに対し、大統領の正式な海軍予算に「加算」として追加資金を投入できるものである。それぞれの艦隊司令官が頼ったのは、さまざまな予算項目から利用可能な既存資金だった。それらの項目は年次国防予算の当初予算明細内に玉虫色の文言で飾られており、支出を正当化できる。同時に、ワシントンDCにいながら第3艦隊の目標を支持する海軍の主たる上級将官は、公式の予算プロセス中には存在しないFBE〔艦隊戦闘実験〕とLOE〔限定目標実験〕を合法的に支援するため、資金の迅速な移転を確保しようと前向きだった。そのような支援を提供した主たる将官の一人が、この革新の時期に海軍作戦部長室のN6だったアーサー（アート）・セブロウスキー海軍中将だった。セブロウスキー提督は、ワシントンの変革期において、海軍変革の父だった。彼はN6として、将来における重要な要件に対する全責任を負ったのであり、米海軍の指揮・統制・通信・コンピューター及び海戦に関するあらゆる専門領域に影響を及ぼすことになった。ファイブ・アイズはセブロウスキー提督に感謝の念を抱いている。

セブロウスキー海軍中将はワシントンDCに戻り、米海軍の変革を進める上で重要人物となった一方、ブラウン、マッギン両海軍中将は海上で指揮を執った。セブロウスキーは、大規模集積回路（LSI）が海戦のゲーム・チェンジャーになり、自らが提唱したネットワーク中心の情報の流れもＬＳＩによって可能になることを理解していた。また、民間部門が技術的に何をしているかを理解し、海軍はもとより、米軍全体が情報技術革命に便乗する必要があると考えた。そして一九八一年、ロードアイランド州ニューポートにある米海軍大学の戦略研究グループの一員として、イノベーションが必要だと結論付けたのである。提唱者の中には、もう一人の若き海軍司令官、ウィリアム・オーウェンズ（後の統合参謀本部副議長）といった面々もいた。

彼らが提唱したのはネットワーク化された環境であり、同環境においては複数の情報源から兵士に情報が流れることにより、戦場において一定の情報優勢がもたらされ、敵の制圧にこれまで不可欠とされてきた膨大かつ致死的な物理的破壊力《キネティック・フォース》の必要性を減少させることができるというものだった。米統合参謀本部が次の一〇年に向けて作成した「統合ビジョン二〇一〇」論文は、その仕組みの雛形となった。だが、誰もがこの指針を抜本的変革の基盤として支持したわけではなかった。それどころか、セブロウスキーを支持した二人の代表的人物である統合参謀本部議長シャリカシュヴィリ陸軍大将と副議長ウィリアム・オーウェンズが一九九八年に退役すると、統合参謀本部と海軍の内部から彼らに対する反発が噴出した。新たな用語に懐疑的な者もいた。中には、セブロウスキー派の思想を表す言葉として、「チンプンカンプン《ジャーゴン》」やら「もったいぶった専門用語《バズワード》」やら、侮蔑的な言葉を使う者もいた。より教養のある分析によれば、商業界からもたらされる技術的推進力とその軍事的な影響と応用は、革命的なものではなく、進化的なものであり、海軍は、技術に基づく多くの先行改革と同様に新たな能力を開拓すべきであるのに、セブロウスキーはそうした点を理解していないとされた。海軍の中には、セブロウスキーが提唱した情報変革を、アクティブ・ソナーからデジタル強化されたパッシブ・ソナーへの変化と比較する者もいた。セブロウスキーは、二〇〇一年一〇月一日、米海軍大学長として軍歴を終え、九・一一テロ事件の数日後には、戦力変革局長という文官職に就いた。これは、ドナルド・ラムズフェルド国防長官の置き土産だった。セブロウスキーは同長官に対して個人的に大きな影響力を持ち、定期的に直接連絡して対話を行っていたのだった。セブロウスキー提督はがんに倒れ、国防総省全体に影響力を行使する前の二〇〇五年一一月一二日、六三歳で死去した。彼がファイブ・アイズ下部組織に及ぼした好影響は、正当に評価されることがなかった。彼の直接的な支援によって第3艦隊が成し遂げた功績は、やがて米情報コミュニティー、ひいてはファイブ・アイズ全体へと広がっていくことになる。

　アーサー・セブロウスキーは、知的財産を残した。彼が示したのは、軍事力は情報技術によってもたらされ、それが新たな戦略的思考、概念、提唱につながりうること、また、ネットワーク化された戦力は物理的破壊力《キネティック・フォース》と組み合わさることで圧倒的な効果を発揮でき、その程度たるや、戦争における消耗が情報優勢の効果に取って代わられるほどであり、政治的・軍事的選択に関するまったく新たな制度を政治指導者に提供できるということだった。セブロウスキー哲学は、情報優勢は常に武力に勝るという考え方を支持した。これに対する反論としてあったのが、このような変化は単に一連の軍事技術進化の一部であり、さまざまな決定――イラクを侵攻するという決定や、国家建設戦略を政治・軍事戦略の重要な一環として追求するという決定――は、単純な情報技術の変化の産物でも、それに関係するものでもなく、戦略は歴史的文脈において情報技術基盤の変化に影響されないという見解だった。また、中東のムスリム中心地でスンニ派とシーア派による歴史的衝突が発生したことは、現在および将来の情報技術や、そのような技術的基盤から発展しうる軍事ネットワーク・アーキテクチャーの仕組みとは完全に別個の戦略的問題であると主張する者もいた。大勢が主張したのは、情報優勢は古典的な電子戦の一部であり、海上における方位探知や通信傍受から、第二次世界大戦の「ウルトラ」や「マジック」の時代を経て、現代のデジタル通信時代のシギントやエリントの高度な世界に至るまで、時代とともに進化してきたということだった。電磁スペクトルは変化しておらず、自然現象を新たに巧みに利用することで、技術は進化している。デジタル通信やマイクロ波環境全体に対しても同じ議論が適用された。すなわち、進化であって革命ではないということである。とはいえ、海戦の戦術レベルや最前線用の作戦情報への影響は大きかっただけでなく、永続的でもあった。

この時期、変革を支持する人々が強く訴えた重要な領域が一つあった。それは、産軍界のビジネスをいかに進めるかを再評価する必要性である。プログラム開発は取得と契約のプロセスに時間を要する上に、初期作戦能力までのリードタイムが長く、これら全てが相まってイノベーションを阻害しているのが現状だった。米国防総省は、単に商業的な情報技術開発についていけなかったばかりか、数年の後れを取っていた。今から見れば、これは商業界に後れを取らないようにすることを示す単なる好例であるように思える。しかしこの問題は、取得プロセスに基づく技術改革の迅速な実施や、現在採用されている米連邦取得規程に、依然として影を落としている。セブロウスキー提督は、米海軍大学から海軍の革新者が生まれることを望んでいた。このことは彼の不朽の遺産であるかもしれない。すなわち、教育こそが変革の真の触媒であり、自由な環境の中で変革の実行を徹底的に考えることが、強力な味方となるということである。

「サンディエゴの有志連合」——米太平洋艦隊第3艦隊

サンディエゴの岸壁にあった第3艦隊では、アプローチもテンポも異なり、実際の行動があった。太平洋艦隊の有志連合は、言葉を行動に変えた。彼らは何をし、どのようにそれを行い、何を達成したのだろうか。

まず、「それ」を定義しよう。第3艦隊はネットワーク中心主義を強く意識しており、その三つ星〈海軍中将〉指導部は、国家偵察局で最新の機密プログラムを読み込んでいた。「それ」とは、革新的な新ネットワーク・コンセプトと既存のシステム、さらには指揮・統制・通信アーキテクチャーを取り入れ、それらを新たな先進的運用アプリケーションに変換することだった。

重要な艦隊戦闘実験（FBE）となった「ブラボー」には、副題「リング・オブ・ファイア」が追加された。この実験は一九九七年八月から九月にかけて行われ、米海軍と米海兵隊、海軍特殊部隊が参加した。「ブラボー」は海軍作戦部長の後援を得ていた。主要参加部隊は第3艦隊旗艦のUSS『コロナド』のほか、USS『ペリリュー』とUSS『ラッセル』の二つの主要水上部隊であり、これを支援したのが海軍ファロン基地（F－18戦闘機）、チャイナ・レイク海軍航空戦センター、そしてポイント・ムグ海軍航空戦センターだった。国家偵察局はシールズと同様、重要な貢献をした。作戦構想（CONOPS）の中心に置かれたのは、新たな戦場ローカル・エリア・ネットワーク（LAN）・アーキテクチャーの活用だった。これは、センサーその他の情報源を衛星回線でリアルタイムに接続するものだった。目標は、同ネットワーク・アーキテクチャーを用いてリアルタイムの戦闘被害評価を行いながら、目標の攻撃と破壊を試験、実証することだった。

そのようなシナリオの一つには、シールズの小規模偵察チームが参加した。彼らが海岸や内陸から衛星経由で画像などのリアルタイム情報データを送信し、それが『コロナド』艦内で活用され、さらにF－18にリアルタイムで送達された。そのF－18は、目標の破壊に成功すると、直撃を示す照明弾を発した。旗艦は、目標を指定した前線航空管制官（FOFAC）からのイミントなど、複数の情報源から、指揮戦術状況図（CTP）を作成した。何海里も離れた海上にいる『コロナド』は、いくつかの選択肢の中から武器と標的の組合せを決定し、実行することができた。このケースではF－18が最後の一撃を放った。ほかの選択肢としては、シールズによる攻撃やトマホークの発射などもあった。米海兵隊は第13海兵遠征部隊からFOFACを派遣した。

「ブラボー」には、「サイレント・フューリー」作戦も含まれた。これは、国家レベルのC4Iアーキテクチャーの試験と実証として大成功を収めたもので、国家偵察局がシステムを提供し、直接的な支援を行った。これは前例のない出来事で、国家衛星システムが海軍史上初めて海戦で幅広く活躍することになった。

このFBEの成果は素晴らしく、艦隊全体に及ぶ大きな変化をもたらし、九・一一テロ事件の直後にそれが実を結ぶことになった。衛星リンクと米海軍SIPRNET（機密インターネット・プロトコル・ルーター・ネットワーク）――NIPRNET（非機密インターネット・プロトコル・ルーター・ネットワーク）の秘密版――を介した新たなアーキテクチャーとリアルタイムのセンサー・データを使用することで、成果が甚だしく上がり、潜在的な敵に対して米海軍が大きな優位性を有することになった。米海軍は一九九七年以来、果敢に前進してきたが、それに加わったのが第3艦隊のブラウン海軍中将とその後任デニー・マッギン海軍中将が成し遂げた大躍進だった。

軍務遂行の新手法と「ジャスト・イン・タイム」

米海軍は一九九〇年代後半から九・一一前にかけて、艦隊戦闘実験（FBE）「エコー」と限定目標実験（LOE）「ゼロ」を実施した後、軍務遂行の新手法を導入した。マッギン海軍中将は、この知見と経験の全てをワシントンのOPNAV（海軍作戦部長室）での次の役職に投入した。同中将は二〇〇一年九月一一日当日はペンタゴンにおり、航空機が突入した建物の間近のオフィスにいた。その後の二〇〇二年に米海軍を退役した。第3艦隊での前任者ブラウン海軍中将は、米宇宙コマンド司令部で目覚ましい仕事をした後の二〇〇〇年に海軍を退役した。九・一一が発生した際、米海軍は海上からアフガニスタンにCVN（原子力空母）と海軍特殊部隊で対応する準備を即座になした。アフガニスタンにいるビン・ラディンの聖域や洞窟、訓練場に対する攻撃を指揮することになったのは、米海軍シールズの上級指揮官であり、ファイブ・アイズや米軍のほかの隠密部隊もこれに加わった。

ファイブ・アイズは、第3艦隊がもたらしたこれら独創的変革の受益者だった。変革のプロセスは米国内では遅かったかもしれず、その結果、ファイブ・アイズ全体との共有も遅くなっただろうが、九・一一によって思考と行動の双方が一変したのだった。

九・一一以降は、真珠湾攻撃の直前・直後とさほど変わらなかった。人々の関心が突如として集まり、インテリジェンスの向上が時代の要請となっただけでなく、世界秩序に対する新たな脅威の中で生き残るための生命線となったのである。米海軍は、リーダーシップや新機軸、リスク負担を示すことで、変革をリードしていた。ファイブ・アイズが今あるのは、大勢がおそらく認識している以上に、また、公の場で認められている以上に、米第3艦隊のおかげである。米国の情報コミュニティーの大部分は、あらゆる領域――政治、イスラム神政、技術、そして過去のパラダイムに縛られた組織文化――にわたってダイナミックに変化する世界の中で静観していたのだった。新たな非対称の脅威およびテロリストの脅威と出現の時期を同じくしていたのが、デジタル情報革命や通信インフラの段階的変化、グローバル・ネットワークの大幅な拡大だったのであり、その全てがファイブ・アイズ政府の直接管理下にあったわけでは決してなかった。

九・一一の悲劇は変化をもたらしたが、ファイブ・アイズの各機関の中でその変化を予想し、それに基づいて行動した機関はほとんどなかった。米海軍は国家偵察局とともに、革新と変化で先手を打とうとした唯一の国防組織だった。私は、情報技術・科学の進化におけるこの重大局面において、両組織とともに、さらには両組織のために働くことができたことを誇りに思うと同時に、光栄にも思っている。

第5章　二〇〇一年九月一一日とその余波

二〇〇一年九月一一日、東部夏時間の午前八時四五分、晴天に恵まれた火曜日の朝、二万ガロン〔米ガロン換算で約七万五七〇〇リットル〕のジェット燃料を積んだアメリカン航空のボーイング767がニューヨークの世界貿易センタービル北棟に激突した。その後、また別の機がヴァージニア州アーリントンのペンタゴンに突入したほか、もう一機は、乗客が介入してペンシルヴェニア州シャンクスヴィル近郊のストーニークリーク・タウンシップに墜落した。二〇〇一年九月一一日の事件は、世界全体を変えただけでなく、通信と情報フローにおける世界的な技術的変化を背景に、ファイブ・アイズに一連の新課題をもたらしたのである。

英米のインテリジェンスと政府は、総体として九・一一関連のテロ防止に失敗した。これについては、特に二〇〇四年に米国で発表された九・一一報告書を始め、はるか後年の二〇一六年に英国で発表された「チルコット報告書」など、主要な報告書に十分に記録されているところである。英国のチルコット報告書は、イラク戦争における英国の役割に関する同国の公的調査であり、重点の置きどころもアプローチも異なっていた。同調査の開始は、二〇〇九年にゴードン・ブラウン首相によって発表されたものである。

前述した九・一一報告書「合衆国に対するテロ攻撃に関する国家委員会の最終報告書」は、二〇〇二年一一月二七日に設立された委員会が二〇〇四年七月二二日に発表したものである。この報告書には多くの批判があり、とりわけ政府の失策の多くを免責している点にそれが集中している。その一方で同報告書は、例えば連邦航空局（FAA）の失策を非難している。それらの失策は、実質的には同局の法的管轄内にあったわけではないし、FAAはテロ対策機関でもない。この九・一一報告書は、世論やメディア、議会のいずれにおいても人々を満足させるものではなかった。米情報コミュニティーの不手際は、情報のみに関連するものではなく、組織的な欠陥にも関わるものであり、その欠陥ゆえに、特にCIAとFBIの間の、そしてFBI内部における深刻なコミュニケーション不全がもたらされたのである。しかもFBIは、有力な手掛かりに基づいて行動することがなかったのだった。英国のチルコット報告書は、政治と軍と情報機関の相互関係と、それらが政策決定はもとより広範な戦略的問題に及ぼした影響について、はるかに深く分析している。

ファイブ・アイズは全体として、サダム・フセインとアルカイダの接点をまったく見つけられなかった。それどころか、フセインは政権を脅かすおそれのあるアルカイダのような国内テロ組織のいかなる兆候に対しても、厳しく取り締まっていることが知られていた。彼はいかなる形態の反対勢力も、容赦なく封じ込めていた。世界貿易センターや国防総省への攻撃を主導したグループとイラクを結び付ける証拠は、何らなかった。この状況は、イラクが大量破壊兵器を保有しているかどうかについて、米英が情報を歪めて伝えたことでさらに悪化した。ニューヨークの国連総会におけるコリン・パウエル米国務長官のパフォーマンスは、政治的大義を説明するために、悪く言えば虚偽、良く言って欠陥情報を利用したとして、永遠に記録に残るだろう。パウエルは、自らの情報データによって無実の罪を着せられた犠牲者だったのかもしれない。彼が視覚的表現も交えてイラクの「大量破壊兵器」に関する重大演説を国連で行った際に、その後ろに座っていたジョージ・テネットＣＩＡ長官も同じだろう。演説はその場限りのことだったとしても、米政府上層部の誠実さを壊滅的に損なうものだった。テネットは、原因や結果がどうであれ、イラク侵攻というすでに決定された行動方針を支えるために大統領とその主要顧問に屈したＣＩＡ長官だと、大勢から見なされた。彼には、スンニ派とシーア派の対立によって文化的に分断された国家を戦後いかに安定化させるかについて、何らの戦略もなかったのである。

英国では、上級軍事顧問が法的問題に基づいてイラク戦争について政府を戒めた。ある対象が英国の安全保障に対して脅威だと証明されれば、それと戦う権利は歴史的にも認められているが、開戦の原因もなしにイラクに侵攻する法的権利が、国際法のもとで英国にあったのだろうか。危ない橋を渡るブレア政権は、アメリカという同盟国への忠誠を保ちたい一心で、英国の情報史上、前代未聞の方法でインテリジェンスを悪用した。イラク侵攻と、それに続くアフガニスタンにおける対アルカイダ作戦は、タリバンや、後にＩＳＩＳと呼ばれるようになる勢力との本格的な戦争に拡大した。その是非ついては、読者それぞれに私見があるだろう。大勢の著名な学者はそれについて、米国は同国史上最悪の戦略的失策を犯したと主張しているが、こうした主張は、意思決定者が入手可能だった全ての情報資料と、そうした資料がいかに使われたかに鑑みて検証する必要がある。その後の政策の問題は、インテリジェンスの範疇外である。インテリジェンスの本務は、政治的な意思決定が健全に行われるよう、率直かつ最高の実用的情報を提供することである。仮にそれらの決定が情報を正確に反映したものでないのであれば、それは政府の執行部、つまり選挙で選出された国民の代表の責任であって、英米情報コミュニティーやその無数の部局の構成員たる専門家の責任ではない。インテリジェンスの役割は、政策を決めることではなく、政治とは無縁の冷静なデータによって政策を形成する手助けをすることである。

九・一一の結末は変革を促進するも偏在的

米国の情報コミュニティーはその後に再編されたが、ほかのファイブ・アイズ諸国が米国と軌を一にしてこれに追随することはなかった。コミュニケーションとデータ交換の不全を未然に防ぐため、米国は二〇〇四年、「情報改革およびテロ防止法」に基づいて国家情報長官室（ODNI）を立ち上げた。これは、複数の省庁のスタッフを中央に集め、米国のさまざまな情報官庁の情報を新たな手法で調整する機能を担うものである。これと並行して、米国の情報コミュニティー全体にわたる代表と情報を統合した新たな国家対テロセンター（NCTC）が創設され、ファイブ・アイズの情報フローが新たな中心拠点に流入するようにした。協力と省庁間協力が新たな風潮となった。英国とほかのファイブ・アイズ三カ国は、米国よりも小規模で、連携も緊密であるという利点を享受していた。これらの機関には既存の連絡網と組織があり、統一的なアプローチが可能だった一方、米国の機関は、しばしば情報源や収集手段の問題を理由として、必ずしも協力を望んでいたわけではなかった。米国の国家情報評価は、ほかのファイブ・アイズからは妥協の産物として見られることが多く、完全に統合された情報評価というわけではなかった。

米国の主要機関で情報が共有されないことについては、正当な根拠が存在する場合もあった。それは、主に保全とニード・トゥ・ノウに関連したものだった。英米の海軍情報機関が、活動やデータの多くを他機関から遠ざけていた理由は、前述のとおりである。米国の内部変革には代償が伴った。省庁間の協力が深まったことで、政府職員も請負業者も、より多くの人々が前例のない方法でより多くのデータにアクセスできるようになった。これは要するに、高度な保全措置が講じられたコンピューター・システム――ニード・トゥ・ノウが証明された選り抜きのユーザーにのみ、パスワードが慎重に付与されるシステム――に、極めて大勢がアクセスできるようになることを意味した。その多くは、かつてのニード・トゥ・ノウの基準を必ずしも満たしていなかった。これが一因となり、情報機関の請負業者と政府職員の双方に関連する情報漏洩が数件生じた。彼らは、高度な保全措置が講じられた施設に、同僚や上司、保全スタッフの目と鼻の先で入り込み、サム・ドライブ経由で貴重な情報データを窃取することができた。

これと並行して問題になったのが、職員数の純増だった。九・一一後の反応として、米国はほかのファイブ・アイズ四カ国よりもはるかに多くの職員を採用するようになった。ファイブ・アイズは全体として、特にテロ対策の分野で人員を拡大したが、米国ほどではなかった。米国の場合、例えば新たに発足した国土安全保障省は巨大な官僚組織となり、それまで国防総省や海軍省と歴史的なつながりがあった沿岸警備隊をその傘下に収めた。米国沿岸警備隊の前身である税関監視艇部は、アレクサンダー・ハミルトンの支援のもと、一七九〇年八月四日に議会によって創設された。同組織は一九一五年一月二八日、米沿岸警備隊に変容し、米財務省傘下となった。国土安全保障省への移管は、あるレベルでは組織的に健全に見えたが、一部の専門家の目には、確立された組織に余計な手を加えたように見え、単に変革という名目と九・一一の悲劇に対する過剰反応にしか見えなかった。とはいえ、海軍部隊としては世界第一二位の規模を誇る沿岸警備隊は、大統領令あるいは戦時には米議会の指示によって、海軍省に移管することができる。こうした変革と新人員の大量採用は、不必要な対応と見る向きもあった。焦点を当てるべきは、変化し続ける新たなグローバル通信網と結び付いた、確立された情報源と手段から収集された質の高い情報だと考えられたからである。

誰が誰をスパイできるのか

二〇〇〇年当時にもデジタル革命はあったし、グローバル通信の領域においても種々の技術的応用があったが、二〇二〇年の世界と比べれば、まだ黎明期にあった。とはいえ、二〇〇〇年当時の通信世界は、冷戦の終結時とはまったく異なるパラダイムだった。二〇〇〇年当時、米英とその主要同盟三カ国は、衛星や地上回線、海底ケーブルを通じて世界のデジタル・データを支配し、これにアクセスできるという点で、依然として優位に立っていた。衛星電話は、比較的高価な機器やサービスを購入できる裕福層向けのものという性格が強かった。携帯電話やアイパッド、そして今や世界市場で入手可能なあらゆる種類のデジタル機器が登場する日は、まだ到来していなかった。二〇〇〇年から二〇二〇年までの期間は、通信やメディア、データ・フローなど、あらゆる面で革命的だった。

シギントとは、誰かの通信を傍受するには当該人物が通信を行う必要があるという、単純明快な前提に基づく世界である。その論理的帰結として、通信がないからといって、悪事が行われないということにはならないという点も重要である。冷戦時代、ソ連やワルシャワ条約機構が西側諸国を攻撃する可能性があることを示す通信をＮＡＴＯが傍受しなかったからといって、必ずしも彼らが攻撃を計画していないことにはならなかった。同様なことは潜水艦にも当てはまる。潜水艦は通信というものを好まない。受信だけならよい。理由は簡単である。いかに慎重な通信でも、傍受されるおそれがあるからだ。短波通信の全盛期には、潜水艦が通信可能な極めて高度な低傍受確率（ＬＰＩ）モードがいくつかあった。さはさりながら、シギントの任務は、これらに侵入し、傍受と解読を継続することだった。オサマ・ビン・ラディン一味は、衛星電話が傍受されるおそれがあることに気付くと、自分の衛星電話の電源をあっさり切り、二度と使わなかった。そして、書類を携え、口頭で指示を与え、運び屋を使うという昔ながらの方法に回帰したのである。かくして、ビン・ラディンの運び屋の居場所を突き止め、追跡することが目標となったのだった。

インターネットは二〇〇〇年当時も存在したが、今日のような複雑なものではなかった。しかし、インターネットや衛星電話の利用者は、ファイブ・アイズに傍受される可能性があった。プライバシーの問題や、政府による個人の通信やデータへの侵入に対する法的な異議申立ては、九・一一の後も政府の国内通信傍受プログラムが暴露されるまでは、まだ生じていなかった。米英加豪ニュージーランド政府は、自国民をスパイすることを許されていない。例外は、十分な抑制下にある状況であり、例えば米国の場合なら、連邦判事からの裁判所命令がある場合が普通である。一九七八年一〇月二五日に制定された米国の「外国情報監視法」は、スパイ行為やテロ行為が疑われる「外国勢力」と「外国勢力のエージェント」との間の「外国の情報活動に関する情報」を電子的・物理的に監視し、情報収集するための法的手続きを定めた連邦法である。この法律を受け、外国情報監視裁判所（FISC）が設立された。これは、情報機関やFBIからの監視令状の請求を監督する。「外国情報監視法」は、米国民の国内通信傍受に関連する内在的問題のため、九・一一後に改正された。一九七八年の同法は、その後何度かさまざまな形で改正されている。すなわち、「米国愛国者法」、二〇〇七年の「米国保護法」、二〇〇八年のFISA（「外国情報監視法」）改正法、「米国自由法」である。国内で令状なしの盗聴が行われていることが社会問題になったのは、二〇〇五年一二月に『ニューヨーク・タイムズ』紙の記事[1]が、国家安全保障局が二〇〇二年以来、ジョージ・W・ブッシュ大統領の命令でそうした盗聴を行っていると報じたためである。その後の『ブルームバーグ』紙の記事[2]によれば、そのような傍受は二〇〇〇年六月に開始されたという。

　ファイブ・アイズには、互いをスパイしないという合意がかねてからある。これには補足説明が必要だろう。これについての一般的な理解は次のとおりである。すなわち、例えば、内部スパイの可能性に関する情報が、他国の情報機関を経由する外部情報源から得られたもので、ほかのファイブ・アイズ国に伝えられたものである場合、その情報をある国がもう片方に伝えてはならないということを意味するものではないということである。同様に、九・一一以降の時代には、ファイブ・アイズのそれぞれが、例えば米国民の内部通信を傍受する技術的・組織的手段を有していた。この点は極めて重要であり、詳細な検証が必要である。

　グローバル通信網の性質と情報フローからすると、次のことがいえる。例えば、一米国民が米国内で通信を行っても、その通信は複数のファイブ・アイズ・サーバーや、ファイブ・アイズの管理外ながらもアクセス可能な非ファイブ・アイズ・サーバーやルーターを通過するということである。要するに、米国民は、例えばカンザス州ウィチタの自宅にいながら、ウェブや、米国以外の電気通信拠点やデバイスを経由するグローバル・デジタル通信の複数の手段の一つを通じて通信することができるが、これらの通信は、音声やデータ、映像など、いかなる形態であれ、ファイブ・アイズによって傍受される可能性があるということだ。同様に、ロンドンに住む英国民は、米国を拠点とするサーバーや、サービスを提供する営利事業体を経由して通信を行うことも可能であるが、これらの通信は、米国家安全保障局のような、英国を拠点としない情報機関によって傍受される可能性がある。データが米国を通過し、同国によって管理されているためである。電気通信は世界的に複雑になっており、何が国内通信であるか、そうでないかの違いが通信経路の点でも法的な点でも、極めて複雑になっている。後者については、プライバシー関連法が増加し、誰が個人データを管理し、そのデータで何をすることができるかが法的に問題となっている。

メタデータの活用

メタデータという用語は、〔原書刊行の〕二〇二〇年の今でこそ馴染みがあるが、二〇〇〇年当時には通信やデータの専門家以外、誰も使わなかったし、理解もされていなかったのが実情である。メタデータとは何か。それは大勢が思っているほど現代的なものではない。メタデータとは、別のデータに関するデータを提供する情報である。一般的なメタデータにはいくつかの類型がある。まずは基本的な記述データだが、これは事実を発見するための、あるいは、例えばキーワードによって情報の一部を特定するためのリソースである。テロ対策の関連では、ＩＳＩＳや過激化、マドラサ〔イスラム教神学校〕、爆発物といった単語が不法行為の関連として注目を集めがちである。構造メタデータとは、デジタル・データの種類やバージョン、特徴の違いを教えてくれるものである。純粋な管理メタデータは、データ・リソースの管理を可能にするものである。例えば、データの作成日時、作成法、作成場所、送信メカニズム、データの種類（映像、文章、音声）を始め、誰がデータにアクセスできるかといった技術的側面――例えばパスワードその他の認証手段の付与や暗号化――などである。メタデータの保存とアクセスの好例となるのが図書館である。デジタル化以前の時代においては、図書館の単純なカード・インデックスがメタデータを含むものだった。

今日では、同じデータがコンピューター・ファイルに埋め込まれている。ファイブ・アイズは、音声通話であろうと電子メールであろうと、あるいは銀行送金などのデータ転送であろうと、グローバルな電気通信網を介して送信されるメタデータを活用することができる。求める関連情報はキーワードによって検出可能であるほか、関心事項として事前に特定したメタデータ・ソースを検出し、追跡することもできる。関心事項には、例えば違法薬物の積替え、人身売買データ、武器取引とその動向、多種多様な海賊の活動などが含まれる。ロボット工学を利用した光速でのキーワード・トラフィック解析により、ファイブ・アイズの情報要員はリアルタイムあるいはそれに近い状態で活動を開始することができる。電子メールが送信されると、その内容は世界中のサーバーやルーターを通過するか、あるいは特定国のそれらを通過するため、傍受される可能性がある。ファイブ・アイズ機関が活用する情報源としては、通常の通話やウェブページへのアクセス、ビデオ・トラフィック、携帯電話の通話、インターネット・プロトコル（IP）プロセスがある。後者は、グローバル・インターネットの仕組みそのものを浮き彫りにするもので、広大なネットワーク境界を越えて、膨大なデジタル・データ・パケットを中継することができる。グローバルな電気通信プロセスに関するこれ以外の専門用語――伝送制御プロトコル、ある種のコンピューター・ネットワーク、インターネット・サービス・プロバイダー（ISP）、ルーター、イーサネット、ローカル・エリア・ネットワーク（LAN）、ボイス・オーバーIP、ドメイン・ネーム・システム、ハイパーテキスト・トランスファー・プロトコル、ダイナミック・ホスト・コンフィギュレーション、ユーザー・データグラム・プロトコル、仮想プライベート・ネットワーク（VPN）、ネットワーク・パケットなど——は、通信インフラの能力と術語のほんの一部にすぎず、最終的にファイブ・アイズの能力に帰結するものである。ファイブ・アイズはこのインフラの全てに侵入し、極めて健全かつ倫理的な国家安全保障上の理由から、それを利用する必要がある。いずれにせよ、ここで述べておくべきは、最も洗練されたセキュリティー・プロトコルをもってしても、このグローバルな遠隔通信コンフィギュレーションには、複数のポイント・トゥ・ポイント通信の性質そのものに脆弱性があるということである。ウェブなど、外部電子情報源にシステムが絶対に接続されることがない場合でも、「内部関係者の脅威」のような別の種類の脆弱性が存在する。

前述との関連で容易に理解できるのは、諸政府、特に米政府が取り組もうとしている膨大な量のデータからして、この問題が人員の大量雇用によって部分的に対処されていることである。この論理は完璧に思える。しかし、これまでの経験や歴史が示すところによれば、雇用人数が大きな情報機関が、必ずしも正解ではないということである。要するに、結局は質対量の問題になる。定型的な任務を遂行するには多数の職員が必要になるというのであれば、職員数が大きくなることは間違いなく理にかなっている。だが、歴史が示すように、比較的少数の非常に優れた人材が大きな違いを生み出すこともあるし、それどころか、ある意味で「邪魔な」過剰人員は、優れた情報活動を阻害したり遅らせたりする場合もある。

第二次世界大戦中のブレッチリー・パークやONI、冷戦の最盛期において比較的少人数の集団だった英情報機関は、少数精鋭が優れた情報活動を遂行する場合があることの例証である。このことは、例えばカウンターインテリジェンス監視活動には当てはまらないだろう。熟練の要員を多数必要とするこの活動においては、二四時間体制で古典的スパイによる脅威の所在を突き止め、追跡するのであり、現在の環境では、より可能性の高い対象として挙げられるのが、航空機の設計や兵器の詳細、核技術といった重要な知的財産（IP）を不正な手段で窃取しようとする人物である。今日において、機械は人間では不可能な方法でデータを提供することができる。そして、聡明な人間であれば、そのようなデータと対話し、これを利用することができるだろう。

量と質という問題に加え、知識と経験の問題もある。例えば、九・一一以前の米情報機関には、中東に関する深い知識と経験を蓄積した歴史がなかった。米国には中東専門の優秀な外交官がいたが、その役割は非常に特異だった。九・一一以降になると、中東の知識が不可欠となった。アラビア語やペルシャ語、それに関連する方言を流暢に話せる者はほとんどおらず、例えばイラクへの侵攻が決定された当時、その国の政治的、社会的、神政的な構造について真に深い理解があったわけではなかった。それどころか、二〇〇一年当時の米大統領には、外遊の経験が非常に限られていた。これは大統領自身の責任ではなかったとはいえ、中東と南西アジアの行動様式に関する理解が体系的に欠落していることを反映したものだった。

米国主導の侵攻がイラクのスンニ派とシーア派の対立に与えた影響については、イラクにおける連合国暫定当局を二〇〇三年五月から二〇〇四年六月まで率いたポール・ブレマーなどには十分に理解されていなかったのであり、その重大な期間に失策が重なった。これが明示しているのは、たとえスタッフが切れ者で、教養があったとしても、真に深い知識と経験がなければ、いかに善意があっても惨めな失敗をしかねないということである。良質かつ健全な、責任あるインテリジェンスは、破滅的な政策決定を行うことを減じることができる。とはいえ、イラクの大量破壊兵器なるものに関してコリン・パウエル国務長官が国連で行ったプレゼンテーションで見たように、インテリジェンスの専門家にできることは限られている。優れたインテリジェンスは自らを証明するか、あるいは無視されるかのいずれかである。そしてそれが必然的に国家に影響を及ぼすのだ。

新デジタル時代とそれが二〇二〇年までの安全保障に及ぼす影響

あらゆる人や物のほぼ全てが、インターネットに接続されている。政府や企業、ファイブ・アイズは、われわれ全員の詳細なプロファイルを作成することができる。それらは年中無休で業者のマーケティング・データに利用されている。これは純粋無垢な商業活動であり、われわれは皆、インターネットでの交流の結果として、それに耐えたり、それから恩恵を受けたりしている。ファイブ・アイズには、重大な問題と格闘する必要がある——プライバシーの問題である。政府の情報機関は、あなたの個人データやインターネット取引をいつ探ることができ、いつ探るべきなのだろうか。九・一一当時、マーク・ザッカーバーグは一七歳であり、グーグルは二〇〇〇年にはまだ黎明期にあった。今日の英国と欧州連合（EU）は、国民の個人的な電話やインターネット・データに対する国家のアクセスを、世界で最も徹底して管理する法律をすでに可決している。英国の二〇一六年「調査権限法」（IPA）は、二〇一八年五月二五日に施行された欧州連合の一般データ保護規則（GDPR）に先行するものである。同規則は、あらゆる形態のサイバー攻撃から全EU国民を包括的に保護する主要な法律の一部であり、そのような攻撃を犯罪とした。ファイブ・アイズの観点からは——この場合、関与するのは英国のみ、しかもブレグジットが発生するまでの間のみだが——これは新たな時代の幕開けとなった。ファイブ・アイズ国民は、自国の情報機関に保護を要求する一方で、プライバシーの問題に直面し、国民のメタデータを大量に検索することを一応は法的に禁止することになった。

二〇一〇年代は、世界的な電気通信・情報技術の大革命の幕開けとなり、そのレベルは当初のARPANET〔高等研究計画局ネットワーク〕やウェブをはるかに超えていた。二〇〇一年当時、インターネットの目的はまだ限られていた。全てを変えたのは、二〇一〇年代のモバイル・タブレットとアイパッドの革命だった。ファイブ・アイズは、光ファイバー・ケーブルその他の電気通信メディアにおけるこれらの新通信機器のデータを、国内電気通信源の間のみならず、世界規模で傍受することができた。例えば、英国にいるユーザーは、どう考えても英国内で通信しているつもりでも、あるいは国際的に通信しているつもりでも、実際には米国のインターネット・プラットフォームやプロバイダーを経由している可能性がある。これは、グローバルな通信の相互接続性を示しており、それがために前述のプライバシー法が複雑になっているのである。NSAやGCHQその他のファイブ・アイズ機関は、こうした海外由来の情報を合法的に利用することができる。

英国では、GCHQが一九八四年の「電気通信法」を利用して通信会社から大量の情報を入手していたほか、ファイブ・アイズはこうした商業的な関係を一般的に利用しながら、その役割を果たすべく傍受を行ってきた。このような状況は現在の英国では法的に変更され、司法委員がインターネット捜査令状の発布の可否を決定している。これは大きな変化であり、予期しない結果をもたらした。現在、ファイブ・アイズの主要メンバーが英国内のインターネット検索を行うには、そうした令状の発布を可能にする何らかの形の事前情報が必要となる。かつては、インターネットが主要な情報源であったかもしれない。このジレンマは、ファイブ・アイズにとって法的に自明である。法的・倫理的に回避する方法は、グローバルな電気通信、特にインターネット接続の性質からもたらされる。例えば英国の場合、米国を拠点とするサーバーや英国以外のファイブ・アイズ・システムを通過するデータは、合法的に傍受される可能性がある。ここで重要になるのがメタデータ分析技術である。単純な事実として、ファイブ・アイズ機関には、一秒あたり何兆ビットも含まれるデータの監視に着手する時間も、リソースもない。メタデータ分析によって可能になるのは、国家安全保障上の懸念につながるおそれのある極めて重要なデータ・ポイントのみに分野を絞り込むことである。これを実現するには、ファイブ・アイズのハイテク通信大手と主要ハードウェア製造会社が、情報機関と協力する必要がある。われわれは皆、ボーダーレスなデジタル世界に生きているのであり、情報収集目的に利用可能な通信ノードは世界中に複数配置されている。そうしたデータは、古典的情報収集目的と呼ばれるものに利用可能なだけでなく、未成年者を餌食にするインターネット性犯罪者の逮捕など、重要な法執行活動にも活用することができる。

同じことがサイバー犯罪にも当てはまる。これは、ファイブ・アイズは、各国の法執行機関と連携してサイバー犯罪者を探知、逮捕するのに有利な立場にある。ファイブ・アイズの同盟国を支援することにも当てはまる。ドイツ政府は二〇一七年、同国の法執行機関に苦情が寄せられてから二四時間以内に違法なインターネット素材を削除しなかった企業や組織に対し、五〇〇〇万ユーロという巨額な罰金を科す執行法を可決した。これは古典的な情報活動とはいささか異なる問題だが、情報機関と法執行機関の互恵関係が、サイバー犯罪とそれ以外のインターネット不正利用の両方を共同で阻止するのに、どの程度まで機能しうるかを示すものである。

「クラウド」——活用かプライバシー保護か

新たな戦略パラダイムが出現した。それは、電気通信の辞書にある非常に古い言葉、「クラウド」の新バージョンに関連するものである。クラウドが飛躍的拡大を続けるには、安全でなければならない。クラウドはサイバー攻撃を受けやすい。NSAとGCHQ、ファイブ・アイズにとってのジレンマは、相反する役割と使命に関する典型的なものである。ファイブ・アイズ国民の通信とデータを守ることは、活用するよりも重要なのだろうか。英国の国家サイバー・セキュリティー・センター（NCSC）はGCHQの一部であり、英国をサイバー攻撃から守ることを任務としている。同様に、欧州連合のGDPR（一般データ保護規則）はサイバー犯罪と産業スパイの防止を目的としている。このことは、ファイブ・アイズの主たる役割について根本的な疑問を投げ掛けた。ファイブ・アイズにとって、サイバー防衛を通じて自国民を守ることの方が重要なのか、それとも、脅威を与える者の攻撃と活用にリソースを集中させるべきなのか、あるいはその両方を組み合わせるべきなのか。

読者の多くは、投資を勧誘する架空Eメールを不審な発信者から受け取ったことがあるだろう。盗難に遭って身ぐるみはがれたので至急送金してほしいという、どこか遠い国に住む親友からの架空メールとともに、これらは過去のものとなった。この種のインターネット詐欺は、現在の精巧なサイバー攻撃に比べれば完全に時代遅れだが、あなたや他人の電子メールアドレスが盗まれたことに端を発していることに留意すべきである。エクイファックス信用情報会社への攻撃は、サイバー犯罪者によって実行された大規模なものであり、ランサムウェアのハッカーは、ファイルのロックを解除するための金銭を要求した。これは、二〇一七年当時で二〇億ドルと推定された。ビジネスメールの危殆化による詐欺の被害額は、二〇一七年に約九〇億ドルに上った。悪名高い NotPetya や Bad Rabbit といったウイルスは、それを読み込んだほとんどのコンピューターに感染した。

今日においては、攻撃は国家が支援する代理人《サロゲート》（外国政府の職員としてではなく、秘密裏にその政府のために行動する者のことを指し、ほとんどの場合、当該国家とは無関係の場所から行動する）、犯罪ハッカー組織、あるいは悪意ある個人ハッカーによって行われ、その多くは深刻な害意を持っている。これら全てがわれわれに影響を及ぼすのだろうか。答えは間違いなく「イエス」である。われわれのほとんどは、個人として、家族として、そして職場において、携帯電話やパソコン、あるいは職場のより複雑なコンピューター・ネットワークなどのインターネット接続によって、日々の生活を送っている。インターネット通信が安全かつ自由に使えなければ、現代生活の本質が問われることになる。われわれのほとんどの行動は、インターネット接続と関係がある。サイバー攻撃における重要な問題は、例外なく「事後に」発見されることであり、パスワード保護、暗号化その他の電子認証手段があるにもかかわらず、攻撃を受けるということである。個人情報であれ知的財産であれ、情報の損失という混乱によって生じるコストや、損害の修復にかかる時間とコストは膨大である。国家が支援するサイバー攻撃が依拠するのは、高度な訓練を受けたサイバー攻撃者の大軍だけでなく、機械的な速度で動作するロボット工学でもあり、これは五年弱前には考えられなかったものである。

われわれは皆、グローバル・ネットワークの中で生活しているが、それが依存するサービス・プロバイダーは脆弱である。例えば、ローカル・エリア・ネットワーク(LAN)や、いわゆる高度にセキュアなポイント・トゥ・ポイントのデータ通信システムであっても、一カ所の弱点が悪用につながる。個人情報や技術的な知的財産の窃取は、これまで定義されてきた脅威よりもはるかに広い意味において、ファイブ・アイズの経済や国家安全保障に莫大な損失をもたらす。世界のデータ通信の大部分は、海底ファイバー・ケーブルを介して光速度とデータ・レートで行われており、一〇年前には想像もできなかったものである。海底ケーブル分野を独占しているのはもはや米英ではない。中国が密かに進出してきており、世界のデータ需要が飛躍的に増大するにつれ、データ通信と市場支配に対する中国の投資も拡大している。米国防総省(DOD)だけでも、約五〇万台のルーターがある。DODのグローバル・ネットワーク全体は、ウェブよりも大きい。ソフトウェアの不具合や脆弱性、チップの誤動作、設計上の欠陥、インプラントにより、大規模な混乱が生じるおそれがある。個人レベルでは、医療や金融のデータが悪用可能である。地域レベルでは、重要なインフラが脆弱であり、国家レベルでは、最近の事件が示すとおり、選挙が悪意あるさまざまな手段で悪用されかねない。本書を読んでいる間にも、ロボットによる数百万もの攻撃が絶えず発生し、脆弱なシステムを、機械の速度をもって攻撃している。この技術的な複雑さに加わるのが「内部関係者の脅威」である。これは、システムにアクセスできる従業員が金銭的利益を得ようと、脆弱性を悪用したり、ファイブ・アイズの秘密や情報活動を暴露したりするものである。

専門家によれば、保護に失敗したソフトウェアや、攻撃後のフォレンジックやパッチに依存するソフトウェアに高い金を払うのは無意味だという。また、旧式のウィンドウズのようなレガシー・システムの多くは、リアルタイム診断を行う機能が内蔵されていないため、ハッカーに悪用されるバックドア・トラップに対して極めて脆弱であるとのアドバイスもある。戦略レベルでは、政府省庁が採用してきた「要塞モデル」が失敗したことを、米国は受け入れなければならない。これは、パスワード保護その他の認証手段や暗号化に依存するもので、グローバル・レベルでのシステム全体の脆弱性を無視するものである。私見では、必要とされるのは新世代のアラン・チューリング（第二次世界大戦時にブレッチリー・パークで働いていたコンピューターと暗号解読の天才）であり、一〇〇パーセントの安全性をもってシステムを運用できるようにすると同時に、脱構築や通常の技術によるミラー・イメージングでは悪用できない製品を、米国のメーカーがグローバルに販売できるようにする機能を生み出すことである。

これは全て可能である。ファイブ・アイズ内にはその知力がある。大勢のコンピューター科学者は必要ないが、数学者とコンピューター科学者からなる少数精鋭の基幹要員は必要だ。世間にはそうした人材が必ずいる。ファイブ・アイズの政治指導者や代表者に圧力をかけ、技術革新に投資させなければ、現状のままだろう。そして、われわれの国々は、経験したことのないような新たな脅威の人質になってしまうのである。これは脅しではない。強盗がわが家のドアをノックして、中に誰かいないかを確認しているのであれば、家を守るあらゆる予防措置はすでに講じてあると思いたくなるものだ。電子機器も同様に考えるべきだろう。ただし、強盗はアクセスするために複数の手段を使うだけでなく、すでに入り込んでデータを盗んでいるかもしれない。ファイブ・アイズ・コミュニティーには、サイバー攻撃を無効にする頭脳が軒並みに存在する。

前記を達成するには、NSA、GCHQ及びファイブ・アイズ主要三カ国がさらに結束を固める必要があり、安全かつ質の高いサイバー防衛を確実にすると同時に、情報収集目的のための活用を行うことが必要である。ものをいうのは科学と技術であり、ファイブ・アイズ政府が技術的変化に後れを取らないようにすることが未来への鍵となる。ファイブ・アイズ機関は、かつては通信の活用で優位に立っていたが、一段と後塵を拝するようになっているとの指摘がある。これはおそらく正しいだろう。原因の一端は、政府のプロセスの性質そのものにあり、特に契約におけるのと、歴史的に移り変わりの激しい機密特別アクセス・プログラムにおけるものである。その理由は二〇一五年頃から極めて明確になっている。ファイブ・アイズの政府指導者や要員は、思考と能力の両面で自らの産業基盤に後れを取っているのである。米国のDARPAのような解決策は、技術革新のスピードが非常に速いため、うまくいきそうにない。米国防総省は二〇一五年、カリフォルニア州に国防イノベーション実験ユニット(DIUX)を創設した。二〇一六年五月には、当時のアッシュ・カーター米国防長官がDIUXを同長官室の直属とした。DIUXは、多くの輝かしい企業の支援を受けてきたが、それが成功したかどうかは依然として疑わしい。これを批評する者の中には、アメリカの大企業はDIUXの競合的性格が米国防総省との「通常のビジネス」上のアプローチを阻害していると見ている者もいれば、DIUXが単に職務を果たしていないだけだと訴える者もいる。この冒険的かつ革新的なアプローチが今後も政治的な支持と資金を集めるかどうかは、時が経てば分かるだろう。反省点は、技術革新は移り変わりが激しく、数年に及ぶ既存のプログラムでは財政的に厳しすぎると考える商業上の利害関係者が実際に存在し、議会からの強力な支援も、技術革新が勝利を収めれば不安定になりかねないことである。

国家安全保障局(NSA)のようなファイブ・アイズ機関のスタッフは、元NSA長官のマイク・ロジャーズ米海軍大将などの優れた指導者から、技術革新への挑戦を受けている。彼は、新たな世界秩序の中でNSAが優位に立つには、脅威に先んじる技術革新を行い、脅威がやってくることを察知し、単に脅威に挑戦するだけでなく、それを利用し、必要とあらばそれを打破する準備をしなければならないと認識してきた。

二〇二〇年までは、先進的な技術革新という点で、ファイブ・アイズの軍における指揮・統制・通信・監視・偵察領域で望ましい進展が多くあった。偵察領域での進展とは、ファイブ・アイズの正規軍と特殊部隊の指揮官、さらには隠密支援部隊に全体的な状況認識を提供するものである。隠密支援部隊とは、米国であれば、「合衆国法典第一〇編」(米軍の役割と任務、組織を定義、管理する米国の法典)のもとで活動しているわけではないものの、正規軍として技術的に便益を受けている部隊である。プレデターやグローバル・ホークといった初期の無人航空機(UAV)は、敢えていうまでもなく二〇二〇年にはさまざまなドローンへと発展しているほか、ペイロードやステルス性、航続距離、航続時間の点でさらに進化したUAVもある。

軽量の携帯式ドローンは、ファイブ・アイズがアクセスできるNROの先進的な衛星を今や補完するものとなっている。これらの技術は、ほかのマルチ・インテリジェンス情報収集システムやセンサーによって補完されており、それらが搭載されるのは米国の衛星を始め、有人航空機、水上艦艇、潜水艦である。米海軍の旧式P3オライオンの後継機であるP8ポセイドンは、能力を全面的に改修したものである。最先端技術と改善された状況認識計画があったおかげで、米特殊部隊にとって最悪の事態のいくつかは未然に防止された。彼らは、状況認識の誤りやコミュニケーション不足が原因となって待ち伏せ攻撃されたが、それを克服することもあった。これに関する悲劇的な例が、二〇〇五年六月から七月にかけてアフガニスタンのクナール州ペチ地区で行われた「レッド・ウィングス」作戦である。二〇一七年一〇月四日にニジェールのトンゴ・トンゴで発生した、「イスラム国」民兵による米軍への待ち伏せ攻撃では、勇敢なアメリカ兵四人が死亡した。これらや同類の作戦で必要とされるのは、より大量の状況認識データであり、しかもそれはリアルタイムでもたらされるだけでなく、脅威に先んじるものでなければならない。それによってファイブ・アイズの特殊部隊や隠密部隊は、待ち伏せ攻撃を回避できるのみならず、情報を最大限に活用できるようになるのである。従来以上に狡猾な非対称の脅威に対し、ファイブ・アイズ・コミュニティーが強みと回復力を増していくことは間違いないだろう。ファイブ・アイズの技術・産業基盤は桁外れに大きい。脅威が従来の戦場からサイバースペースや非対称攻撃へといっそう移行する中、技術を秘密情報収集の世界に移転することが必要不可欠である。イランは二〇一九年七月、ホルムズ海峡で英国タンカー『ステナ・インペロ』を拿捕したが、この事件は、悪意ある敵対者がデータ――この場合はＡＩＳ〈船舶自動識別装置〉データ――を使って、国際水域で無害通航権を行使している石油タンカーの位置をいかに簡単に特定、追跡し、妨害することができるかを示すものである。デジタル機器に「マリン・トラフィック」のようなアプリが入っていれば、一般市民でもまったく同じデータが利用できる。

二〇一九年七月二〇日は米国の月面着陸五〇周年に当たったが、チャールズ・フィッシュマンの著書 *One Giant Leap*〔未邦訳『大きな飛躍』〕（サイモン＆シュスター、二〇一九年）が詳しく披露しているように、この日はデジタル革命における米国の優位が始まった日でもあった。デジタル革命は、ケネディ大統領とジョンソン大統領が開始した一九六〇年代の宇宙プログラムが直接のきっかけとなった。このプログラムは、コンピューターその他の科学技術革新のまったく新たな世代を大々的に立ち上げるものとなった。二〇二〇年代には、新たな技術革命があるかもしれない。それは、「緑の革命」なるものと、斬新な科学的・工学的発見から生み出されるもので、後者は化石燃料に代わるエネルギーと、それを手頃な価格で流通させるためのものである。

二〇二〇年以降のかつてない規模のデジタル革新

変化はすでに始まっている。二〇一九年には、米エネルギー省がアルゴンヌ国立研究所とインテル社を選抜し、クレイ・コンピューティング社を下請けとして、米国初のエクサスケール・スーパーコンピューターを構築する。これによって毎秒一〇〇〇京の計算が実行できるため、想像を絶する量のデータをリアルタイムで処理できるようになる。特に人工知能の進歩と組み合わせれば、情報コミュニティーへの応用法には事欠かない。同様に、暗号化技術でもすでに競争が始まっている。従来のコンピューティング技術による一と〇《ゼロ》の計算は、大容量の量子コンピューティングに脅かされており、現行システムがリアルタイムで解読されるおそれがある。この技術は、現在のデジタル技術に対して、光子と陽子、電子に依存して計算される「量子ビット」に基づくものである。現在の暗号化技術におけるいわゆる乱数生成器は、人間が作成したコンピューター・アルゴリズムによって生成されているため、実際にはランダムではなく、量子コンピューティング技術に脅かされることになるだろう。現在の、いわゆる安全な暗号化に対する影響は極めて甚大である。米国に加えて中国も量子科学に大いに投資している。暗号化は数十年にわたってセキュリティーの大黒柱だった。それが一変する可能性がある。問題は、耐量子アルゴリズムを作るポスト量子暗号を作ることだろう。英米の情報コミュニティーとファイブ・アイズ三カ国は、中国の「量子奇襲」に直面するわけにはいかないのである。

私は、九・一一から二〇一八年にかけて、主要三分野と三機関に関わった――中央情報局、国家偵察局、海軍省、特に対テロ活動における海軍の役割である。最後に挙げた分野は、特に潜水艦作戦と米特殊部隊の作戦、そして秘密工作員に関連するものだった。その主たる任務は、テロリストの所在を突き止め、追跡し、標的にすることだった。前述の、一九九〇年代半ばから後半にかけて得られた技術やシステム、作戦上の知見の多くは、テロリストの集団や個人を倒すために活用された。詳細は依然として極秘となっている。いうまでもなく、そうしたシステムや作戦の根底には、全て重要な政治的目的がなければならない。私は、米国とその同盟国に対する脅威の除去に立ち会ったばかりか、それに関与できたことを誇りに思ったものだが、包括的な政治戦略がなければ結局は危機に陥るのが常だと認識していた。このことは二〇二〇年の今日でも当てはまる。明確かつ正確な戦略目標の表明がなければ、潜在的に際限のないテロリズムが忍び寄ってくるおそれが大いにある。そうさせないためには、テロの根本原因と影響を認識、分析し、政策決定のための大局観に反映させなければならない。例えば中東の不和は、もとはといえば、パレスチナとイスラエルが領土とその支配権をめぐって争っていることから生じているのであり、この点は政治的に無視できないし、パレスチナの独立を支持するという名目で行われるテロ行為の多くは、それに関係しているはずである。北アイルランドでは数十年にわたって衝突が続いたが、多くの命を奪った宗派間の虐殺を解決することができたのは、結局は政治的解決でしかなかった。この例は、イスラエルとパレスチナの複雑なジレンマや、イラク、アフガニスタン、イラン、イエメンとも大いに関連している。イスラエルーパレスチナ関係は、周知のごとく中東における対立と問題に絶えず火を付けている。インテリジェンスができることは限られている。それが、私が経験から得た結論だ。結局は政治的な解決策を見いださなければならないのであり、公平かつ非政治的で信頼性の高いデータと評価を提供することこそがインテリジェンスの役割である。

私はこの任務と並行して、光栄にも米潜水艦コミュニティーに仕え、『ヴァージニア』級攻撃型原子力潜水艦の建造率を向上させることができた。その際は、米英の攻撃型原子力潜水艦が汎用性と費用対効果の極めて高いプラットフォームを自国に提供できる理由を、「武器・目標中心主義」の観点から詳細に示した。とはいえ、東アジアにおける中国潜水艦の潜在的脅威の高まりや、ロシアの潜水艦プログラムの復活に鑑みると、われわれが提唱して達成した年間二隻の建造率から、少なくとも年間三隻の建造率に引き上げることが急務である。数が重要なのだ。米国の『ヴァージニア』級や英国の『アストゥート』級は、高性能の潜水艦であるとはいえ、神出鬼没というわけではない。それらは同時にあらゆる場所にいることはできないため、建造率を拡大する必要がある上、無人潜水艇やネットワーク化センサー、協調的リアルタイム・インテリジェンス、さらには攻守両面のサイバー活動にも重点を置かなければならない。私は、一九八〇年代にDARPAで主導した仕事[3]から知識と経験を得たが、とりわけ重要だったのが、台頭しつつある中国の潜水艦の脅威とロシアの復活に対処するための分析体制だった。私はこのスキル・セットをわがチームに伝授し、敵に先んじる方法を議会に説得する際に米海軍の手助けをした。鮮明に覚えているのは、上院軍事委員会委員長にして元海軍長官のジョン・ワーナー上院議員と、敬愛すべき元米潜水艦乗りのJ・ガイ・レイノルズ海軍中将とで、建造率の向上について知恵を絞り合った会見のことだ。後者は協力的だった。私はまた、海軍と議会が二〇二〇年代以降に重要なプログラムを同時に実行できるよう、重要な産業基盤モデルの構築も監督した――『ヴァージニア』級の拡大、『オハイオ』級SSBNの『コロンビア』級への更新、そして米国と並行して『ヴァンガード』級SSBNの後継艦を建造する英国への重要な支援などである。成功の鍵は英米の産業基盤であり、請負業者の多様な基盤を費用対効果の高い方法で調整することで、これら全てのプログラムが達成可能になるだけでなく、安価にもなるのである。

複数の領域にわたるサイバー脅威の重大性

私が英米の主な同僚と意見を同じくするのは、特にサイバー手段による産業知的財産の窃取の脅威こそが、われわれの技術的優位性に対する最も深刻な脅威であるという点である。私は上級アドバイザーとして、イングランドのチェルトナムと米国メリーランドを拠点とする英米合同チームの一員となった。これは並外れた技術者からなる非凡で特異なチームであり、その中の一人は私が二〇一〇年代の「アラン・

チューリング」と形容するような人物だった。成功の鍵となったのは単純な事実だった。すなわち、メンバーの数人は、NSAに入局する前にマイクロソフトやグーグルなどで重要な商業・産業経験を積んでいたのである。英国で彼らに対応したのがGCHQの逸材たちだった。チームは完璧な協調体制にあった。英国チームの一人は、二〇一二年七月二七日から八月一二日にかけて開催されたロンドン・オリンピックのサイバー・電子セキュリティーの技術面を担った。その目的は、世界の技術基盤や主たる脅威に先行するシステムを開発することだった。

私はチームの上級メンバーとともに、当時の駐米英国大使だったサー・キム・ダロク（現ダロク卿）との記念すべき会合において、脅威に関する懸念と技術的な解答を示した。私は、米政府のサイバー防衛とサイバー攻撃に対するアプローチに対し、今でもかなりの懸念を抱いている。問題の多くは、二つの問題が重なっていることに由来する。一つは、真に有能な政府高官が政策を継続的に率いることができるかというリーダーシップの構造的問題であり、もう一つは、チャーチルが第二次世界大戦時に講じたようなアプローチがないことである。つまり「今すぐ動け」ということだ。換言すれば、問題が悪化するのを待つのではなく、最優秀の人員だけで直ちに行動を起こすと同時に、革新と進歩を阻害している枯れ木のような人員を放っておくことである。また、競争契約の関連法や、多岐に及ぶ請負業者に資金を分配させる必要性により、一流企業や超人的才能を持つ社員が先陣を切れないことも判明した。包括的なアプローチでは月並みな結果しか得られず、貴重なリソースの浪費となるだけでなく、時間の無駄にもなるように思われた。われわれが絶えず強調したのは、脅威より何歩も先んじ、次の動きを見越しておく必要性だった。私は、米国が依然として正しいパラダイムを見つけられていないことを、同僚ともども深く懸念している。

この間、私が公私両面で最も満足のいく時間を過ごせたのは、米海軍対テロセンター所長のマーク・ケニー少将と、その重要な技術顧問だったトム・ナッター氏との共同作業だった。後者は、極めて機密性の高い「スペシャル・フィット」を米攻撃型原子力潜水艦に搭載する工程を長年にわたって管理してきた伝説的人物だった。われわれ三人は、ケニー提督の主たる幕僚とともに、さまざまな重要作戦が成功するよう、多大な時間を費やした。われわれは主に東海岸を拠点として活動し、バハマのアンドロス島にある米海軍の大西洋海中試験評価センター（AUTEC）にも何度か赴いた。

数回にわたる海上配置の中で最も記憶に残っているのは、USS『フロリダ』SSGN728での任務だった。本艦は『オハイオ』級を改造したSSBNで、BGM-109トマホーク巡航ミサイルを一五四発搭載できるという驚異的な能力を有する。ジョージア州キングズベイからわれわれに同行したのは、米情報コミュニティーの高官たちとポール・ランバート英海軍少将だった。同少将は、私がダートマス練習艦の少尉候補生として訓練を手伝った当時、作戦司令官兼潜水艦隊少将だった。ポールはその後の二〇〇九年、英海軍での最終職位として国防参謀次長（装備能力担当）に任命され、サー・ポール・ランバート海軍中将となった。英米のグループは、われわれが披露した特殊能力に対し、ただただ畏敬の念に打たれていた。とりわけ、米東海岸沖の水中で、米英の重要国益を守るために最新の秘密を共有し、協同作戦を実施したことは、英米の特別な関係を大いに象徴するものだった。

第6章 インテリジェンスの役割、使命、活動——一九九〇〜二〇一八年

一九九〇年から二〇二〇年までは新たな紛争の時代であり、その期間における米英およびファイブ・アイズ三カ国の情報機関も、性質や活動場所、役割が劇的に多様化した。これは、紛争とその解決法が本質的に変化したことの証である。これら紛争の多くが示すのは、武器技術だけでは不十分である場合が往々にしてあるということだ——軍事力と武力行使《キネティック・フォース》が一要素にしかなりえない複雑な政治的・軍事的・イスラム神政的・経済的状況に対しては、圧倒的な物理的破壊力だけでは解決にならない場合がある。二〇一九年七月にホルムズ海峡で起きたイランの石油タンカー拿捕事件のように、状況によっては武力行使の威嚇そのものが事態を悪化させることもある。

英米とファイブ・アイズの能力は次世代に向けていかにあるべきか。また、国際秩序と各国の重要国益を守るために、この五大国はどのように協力すべきだろうか。

ポスト・ソ連時代におけるインテリジェンスへの投資

ファイブ・アイズ・インテリジェンス内の各部の総和は、個々の構成部分そのものよりもはるかに大き

い。例えば、ボスニアやコソボ、シエラレオネ、リビア、「アラブの春」、イラクとアフガニスタンにおける主な紛争、さらにはシリアやＩＳＩＳ関連のあらゆる現象を客観的に見れば、能力を集約することがいかに利点をもたらすかが分かる。これらの出来事が物語るのは、ファイブ・アイズがいかにインテリジェンスに投資し、いかに投資に対する見返りを見ているかである。

南東ヨーロッパのボスニアで一九九二年から一九九五年にかけて生じた危機では、人道的悲劇に大々的に見舞われた。問題となったのは、一九九一年のユーゴスラヴィア崩壊と分離独立に続いて成立したボスニア・ヘルツェゴビナ共和国と、同共和国内のセルビア人とクロアチア人の諸勢力だった。この紛争は、民族・宗教間の衝突であり、それに輪をかけたのが個々の指導者、特にセルビアの指導者スロボダン・ミロシェビッチの野望だった。最悪の事態と残虐行為は、ボスニアのイスラム教徒とクロアチア人の虐殺（すなわち民族浄化）を伴った。ファイブ・アイズの情報報告は詳細で正確だった。ところが、ヨーロッパ本土に極めて近い当該危機の実情が次第に明らかとなり、それを知らせる情報評価の量が増大していたにもかかわらず、米国が動かなかったため、政治的にはかなりの悪影響があった。

ヨーロッパでは、中世初期から数えきれないほどの殺戮が行われてきており、欧州連合はヨーロッパの不協和音や流血の原因そのものに立ち返ることを政治的に阻止しようとしていた。提供された情報により、米国とヨーロッパの同盟国は介入に同意した。英政府は関与の象徴として英海軍を選び、ＨＭＳ『インヴィンシブル』、『イラストリアス』及び『アーク・ロイヤル』（この三隻はシー・ハリアーを搭載する全通甲板軽巡洋艦〈要するに軽空母〉）をアドリア海に派遣し、制裁を執行した。作戦の初期に当たる一九九四年四月一六日、英海軍のＦＡ２シー・ハリアーの一機がセルビアの地対空ミサイルによって撃墜されたが、幸いにもパイロットは脱出して無傷だった。

英海軍のシー・ハリアーに加えて、英空軍もＧＲ７一二機を提供した。これは、米国が直接関与の手はずを整える少し前のことだったが、一九九九年三月二四日になると、コソボにおいて「アライド・フォース」作戦が開始された。これはNATOによる空爆作戦で、内紛と民族大虐殺を阻止するためのものだった。これ自体、NATOが初めて戦争に踏み切ったという意味において画期的な出来事だった。米英海軍の攻撃目標は、スロボダン・ミロシェビッチの軍部隊だった。英海軍のHMS『スプレンディッド』SSNが初めてトマホーク・ミサイルを発射したのも、この紛争が初めてだった。シー・ハリアーFA2七機も航空攻撃を行ったが、米海軍がハイレベルの航空攻撃を実施したのとは、かなり対照的だった。英米の情報機関が優れた情報を提供したことで、これらの攻撃が効果的になった。投入された情報源と収集手段は、最先端の収集と分析の全範囲に及ぶものだった。

英国は一九九九年、オーストラリア主導の東ティモール情勢安定化作戦を支援し、駆逐艦HMS『グラスゴー』のほか、英海兵隊特殊舟艇部隊および三〇〇人規模のグルカ部隊を派遣した。情報支援は英豪間のみならず、ファイブ・アイズ・コミュニティー全体にわたって行われた。同様に、二〇〇〇年に英国がシエラレオネの内戦に介入した際も、HMS『アーガイル』とHMS『チャタム』、強襲揚陸艦HMS『オーシャン』に加え、シー・ハリアー一三機を搭載した軽空母HMS『イラストリアス』を展開させたほか、ファイブ・アイズの情報網も活動を本格化させた。英国はファイブ・アイズの情報源と収集手段の全面的な支援を受けた。一段と重要になったのは、海上遠征作戦を支援するファイブ・アイズ情報機関の敏捷性と柔軟性だった。五カ国が遠征戦力を集結したことには説得力があり、九・一一テロ事件後に採択された国連安全保障理事会決議一三六八のような法的な国際委任が与えられれば、こうした作戦を支援するファイブ・アイズ情報機関の役割は明白になる。この能力は、NATO憲章第四条（原文ママ。正しくは第五条）に付加されるものである——同条は、加盟国が集団的自衛権のもとに相互扶助し、一国に対する攻撃を全体に対する攻撃と見なすというものである。この関連において、ファイブ・アイズ情報機関はこれまでどおり協力し合うとともに、NATOの枠を越えても協力し、非ファイブ・アイズ諸国への情報供与に当たっては、事態の緊急性に基づき、合意された情報のみを提供する

ファイブ・アイズの情報は、英米が二〇〇一年一〇月七日にタリバンとアルカイダの訓練キャンプとその通信施設に対し、海軍機と巡航ミサイルをもって主攻撃を開始した時点から極めて重要だったほか、ファイブ・アイズの特殊部隊は、地上において重要な役割を果たした。二〇〇一年一一月一六日には、アルカイダの指導者モハメド・アテフが米軍の航空攻撃によって殺害されたが、この攻撃は優れた情報に基づくものだった。USS『セオドア・ローズヴェルト』(第1空母航空団CVW－1を搭載)は、二〇〇一年一〇月四日夜、アラビア海北部からアルカイダに対する初の攻撃を開始した。その後、陸上からの支援に頼ることなく、一五九日間連続で海上に留まり、第二次世界大戦以降の米海軍史上、最長の航行期間記録を更新した。これは途方もない偉業であり、何よりも海軍力の柔軟性と持続可能性を象徴するものだった。本艦の任務は、二四時間体制で流れ込むファイブ・アイズの優れた情報がなければ制約を受けていたことだろう。文明世界を揺るがした比較的小規模なイスラム原理主義者グループの実質的脅威を粉砕するという重要な時期に、粘り強く前方展開した部隊を支えたのは、二四時間体制でもたらされたファイブ・アイズの情報だった。英米が二〇〇三年に決定したイラク侵攻については詳述しないことにしよう。米国の上下両院は侵攻を承認し(イラクに対して合衆国軍の使用を承認する二〇〇二年一〇月二日の共同決議、二〇〇二年一〇月一六日施行)、英国の下院は二〇〇三年三月一八日、賛成四一二票、反対一四九票を投じた。したがって、結果論とはいえ、大勢が戦略的大失敗と見なしているものに関して本当に非がない者は、少数を除いて実質的に一人もいない。ここで重要なのは、ファイブ・アイズ情報機関が事後、これらの過失を即座に修正したことである。インテリジェンスは政策を決定したり、大戦略を決定したりはしない。例えば、「政権交代」の是非を裁定することもない。インテリジェンスはサポート役にすぎない。とはいえ、ファア

イブ・アイズのインテリジェンス領域においては、最高の実用的情報を提供すること以外にも、多くの原動力が働いている。

ファイブ・アイズ各国は、世界の要所に施設を保有している。例えば、インド洋にある英国のディエゴ・ガルシア島や、キプロスのアクロティリにある英国の主権基地は、軍事目的だけでなくインテリジェンス目的でも非常に貴重であることが裏付けられた。情報インフラと五カ国間の通信は最重要である。パイン・ギャップにあるオーストラリアの施設は、ヨークシャーのメンウィズ・ヒルなどにある英国内施設と併せて、極めて重要である。これらの施設がいかに優れていようとも、政治・軍事・インテリジェンスの複雑な相互作用によって、優れたインテリジェンスが提供する莫大な価値が損なわれてしまう場合も、往々にしてある。この点はイラク作戦の遂行中に明らかになったが、それ以外にも、宗派間の動乱や暴力を特徴とする、政治的に予期せざるまったく新たな問題が生じた。シナリオがもっと体系化されていれば、良い結果が見込める。例えば、アデン湾やソマリア沖での海賊対処活動に対するファイブ・アイズの支援は、定量的に測定することができる。海賊の襲撃は、二〇〇二年には一九七件あったが、二〇一三年にはわずか一三件だった。本書執筆時点では、問題は解消されていないにせよ、克服されつつある。ただし、海賊は特定地域には今後とも存在するだろうし、ほかの犯罪者と同様、不利な状況でも危険を冒そうと躍起になっている。

これによって、ファイブ・アイズによる情報支援の圧倒的有効性が改めて示された。二〇一九年が経過するにつれ、ペルシャ湾／アラビア海、ホルムズ海峡、そしてオマーン湾のホルムズ海峡近接海域において国際海洋法を維持するには、全面的な支援が必要であることが明らかになった。ジェレミー・ハント英外相は二〇一九年七月二二日、イランによる英タンカー『ステナ・インペロ』の拿捕は海賊行為だと下院で評した。護送するには信頼できるリアルタイム情報が必要とされ、外交工作の水面下で最新の情報が確

郵便はがき

料金受取人払郵便

麹町局承認

6918

差出有効期間
2026年10月
14日まで

切手を貼らずに
お出しください

1 0 2 - 8 7 9 0

1 0 2

［受取人］
東京都千代田区
飯田橋2－7－4

株式会社 作品社
営業部読者係　行

【書籍ご購入お申し込み欄】

お問い合わせ　作品社営業部
TEL 03(3262)9753／FAX 03(3262)9757

小社へ直接ご注文の場合は、このはがきでお申し込み下さい。宅急便でご自宅までお届けいたします。送料は冊数に関係なく500円（ただしご購入の金額が2500円以上の場合は無料）、手数料は一律300円です。お申し込みから一週間前後で宅配いたします。書籍代金（税込）、送料、手数料は、お届け時にお支払い下さい。

書名	定価　　円	冊
書名	定価　　円	冊
書名	定価　　円	冊
お名前	TEL　（　　）	
ご住所 〒		

お名前《フリガナ》

男・女　　　　歳

ご住所

〒

Eメール
アドレス

ご職業

ご購入図書名

●本書をお求めになった書店名

●ご購読の新聞・雑誌名

●本書を何でお知りになりましたか。

イ　店頭で

ロ　友人・知人の推薦

ハ　広告をみて（　　　　　　　）

ニ　書評・紹介記事をみて（　　　　　）

ホ　その他（　　　　　　　）

●本書についてのご感想をお聞かせください。

ご購入ありがとうございました。このカードによる皆様のご意見は、今後の出版の貴重な資料として生かしていきたいと存じます。また、ご記入いただいたご住所、Eメールアドレスに、小社の出版物のご案内をさしあげることがあります。上記以外の目的で、お客様の個人情報を使用することはありません。

実に提供された。

人道援助や、紛争地帯からの住民その他の避難は、従前から平時における米英の重要な任務である。例えば、二〇〇四年一二月に南アジアと東南アジアで発生した悲劇的な津波や、二〇〇六年七月にイスラエルとヒズボラの紛争中にレバノンから英海軍が退避した際には、情報支援が必要だった。二〇一〇年一月にはハイチで地震が発生したほか、二〇一三年一一月には、台風ハイエンがフィリピンで壊滅的な被害をもたらした。これらにおいても、おしなべて一定の情報支援が必要とされた。

自然災害が続発する中で到来したのが、「アラブの春」をもって始まった世界的な政治変動だった――二〇一一年初頭に中東全域に広がった一連の反政府デモと蜂起である。チュニジアを皮切りとして、エジプト、リビア、イエメン、シリア、バーレーン、クウェート、レバノン、オマーンなど中東全域に広がる中、モロッコとヨルダンの政府は、抗議がエスカレートしかねないと考え、さまざまな憲法改正によって反乱の先手を打った。サウジアラビアやスーダン、モーリタニアなどでも抗議運動が起きたが、変革の中心は二〇一〇年一二月一八日にチュニジアで始まったチュニジア革命だった。二〇一二年半ばには、「春」が衰えて「冬」となった。チュニジアやエジプト、リビア、イエメンでは、二〇一二年春までに支配者が追放された。バーレーンとシリアでは大規模な市民蜂起が生じた。英米のインテリジェンスの視点からすると、二〇一一年のリビア反乱には支援が必要だった。二〇一一年二月二六日、国連は武器禁輸措置の国連決議一九七〇をリビアに課し、飛行禁止区域を設ける国連決議一九七三も併せて発動した。英米の情報機関は、二〇一一年三月の「オデッセイ・ドーン」作戦において、HMS『トライアンフ』及びHMS『タービュレント』両SSNによる英海軍のトマホーク攻撃と、米海軍の水上艦艇による同様の攻撃を支援した。最初の攻撃において、一一二発以上のトマホーク巡航ミサイルが二〇以上の目標を攻撃した。それらは、主にトリポリやミスラタ、スルト周辺にあるリビアの防空ミサイル基地、早期警戒レーダー、主要通信施設などだった。

ファイブ・アイズは全体として、インテリジェンスの豊富な知見と経験をこれらの作戦にもたらした。それらは、冷戦の始まりから、例えば一九八二年と八三年のレバノンにおける米軍の作戦や、一九八三年のグレナダ、一九八九年のパナマにおける同軍の作戦に至るまで、かなりの期間にわたって培われたものだった。これらの作戦は、フォークランド諸島やシエラレオネ、東ティモールにおける作戦とも相まって、ファイブ・アイズの情報連携に柔軟性をもたらしている。これらの作戦で一貫して活用されたのが複数の情報源や収集手段であり、例えば「頭上」のイミントが、地上の特殊なシギント機能やヒューミントを補完したのだった。二〇二〇年までに、英米加豪ニュージーランドのインテリジェンス・チームが立ち向かわなかったことはほとんどない。一流のインテリジェンスがありながら、ファイブ・アイズが無力だった例もある。米国など西側諸国は概して、二〇〇八年のロシアによるグルジア〔現ジョージア〕侵攻に対して軍事的な反応を示さなかった。二〇一三年八月、英下院はシリア危機と内戦への介入に反対票を投じ、介入の戦略目標である「政権交代」という概念から完全に距離を置いた。ファイブ・アイズの情報機関は卓越しているとはいえ、その目的は政治的意思決定を不正に誘導したり、促したりすることではない。例えば、優れたインテリジェンスがありながら、政治的な反応が皆無だった事例がある。それは一九七一年にインドがバングラデシュ〔当時は「東パキスタン」〕の分離を支援するために同地域に侵攻した際に、何の反応もなかったことである。同様に、邪悪極まるクメール・ルージュ政権を打倒するためにヴェトナムが一九七八年から一九七九年にかけて行ったカンボジア侵攻は、傍観されるに留まった。さらに、同様に邪悪なウガンダのイディ・アミン政権に対し、タンザニアが一九七八年から一九七九年にかけて介入したが、ファイブ・アイズ諸国は反応を示さなかった。一九九四年にルワンダで生じた大虐殺には、ファイブ・アイズ、ひいては西側諸国全体が不幸にも介入しなかった。ハンガリー動乱とソ連によるチェコスロヴァキア侵攻の亡霊が、別の重要な場所で現れ始めた。

一九九九年八月、元ソ連KGB将校のウラジーミル・プーチンがボリス・エリツィン政権の首相に就任した。プーチンは第二次チェチェン戦争後、ロシア大統領に就任した。二〇〇八年八月には、国際規範とファイブ・アイズの総意に反して、主権国家グルジアへの侵攻を開始した。ロシアによるクリミア占領はさらに注目を集めた。これら全てが示しているのは、ファイブ・アイズ諸国は介入するかしないか、選別してきたということである。

インテリジェンスはサポート役であり、それに尽きる。実際に、一九九〇年から二〇二〇年までの過去三〇年間に世界で行われた介入のほとんどが、国連の支援と負託のもとに実施されている。こうした点に鑑みれば、「国連は困難に直面して瀕死の状態にある」という誤解を招きがちな見方も、いくぶん修正されるだろう。この期間の初期、すなわち一九八九年から二〇一三年にかけて、国際連合は記録されているだけでも計五三件の平和維持活動を指揮、支援し、ファイブ・アイズ諸国もこれらの活動を援助した。

米国とそれ以外のファイブ・アイズ加盟国との間には、政治的な相違はさほどないものの、外交的な立場において微妙な違いが見られる分野が一つある。それが国連海洋法条約（UNCLOS）である。この条約は一九九四年一一月一六日に発効し、六〇カ国が署名した。本書執筆時点で、一六六カ国（二〇二三年時点で一六八カ国）と全EU諸国がこの条約に加盟している。この条約が、過去の判例法において慣習国際法として一般的に承認されているものを成文化したものであるか否かについては、世界の法律専門家が議論し、意見が分かれる傾向にある。国際連合は、この条約を履行する役割を担っていない。積極的な役割を果たしているのは、国際海事機関や国際捕鯨委員会、国際海底機構（国連条約によって設立）といった参加機関である。米国はUNCLOSの非締約国である。ただし、一九七三年から一九八二年までのUNCLOS事前会議と、その後の一九九〇年から一九九四年までの同条約に関する交渉と修正には参加した。UN

CLOSは本質的に海洋法である。同法は、世界の海洋を利用する際の各国の権利と責任を定め、海洋ビジネスのガイドラインや環境問題について明記している上、最重要なこととして、海洋天然資源の管理に関する規約を定めている。米国では、法律有識者の間で強力な動きがあり、米議会によるUNCLOSの批准と大統領の署名を支持している。その論拠の多くは、南シナ海と東シナ海の現状に由来している。

インテリジェンスと核兵器合意

イランと北朝鮮は、核兵器プログラムにおいてともに西側に挑んできた。イランの場合は、二〇一五年にスイスのローザンヌで合意された核計画監視活動に挑戦している。同合意は、イランとP5＋1及びEU、すなわち国連安全保障理事会の常任理事国――米英露仏中――とドイツ及びEUとの間で達せられたもので、二〇一五年七月一四日に包括的共同作業計画（JCPOA）として発表された。

米国のドナルド・トランプ大統領は二〇一八年五月八日、米国はこの合意から離脱すると発表した。[2] 同合意で特異だったのは、制裁を解除するにはイランが何をすべきかを極めて明確に定めた点で、IAEA（国際原子力機関）にイラン国内で遵守状況を監視させるものだった。潘基文国連事務総長も天野之弥IAEA事務局長も、この合意を歓迎した。インテリジェンスの役割として理想的なのは、第一級の実用的情報を提供することである。核兵器査察コミュニティーの同僚からも能力の高さを認められているIAEA査察官が作業に当たったのに加え、ファイブ・アイズも集団ベースで別個独立の情報活動を行ってきた。イランが合意に違反した証拠があるという公式の政治的表明は、これまでのところ英加豪ニュージーランドの政治指導部からはない。これら加盟国と米国は、イランが合意に違反していないことを確認するために、複数の情報源と収集手段を導入し、調整したことだろう。これら情報源や収集手段の成果物と、IAEA査察団のイラン国内における直接的な活動を総合すると、イランが合意逃れをしている可能性は極めて低い。イランにとって、合意による経済的利益を失うリスクは甚大である。インテリジェンスの能力が限られていることを、過去五年間の事例の中でこれ以上示すものはないだろう。それはむしろ、「馬を水飲み場に連れていくことはできても、馬が水を飲むとは限らない」という古い格言に似ている。政策に直接の影響を与えることは、インテリジェンスの役割ではない。とはいえ、イラク侵攻の例のように、たとえ情報を歪めてまでも、政治家が自らの政策や行動を正当化するために情報を利用するという逆の事態は常にありうる。

イランにおいて、ファイブ・アイズ・インテリジェンスが監視、注視し、通信を傍受し、サンプリングしながら、同国の目立たないサプライ・チェーンの経路を追跡していることは明らかである。現在、ロシアや中国が海軍力を増強させていることとも関連するが、サプライ・チェーンの中には、注目すべききめ細かなものがあり、これによってイランのような国は、エネルギー目的であれ兵器目的であれ、核能力を開発するためのインフラを構築できるのである。イランは、二〇一七年のGDPが三八七六億一一〇〇万米ドル（二〇一七年の世界GDP比較表で二九位）であり、これは、三六一七億三二〇〇万米ドルのインディアナ州と、三九七八億一五〇〇万米ドルのメリーランド州の中間に位置する。この程度の国では、核兵器プログラムの主要な構成要素を全て自力で生産することはできない。二〇一七年のメリーランド州のGDPは全米一五位、インディアナ州のGDPは全米一六位だった[▼3]（CIAワールド・ファクトブック）。このデータにより、イランの国家資産と富の客観的位置付けが分かる。ちょうど、第4章でロシアの経済的地位を見たようなものである。米国の制裁がさらに強化されたことで、二〇二〇年現在、イランのGDPが減少していることは間違いない。前述のデータから分かるように、イランという国は決して裕福ではなく、さまざまな国からの支援が必要であり、過去にはイランに支援した国もあった。同様に、高次の知的資本も必要とされる。

核兵器の科学者や技術者は木に実るわけではない。彼らは訓練を受け、核兵器プログラムを管理・開発するために必要な技能の一切を習得しなければならない。ファイブ・アイズ内では、科学技術情報コミュニティーが核兵器システムの個々の部分と構成要素について全て理解している上に、技術的な支援もある。例えば米国であれば、ロスアラモスやローレンス・リヴァモア、オークリッジといった国立研究所がある。これらの主要な技術スタッフは、技術情報コミュニティーの一員である。ファイブ・アイズ内のもう一つの核兵器保有国である英国も同様である。重要部品や知的財産の移転は、ファイブ・アイズ・インテリジェンスのターゲットである。このプロセスは、どの国や組織がイランに迎合しているかを示すものでもあるが、それらの行動は、政治的忠誠や中東政治における地位獲得のためというよりも、金銭的利益のためである場合が多いであろう。それらも監視され、通信を傍聴されているのであり、技術的な依存関係や重要人物の間の関係を立証すべく、綿密に観察される。イランの核科学者は、ファイブ・アイズの監視の目から隠れようとすることはできるにせよ、極めて困難であり、重要人物が隠れようとすればするほど暴露されやすくなり、第二、第三の関係者との協力関係がいっそう暴露されることになる。非常に有能で、知識も経験も豊富な人物が一人でも亡命すれば、組織階層の全貌が把握できるほど多くの情報を得ることができる。

MI6がかつて実施したヒューミント工作は、アクセスを得るための複数の方法の一つを明かすものであろう。この工作は、英国の『ガーディアン』紙の主筆記者リチャード・ノートン＝テイラーが二〇一〇年一一月に発表した記事により、公になった。これは、ファイブ・アイズの工作能力をある程度示すものである。MI6は、サダム・フセインの核兵器プログラムをスパイするため、英国のコヴェントリーにある工作機械会社マトリックス・チャーチルと、別の会社オードテックの二人のビジネスマンを雇った。この工作が公になったのは、マトリックス・チャーチルのポール・ヘンダーソンとオードテックのジョン・ポール・グレシアンという二人の主要幹部が、英国のさまざまな対イラク貿易禁輸措置に違反したとしてうかつにも告発されたからだった。内情に通じていなかった英政府の一部は、別の一部、すなわち情報コミュニティーと意思疎通を図っていなかった。後者にしてみれば、当然のことながら、通常の貿易監督省庁の権限がこの極秘工作プログラムに及ばないよう望んでいた。前述の二人は、ロンドンのオールド・ベイリー〔中央刑事裁判所〕で裁判にかけられた。後に二人とも無罪となり、英政府から十分な補償を受けた。MI6は、サダム・フセインの核兵器プログラム用に部品を販売することを英国の一企業に許可することで、内部情報を得ていたのであり、そうした重大事実が遺憾ながら暴露されてしまったのだった。MI6は、バグダッドで何が行われているかについて、多くの情報を得ていたのである。

ファイブ・アイズは今日、核関連の物質や部品、頭脳の世界的な動きに関して、「誰が、何を、どこから」入手するか、常に注視している。これは、コバルト60やストロンチウム90のような、核兵器とは無縁の放射性核物質についても当てはまる。これらは、本来の目的外として使用された場合、例えば種々の高性能爆薬と組み合わせることで「汚い爆弾」を作ることができる。

デジタル・マイクロ波通信の時代におけるファイブ・アイズは、膨大な量の通信を集約するため、マイクロ波塔からあふれ出る複雑な通信、特に、ほとんど暗号化されていない通信と格闘しなければならない。この任務においては人工衛星が不可欠となり、分析業務においては、価値あるものとそうでないものを選別する高性能のキーワード検索エンジンを要する。後者には、ソフトウェアを絶え間なくアップグレードすることが必要である上、重要言語には複数の方言があるという課題もある。ファイブ・アイズには、膨大なリアルタイム・トラフィックを分析するためのコンピューターが必要であり、それに比べれば、一九七〇年代のクレイ・コンピューターは、今日では過去の遺物である。

北朝鮮は、ある意味でファイブ・アイズにとってはイランよりも大きな課題となっている。その理由は周知のごとく、特に北朝鮮は閉鎖社会であり、主だったアクセスもなく、西側の訪問者は常に逮捕や投獄の危険を冒してきたからである。北朝鮮がそうした逮捕に使う口実は、たいていスパイ活動である。ヒューミントがない以上、北朝鮮に関して非常に重要となるのは宇宙空間である。これは冷戦時代のソ連によく似ており、今日の中国にも当てはまる。例えば西側の大使館員は、中国本土の重要な軍事施設を訪問することが許可されていない。とはいえ、核関連の建設現場を衛星から隠すことはできない。北朝鮮のミサイル施設や発射場も同じである。現代の商業衛星は非常に高性能なシステムであり、それら衛星からの画像は全世界が見ることができるし、例えば南シナ海の島々や環礁にある中国の軍用施設建設現場も同様である。施設を隠すことはできない。一方で、詳細な技術計画や状況といったものは入手がさほど容易ではないにせよ、科学的・技術的な情報分析には有効である。北朝鮮ミサイルのテレメトリーからは、隠しようのない貴重な情報が多く得られる。発射台が移動式であろうと、あるいは発射システムを隠そうとしようとカムフラージュしようと、米国の官民のシステムには筒抜けである。

米国家地理空間情報局は、米NROの情報収集を支援する上で、ファイブ・アイズ以外のどの機関よりも、処理やプレゼンテーションの技量や技術において先んじている可能性が高い。地下施設や地下壕は、当然のことながら衛星による監視にとって問題となるが、建設中ならこれらも撮像可能である。ファイブ・アイズは、核兵器プログラムに対する収集と分析において、長年にわたる知識と専門技術を豊富に有している。それは、ソ連の核プログラムの初期と、現在のカザフスタンにあるセミパラチンスク核実験場で一九四九年八月二九日に行われたソ連初の核爆発にまで遡る。空中や地下での核爆発実験に対する技術的な収集は、ファイブ・アイズ諸国の中で非常に発達している。マシント（計測・特徴情報）は、思われているほど目新しいものではない。この総称は、第二次世界大戦以来、数十年にもわたって発展してきた複数の分野を含むものである。それらの分野には以下が含まれる。すなわち、レーダー情報（ラディント）、音響情報（アシント）、核情報（ヌシント）、無線周波数・電磁パルス情報（RF／エムピント）、電気光学情報（エレクトロ・オピント）、レーザー情報（ラシント）、材料情報、さまざまな形態の放射線情報（リント）である。これら非機密分野が示すのは、ファイブ・アイズの専門的な技術情報収集の発展度である。ファイブ・アイズは、これらの発展を下支えする科学技術と並行して、秘密の専門的情報収集法と手段を開発した。それは、例えばソ連の核兵器プログラムが開発サイクルのどの段階にあるのかを測定するためのものだった。

現在のイランと北朝鮮の核システムには、数十年にわたる経験が生かされている。前述の全てを達成するには、先行知識の基盤が不可欠である。これは特に、核兵器ならびに原子力潜水艦技術および潜水艦発射ミサイル技術の開発における米英の双方に当てはまる。後者は、一九六二年一二月にケネディ大統領とマクミラン首相との間で調印された協定の結果、英国が米国と共有しているものである。

ファイブ・アイズが核兵器関連の情報を収集する上での基本方針は、兆候と警報（I&W）であり、英米以外の、特に「ならず者」国家と見なされた国による核兵器発射の可能性を二四時間体制で監視することである。I&W能力には、複数の情報源と収集手段が必要とされる。最も憂慮すべきシナリオは、当然のことながら突発的なミサイル発射であり、システム障害やサイバー侵入・攻撃、あるいは無法集団が発射場と指揮統制関連施設を占拠した結果として生じるものである。核弾頭が搭載されていないミサイルの突発的発射は、非常に課題の多いシナリオである。その理由は極めて明確だ。予告なしの試験発射は監視の優先順位が高く、試験発射と攻撃とを区別するための二四時間体制の監視システムが必要である。例えば日本政府は、北朝鮮が発射した弾道ミサイルが日本の領土上空を通過することを当然ながら深く懸念している。このような状況においては、あらゆる情報源とあらゆる手段が総動員されるのであり、特に脅威国がさまざまな欺瞞テクニックを用いている場合はなおさらである。

以上は、世界の平和と安全を維持し、国際秩序の安定を保つというファイブ・アイズの基本的な役割を何よりもよく表すものであろう。

ドナルド・トランプ大統領は二〇一八年六月一二日火曜日、シンガポールで北朝鮮の金正恩と会談した。これは、北朝鮮が非核化に向けた交渉を開始する試みとして、米大統領が現職の北朝鮮指導者と会談した初の出来事だった。独裁に異を唱える者や敵対者をことごとく処刑し、投獄する許可を下してきた独裁者と、米大統領が会談したのである。世界のメディアは、二〇一八年六月一二日以降の前途多難な道程について、考えすぎともいえるほどの分析を行った。世界中の政治評論家がこぞって、シンガポールで何が起きたのか、あるいは起きなかったのか、ありそうな結果についてそれぞれの見解を示した。これに続く二〇一九年六月三〇日、朝鮮半島の非武装地帯（DMZ）でトランプ・金会談が行われた後、トランプ大統領が北朝鮮に入った。またも世界中のメディアが憶測をたくましくした。二〇一八年六月一二日と二〇一九年六月三〇日に続く不確実な世界の中で、確実なことが一つある——ファイブ・アイズ情報コミュニティーは今後とも常に警戒を怠らず、北朝鮮の動きを監視するために宇宙空間の番人を用いるだけでなく、前述の情報源と収集手段の一つひとつを全て活用していくということである。

マイクロ波・デジタル革命とインテリジェンスへの影響

冷戦時代の技術秩序は、マイクロ波・デジタル革命によって一変した上、現代の通信では、海底ケーブルや宇宙空間を行きかう音声、データ、画像が量的に膨大である。ファイブ・アイズの通信システムは、防御厳重でなければならないのと同時に、脅威となる通信の全周波数帯域にわたって侵入する能力を保持しなければならない。サイバー攻撃によって、情報源や収集手段の特質が変化しただけでなく、情報源や収集手段そのものがいかに変化したかについては、先に見たとおりである。脅威をもたらす敵は、ファイブ・アイズ・インテリジェンスの砦に侵入する重要な方法の一つが開発・取得段階にあり、サイバー攻撃によってそれが可能であることに気付いた。これらの手段により、ファイブ・アイズの敵は、どのようなシステムが開発されているかを事前に把握することができるのである。

こうした活動の鍵となるのが、ファイブ・アイズの産業基盤への侵透である。このことは、二〇一八年六月八日付けの『ワシントン・ポスト』紙に掲載されたエレン・ナカシマとポール・ソンネによる記事に詳述されている。[4] 同記事は、中国が二〇一八年一月と二月に「海軍の請負業者をハッキングし、潜水艦戦に関する機密データの宝庫を入手した」手法について記述している。記事によると、『ワシントン・ポスト』紙は、「漏洩したミサイル・プロジェクトに関する特定詳細部分については、公開すると国家安全保障を損ないかねないと主張する海軍の要請により、非公開とする」ことに同意した。これが示しているのは、ゲームのルールが大きく変更されたということである。

ファイブ・アイズの重要システムをサイバー攻撃から守ることは、宇宙アセット、特にGPS衛星とそれを支えるインフラを保護することと併せて、極めて重要である。GPSは、無数ともいえる軍事・情報システムを支える手段と目的であるだけでなく、人間活動の全領域にわたる複数のグローバル・アプリケーションのための手段でもあり、単にGPSマッピングや位置特定といった、われわれの日常的な利用だけを目的としたものではない。GPSは世界の金融システムを下支えしている。信頼できる商業衛星システムは、世界経済の原動力の一部である。ファイブ・アイズがこれらのシステムに対する脅威を探知し、対抗することは、今や情報活動の使命の中でも優先度が非常に高くなっている。

ここで、一八八〇年代とブリンカー・ホール〔第一次世界大戦時の英海軍情報部長〕とその父親の時代から、二一世紀の通信変革に至るまでを振り返ってみよう。この間、インテリジェンス・プロセスの一側面は変わっていない。それがオープン・ソース資料、すなわちわれわれと同じ人間が書いたものである。オープン・ソースの中には、例えば、国家の意図に関する可能性のある情報が豊富に含まれている。この貴重な情報源はとかく軽視されやすい。オープン・ソースに含まれる貴重な情報は量が膨大である。

二〇一八年五月一七日木曜日、元米太平洋艦隊情報作戦部長のジェームズ・E・ファネル海軍大佐（退役）は、下院情報特別委員会（HPSCI）において詳細な陳述を長々と行った。それは中国の世界規模の軍拡に具体的に言及したもので、「世界における中国の海軍戦略および拡大する戦力構造——覇権への道筋」と題するものだった。[5] 陳述の大部分は、信頼に足る中国のオープン・ソースを利用していた。中国は、アジアに留まらない地域における将来の計画と拡大について、実際にわれわれに語ってきていたのである。周辺列島拡張政策については、ファネル大佐と彼の元スタッフが中国の文献で把握してきたところである。これらオープン・ソースの内容と、中国が実際に行ったことを別の情報源や収集手段と組み合わせることで、信頼性の高いインテリジェンス像が浮かび上がってくる。

対象に耳を傾け、情報を読み込むことは非常に貴重であり、このことは主要な指導者についてだけでなく、外国の社会全体についても当てはまる。これには、科学技術雑誌のほか、外国の技術、政治、経済に関するあらゆる報道や雑誌といった情報源、さらには政府公式声明や演説も含まれる。ファネル海軍大佐が抜け目なく立証してみせたように、「中国は、実行するつもりだと言ってきたことを実際に実行してきている」。オープン・ソースのアプローチは、時に軽視されることがある。例えば、外国やファイブ・アイズ諸国のオープン・ソース文献は、海底通信ケーブルの脆弱性の問題や、重要な水中ノードへの外国からの侵入に関する報告を定期的に取り上げている。これは明らかに深刻な問題であり、ファイブ・アイズ情報コミュニティーだけでなく、各加盟国の政治指導者にも無視しえないものである。

九・一一以降、世界は地政学的に一変し、技術面ではデジタル・マイクロ波技術に革命が起きていた。二〇世紀との格差は巨大である。ファイブ・アイズは、制度や文化においても、技術や運用においても、二〇世紀の重大成果のいくつかを失ってはならない。今日の世界においてファイブ・アイズがしてはならないことは、知識と経験の基盤を失うことである。世界が劇的に変化したとはいえ、それらには依然として今日的価値があるかもしれない。一度なくしたものを作り直すのは高くつくものだ。

一九六〇年代に国防相を務めたデニス・ヒーリー英下院議員は、一九八四年二月二七日に次のような見解を述べた。「GCHQは、先の大戦中にブレッチリーで活動を開始して以来、英政府にとって圧倒的に貴重なインテリジェンス源である。傍受と暗号解読における英国の技術は比類なく、同盟国から高く評価されている。GCHQは四〇年以上にわたる対米関係において重要な要素となってきた」[6]。デニス・ヒーリーの言葉は、その一二年後にレンガとモルタルに姿を変えた。一九九六年から二〇〇三年にかけて、英国チェルトナム近郊にGCHQの新施設が建設されたからである。イングランドの片田舎に出現したこの新しい建物──その形状から付けられた呼称が「ドーナツ」──をGC&CSの大御所──ヒュー・フォスやディリー・ノックス、アラステア・デニストン海軍中佐、エドワード・トラヴィス海軍中佐など──や、初期のSIS長官──マンスフィールド・カミング海軍中佐（初代「C」）やヒュー・「クイクス」・シンクレアなど──が見たなら、さぞ誇らしく思ったことだろう。ここで、一九四一年一〇月二一日に起きた出来事を振り返るのも有益だろう。この日は、ヒュー・アレクサンダー、スチュアート・ミルナー・バリー、ゴードン・ウェルチマン、そして他の追随を許さないアラン・チューリングというブレッチリー・パークの四大中心人物が、上層部のいかなる承認も関知もなく、自らウィンストン・チャーチル直々に手紙を書き、ブレッチリー・パークにもっと多くのリソースを投入するよう要請した日である。かくして、一九四一年一〇月の暗黒の日々は、冷戦後の一九九〇年代の明るい日々へと変化したのであり、戦後におけるGCHQと米加豪ニュージーランドの姉妹機関の記録は、協力が成功したことを示すものとなっている。

ウィンストン・チャーチルは、ブレッチリーの途方もない価値を見抜き、直ちに必要な投資を行った。マックス・ニューマン教授とトミー・フラワーズのことを思い出してみればよい。二人は、ドリス・ヒルの逓信省研究施設でブレッチリー・パーク用に初の電子コンピューター「コロッサス」を作ったのである。一九四一年一月に合意した英米間の大きな協力体制も好例である。これにより、米国は英国のエニグマ・データの見返りとして、マジック・データを英国と共有することになった。一九四二年九月には、ブレッチリーの副所長エドワード・トラヴィス海軍中佐と海軍課長フランク・バーチがワシントンDCに赴き、「ホールデン協定」を締結した。これにより、エニグマを重要要素としたドイツ海軍のトラフィックに関し、英米の完全かつ全面的な協力と一体化が開始された。これは、一九四四年にさらに拡大された。一九四三年五月には、英米のBRUSA協定により、ドイツ陸空軍のシギント・トラフィックにまで協力が拡大された。一九三〇年代にエニグマの解読に重要な役割を果たしたフランス軍情報将校ギュスターヴ・ベルトランによれば、ウィンストン・チャーチルは一九四五年、国王ジョージ六世に対し、エニグマの成果物であるウルトラが戦争を勝利に導いたと語ったとされる。▼7

一九四五年以降も何ら変化はなかった。英米の協力体制は全面的に継続し、その好例であるヴェノナ計画により、ソ連KGBのメッセージ・トラフィックへの共同侵入に成功した。これが発端となって、MI6の活動に大損害を与えたイギリス人スパイ団、すなわちドナルド・マクリーン、ガイ・バージェス、ジョン・ケアンクロス、悪名高いキム・フィルビーを特定するに至った。英国の「原爆スパイ」、クラウス・フックスも同様に摘発された。▼8 オーストラリアとの関係と協力が深まるにつれ、KGBのモスクワ－キャンベラ間のケーブル・トラフィックもGCHQによってほぼリアルタイムで傍受されるようになった。英国の第一海軍卿アンドリュー《Andrew》・ブラウン《Browne》初代カニンガム《Cunningham》子爵（愛称は「ABC」）は、一九四五年一一月二一日付けの日記にこう記している。「シギントに関し、合衆国との一〇〇パーセントの協力について重ねて検討。一〇〇パーセント未満の協力は価値なきものと判断」▼9。カニンガム提督の言葉は、ファイブ・アイズ内で第二次世界大戦の終了から現代に至るまで続いている状況を的確に言い表すものである。

この時期、全てがバラ色だったわけではない。例えば、一九五〇年六月二五日日曜日に北朝鮮が韓国に侵攻した際には、米英はともに不意を突かれた。同様に、一九五〇年一〇月に中国が朝鮮戦争に参戦したのも、両国には寝耳に水だった。一九五六年には、GCHQも国家安全保障局（NSA）も、ソ連のハンガリー侵攻を予測できなかった。そのNSAは、情報機関の働きぶりに落胆していたトルーマン大統領が、一九五二年に極秘の「プロジェクトK」を通じ、メリーランド州フォート・ミードに設立を命じたものだった。同様に、英国でも「ソ連の原爆開発に関するわれわれの情報が極めて乏しい」[10]点をめぐって動揺があった。一九六八年八月二一日、ソ連地上軍はドゥブチェク率いる「プラハの春」を鎮圧するため、チェコスロヴァキアに侵攻した。ロンドンの合同情報委員会は、ソ連とワルシャワ条約機構国が侵略を準備しているだけでなく、実際に侵略の明確な意図をもってチェコ国境に向かって移動していることを明示する警報が信頼性の高い現地情報源からもたらされていたにもかかわらず、首相とファイブ・アイズ諸国、ひいてはNATO同盟国に明確な指示を出すための評価を、情けなくも提供できなかったのだった。内閣府スタッフは英国防省から激しく批判された。東ドイツの英BRIXMIS〔駐独ソ連占領軍派遣英軍総司令官使節団〕チームは、差し迫った侵攻について声を大にして明確な警報を発した。CIAの働きも大したことがなかった。この大失態の後、ロンドンでは、権力が内閣府から国防情報参謀部に移行した。

シギントの重要性

英国防省は、チェコ侵攻後から一九七〇年代を経て今日に至るまで、独自の収集・分析アセットを相当数保有していた。もっと明るい面に目を向ければ、ファイブ・アイズのシギントは、情勢からして重要にならざるをえなかった。一九六七年の「六月戦争」〔第三次中東戦争〕以降、中東情勢が緊迫化したためである。エジプトとシリアは一九七三年一〇月六日、イスラエルに奇襲攻撃らしきものを仕掛けた。「ヨム・

キプール戦争」〔第四次中東戦争〕として知られるようになるものの幕開けである。その直後、トルコがキプロスに侵攻した。アナリストや歴史家の中には、この奇襲攻撃を、日本の真珠湾攻撃やヒトラーのロシア侵攻にも匹敵する、西側による情報活動の失敗と位置付けている者もいる。この問題に関しては、発生から四七年も経った今日においても、証拠が全て揃っているわけではない。ファイブ・アイズの聖域たる、種々の情報源や収集手段を維持する必要性を考慮してのことである。

最も不意を突かれた国がイスラエルだったことは間違いない。この攻撃は事実上の先制攻撃だった。今から見れば、シリアとエジプトがイスラエルを攻撃する計画と準備を進めていたことは明らかであり、そうした証拠に関するタイムリーな分析と伝達をめぐって、ワシントンとロンドンの双方で波紋が広がった。一九七九年二月にイラン国王が失脚すると、大西洋両岸の政治権力の中枢には、またも似たような動揺が走った。英米のシギントは、キプロスやトルコといった明確な収集拠点がある場所から情報収集を行っており、油断していたわけではないし、MI6もCIAも、その他の付随的な情報源や収集手段も、注意を怠っていたわけではない。そもそも西側諸国には、革命の勢いをイランの現場で変えようにも、できることがほとんどなかったのである。

英国は、一九八二年春にアルゼンチンがフォークランド諸島に侵攻した際に失態を演じた。これについてはどこか別の箇所で取り上げたが、ここでは、侵攻計画を示す証拠は全て揃っていたと述べるに留めておこう。独裁者レオポルド・ガルティエリ将軍と、その一味であるホルヘ・アニャーナ海軍大将とラミ・ドゾ空軍大将は、実際に侵攻を計画していたのである。英外相キャリントン卿の辞任が全てを物語っているのであり、事態が悪化する中で政治的な措置を講ずることができなかったのだった。ファイブ・アイズの政治指導者は、これらの失敗により、シギントその他の重要な情報源と収集手段は見事に機能していたということを痛感した。失敗したのは分析と調整だったのであり、いくつかのケースでは、官僚機構の下層にいる専門家の意見に耳を傾けることも、その後いかなる政治的選択肢があるかに向き合うこともなかった。こうした教訓の結果、自由世界の指導者は、タイムリーで正確な情報を得るためにシギントによる傍受にいっそう依存するようになった。アルゼンチンによる侵攻という現実がホワイトホールの官僚機構に十分理解されると、情報コミュニティーは能力の格差を埋める革新的な方法を見つけることができた。例えば、ノルウェーはソ連の衛星データを傍受し、それにはアルゼンチン海軍の移動と航路に関する情報が含まれていた。この重要なデータは、ノルウェーの友好国である英国とNATO加盟国に渡った。また、これとは対照的に、一九七九年にソ連がアフガニスタンに侵攻した際には、侵攻に関する優れたシギントがファイブ・アイズ内で事前に行われていたことにも注目すべきである。英軍が一九八二年六月一五日にポート・スタンレーに進軍し、アルゼンチン軍が降伏した際は、提供された情報の大部分が、複数の発信源から得られたファイブ・アイズのシギントによるものだった。

アセンション島から発進した英空軍のニムロッド機や、チリのプンタ・アレナスから哨戒を行った特別装備のニムロッド・シギント機は、シギント全体の中では重要ではなかった。それよりも、ファイブ・アイズ・シギント・コミュニティーのほかの情報源や収集手段の方が圧倒的だった。フォークランド紛争初期に英国が演じた失態は、次の重要な事実によって浮き彫りになる。すなわち、侵攻が差し迫っていることを示す決定的なシギントをロンドンのJICが入手したのはようやく一九八二年三月三一日水曜日になってからであり、その後の一九八二年四月二日金曜日には侵攻が開始されたという事実である。この重大な教訓の後、GCHQのブライアン・トーヴィ長官は、GCHQ専用のシギント衛星能力に投資する旨表明した。これは米国の広範な宇宙ネットワークを補完するためのもので、長年の懸案事項だった。

米国は、一九七二年に英国が欧州連合（EU）の前身である欧州経済共同体（EEC）に加盟すると、従来の情報協定に対する英国の関与について、やや警戒心を抱くようになっていた。キッシンジャー時代には、両国間に多少のさざ波が立ったこともあったが、マッハ三のSR−71の飛行や、それ以上に機微な作戦が米国の全面参加のもと、英国から実施されるようになったため、長期的には何の問題もなかった。ベッドフォードシャーのチックサンズとスコットランドのエドゼルにある米国の施設は、冷戦の最盛期に伝説的な偉業を成し遂げた。前者はソ連空軍の行動を監視し、後者は米海軍保全群の特殊通信施設だった。英米間の極秘プログラムは一般の目に触れずに実行されていた。キッシンジャーは、特にイギリスがヨーロッパ諸国に情報収集能力の向上を支援した場合、それら諸国が将来的に何をするかに敏感だったようである。これは、フランスの立場にかかわらず、NATOの主要同盟諸国に対するやや偏狭な見方だった。一部の歴史家は、ヘンリー・キッシンジャーがインテリジェンスの問題をめぐって英国にあからさまな反感を抱いていたことを重大視してきた。否定しえないのは、協定は極めて堅固だった上に不可侵でもあり、しかもGCHQとNSA、CIAとMI6、そしてそれらに相当する加豪ニュージーランドの情報機関との間で二四時間体制の連絡と人的交流が制度化されていたため、キッシンジャーが異議を申し立てたところで、効果がなかったという事実である。ヘンリー・キッシンジャーのいかなる象徴的行動も、ファイブ・アイズ内の常勤スタッフから見れば、辞任に向かう坂道を大統領〔ニクソン〕が滑り落ちているときに、一人の男が多少の短気さを見せたにすぎないように思えた。

英米の特別な関係に加豪ニュージーランドが加わったことで、多くの面で強靭性が増した。米英豪は、香港においてだけでも、二四時間体制でシギント活動やエージェント運営、中国からの亡命者の尋問を行った。米国は、第二次世界大戦後の新秩序が一九五〇年代から一九六〇年代にかけて固まるにつれ、香港を始めとする英豪加ニュージーランド領がインテリジェンスの海外拠点として重要であると、にわかに認識するようになった。オーストラリアのシギント対象には、中国やインドネシア、ヴェトナムも含まれていた。英豪は一九六〇年代、インドネシアとの対決において、一丸となってシギント活動を行った。この活動は、リアルタイムあるいはそれに近い状態でシギントを活用する特殊な戦術・技術・手順（TTP）を開発する礎となったのであり、これは特に英特殊空挺部隊（SAS）や英海兵隊特殊舟艇部隊（SBS）、オーストラリアのSASといった特殊部隊を支援するものだった。

これらTTPの多くは、その後も複数の作戦や場所において拡大適用され、北アイルランドのアイルランド共和国軍（IRA）に対する作戦もそれに含まれた。冷戦が熱かった場所として、ベルリン以上の都市はない。ソ連の通信網に侵入すべく、米英が協調したのである。ソ連の通信に不可欠な地下回線は、暗号化されていないため盗聴に脆弱だった。ソ連は、回線が「地下」にあるため無敵だと考えていた。探知を避ける上で非常に有効な方法だったのが、トンネルを掘ることだった。それによって地下ケーブルから情報を得たり、警備厳重でたいてい通行不可能なベルリンの壁のような境界線や防壁を越えてエージェントを移動させたりすることができた。

ベルリンの壁の連絡トンネルの場合、それがソ連側に発覚したのは、イギリス人スパイのジョージ・ブレイクが裏切ったからにすぎなかった。MI6／SISの情報部員だった同人が、一九五六年にソ連側のスパイ運営担当官に計画を漏らしたのである。とはいえ、ブレイクが裏切る前にこの情報源から得られたデータは大量にあり、その中にはソ連のKGBやGRUの要員や工作に関する情報もあった。同様に、海底通信ケーブルも――ブリンカー・ホールが一九一四年の開戦前に申し分なく実証したように――高度に複雑な作戦に対して脆弱だった。ファイブ・アイズは、空中偵察や高高度からの非公然写真偵察、シギントやエリントの収集において、全面的に協力した。

一九六〇年には、フランシス・ゲーリー・パワーズが操縦するU－2スパイ機が撃墜された。その余波や、米国がそれ以降、衛星シギントに依存するようになった点については、これまで多くのことが書かれてきたところである。米国が初のシギント衛星を打ち上げたのは一九六〇年のことで、実はパワーズが撃墜されてからさほど時間が経っていなかった。とはいえ、ファイブ・アイズは、高度に専門化された航空機を今日に至るも使用している。それどころか、U－2プログラムは新たな生命を得た。米国のスパイ機SR－71ブラックバードは素晴らしい性能を発揮したが、やがて技術的に陳腐化し、コスト効率も悪くなった。ただし、その運用期間中は、英国のミルデンホール空軍基地などの重要拠点から急発進していったのである。ファイブ・アイズは一九六〇年以降、機微なシギント・エリント作戦を行う航空機を複数保有している。航空機は水上艦艇や潜水艦と同様、衛星には不可能な方法で、不可能な時間帯に、目標にアクセスすることができる。衛星は、軌道やコンステレーション・プログラミング、フットプリント〔電波送受信可能域〕の関係で、常に適時に適所にいることができるわけではない、また、収容空間の問題で、多種多様な高度に専門的な情報収集機器を搭載することもできないし、収集活動用の人員を搭乗させることもできない。例えば、英空軍のニムロッドRI機は、世界中のさまざまな基地から発進し、重要なシギントをもたらした。オマーンのシャルジャ英空軍基地や、王制崩壊前のイランにおける秘密基地も、隠密飛行を行うために利用された。そうした飛行は、衛星データが入手できない場合や、収集任務の性質上、衛星ではなく航空機が求められる場合に必要だった。

専門用途向けの航空機は、現在では無人航空機やドローンによって補完されており、依然としてファイブ・アイズの重要な収集手段である。ファイブ・アイズは、USS『リバティ』とUSS『プエブロ』が攻撃されたことでスパイ船に対する信頼を失った一方、潜水艦は最も機微な情報を秘密裏に収集するための重要な要素として存続している。ソ連邦の崩壊と二一世紀のデジタル通信革命が起こる前の数十年間において、真の盲点となったのは、一九五六年のスエズ危機のみであろう。傑出した協力の歴史における、嘆かわしい汚点である。一九五六年一〇月二九日、アンソニー・イーデン英首相は、エジプトのナセル政権からスエズ運河を奪還するため、「マスケティア」作戦の発動を命じた。この作戦では、イギリスのシギントが重要な役割を演じた。イーデンは、自らの計画も、ＧＣＨＱのシギントも、米国のアイゼンハワー大統領と共有しないことにした。さらには、ナセルによるスエズ運河占拠を解決する際に、アイゼンハワーに相談も協力もしないという致命的なミスを犯した。プラス面は、教訓が得られたことと、第二次世界大戦中も戦後も続いていた情報共有体制に、直ちに立ち戻ったことである。さざ波が立ったのは一時的にすぎなかった。

「関係悪化症候群」はあったのか

米国は、ほかのファイブ・アイズ四カ国と比べてインテリジェンスに莫大な投資をしてきたのであり、そうしたことからすれば、米国とそれ以外のファイブ・アイズ加盟国との間に、「関係悪化症候群」と受け止められるようなものはこれまで一度もなかった。既述したように、ヘンリー・キッシンジャーが短気だったにせよ、ファイブ・アイズは、関係の重要性を全体的に認識している。つまり、個々の部分を合計した方が、個々の国の能力よりもはるかに大きいという点である。これは、第二次世界大戦の暗黒の日々に結成され、冷戦時代から現代に至るまで維持されているファイブ・アイズのモットーである。たまに問題が生じることもあるにせよ、ファイブ・アイズは結束の固い家族のように首尾一貫した統一体である。

現代からこれを振り返るに当たっては、「現在にかまけて過去を忘れてはいないだろうか」と自問しなければならない。技術の進歩によって情報収集の物理的環境が変化したのは確かとはいえ、現代の技術的変化の喧噪の中で、過去の課題や革新が見失われてはいないだろうか。

地上回線は、ベルリンの地下に埋設されていた冷戦最盛期と同様、今日でも重要である。ベルリンの地下ケーブルと同様、海底ケーブルも——現在では光ファイバー・ケーブルによって、従来の数字では考えられないほど多くのデータが一ミリ秒ごとに世界中に伝わっているが——一九一四年にブリンカー・

ホールがドイツの海底ケーブルの切断を命じたときと同じように、今日も脆弱で悪用されやすい。一八世紀においては郵便が傍受手段の一種であり、英国のチューダー朝時代やスチュアート朝時代には、国王のエージェントがスペインやフランスといった非友好国の伝書使の居場所を突き止め、追跡し、書簡を盗み読みしていた。麻薬は、今日では郵便で移送・販売されることが多くなっている。売人や路上売り子、さらにその上の麻薬王が逮捕されるのを逃れるためである。郵便は、ファイブ・アイズの世界において新たな役割を担っており、郵便物とその差出人や受取人を探知・追跡するための新たな技術が必要とされている。犯罪コミュニティーや外国情報機関が電子メールや携帯電話の傍受を恐れるようになればなるほど、例えばクーリエを使った「口伝え」など、以前の手段に頼るようになるだろう。こうしたクーリエを探知・追跡するには、さらなる技術的専門知識が必要になる。英国その他のヨーロッパ諸国が、海外にいるエージェントと連絡する際に長らく使用してきた昔ながらの暗号システムは、深く潜入したクーリエのアイデンティティに新たな命を宿すものである。

テロリストその他の犯罪者によるマネー・ロンダリングを暴くことは、現代の極めて高性能なコンピューター・ネットワークに課された使命であり、毎日何兆ドルも移動するグローバルな経済・銀行ネットワークにおいても達成可能である。武器の秘密取引においては、国境を越えて代金を支払う必要がある。例えば、イランがヒズボラ用に購入したロシアの武器は、いくら正体や出荷を隠したとしても、要所要所で代金を支払わなければならない。ロシアのマフィアやオリガルヒの元締はカネを欲している。それらの支払を特定し、阻止することが重要である。同様に、多額の現金(数千万米ドルまたはその相当額)を密かに発送して監視の目を逃れようとする試みも、突き止めて追跡しなければならない。ここでは目新しいことは何もない。昔は英海軍と英商船隊が、数十億ドル相当の金を特にスペインから横取りし、事実上盗んだことが頻繁にあったものだ。

テロ集団や犯罪集団の現金決済を阻止することは極めて重要であり、国家が支援するマネー・ロンダリングや、武器やエージェント、通信センターやプロパガンダ組織などの活動に向けた資金を調達するための密輸を阻止することも同様である。サイバー・ハッカーや犯罪者は報酬を求める。従来型の国際銀行送金に支障をきたす中、彼らの資金の所在を突き止め、追跡し、阻止することが最優先である。

欺瞞と新たな革新的インテリジェンスの機会

欺瞞は情報活動において極めて古い手段である。欺瞞の技術は、傍受された何兆ビットもの通信やビデオその他のデータの霞の中で、簡単に消えてしまう。第二次世界大戦で英国が編み出した「ダブル・クロス・システム」の才は、現代の巧妙な通信のノイズの中で失われてしまった。非常にうまく作られた控え目な偽情報は、現代のメディア・ツールは当然のこと、複数のチャンネルによって作成され、流すことができる。二〇一六年の米大統領選挙に対する攻撃のように、加害者はデータ・マイニングと分析によって標的を決め、情報ならぬプロパガンダをもって説得し、影響を与えることができる。

より大きなスケールで見れば、真珠湾攻撃の悲劇を償ったのは、太平洋戦争の重要なターニング・ポイントとなったミッドウェー海戦における聡明なアメリカ人暗号解読官だった。テクノロジーとは、不可能を実現するものではなく、現実的な可能性を実現するものだが、時としてそうした見方を曇らせ、あたかもテクノロジーそのものが答えであるかのように見えてしまうことがある。テクノロジーという高くつく道を邁進する前に、「何を達成したいのか」という重大な問い掛けをすることが肝心である。同様にファイブ・アイズは、この領域における潜在敵が味方国を騙し、おだて、「万事順調」と言わしめるような破滅的な心境にさせるために何をするか、常に警戒する必要がある。例えば、イランや北朝鮮は、軍備管理問題で味方国を欺くために回避策を行使できるだろうか。友好国が騙されていたことが不意に分かった場合、外交はたちまち瀕死の状態に陥りかねない。

一九三〇年代のドイツと日本は、ともに兵器プログラムを巧みに偽装していたため、目を覚ましたチェンバレン政権がヒトラーと交渉しようとミュンヘンに向かった頃には、ウィンストン・チャーチルが首相就任に際して述べたような状況に陥っていた。すなわち、「虎の口に頭を突っ込んでいるのに、虎と交渉することはできない」。ファイブ・アイズは、ソ連が核軍備管理に黙従したことを徹底的に調査し、アメリカの交渉担当者が真に善意の相手方と対話するよう確実を期すとともに、ウィンストン・チャーチルが述べたように、虎の口に引き込まれないようにした。ＭＡＤ（相互確証破壊）ドクトリンは機能しており、双方は核戦争から世界の安全を守るため、実際に誠心誠意、行動していた。

ファイブ・アイズは、国際的海事システムである船舶自動識別装置（ＡＩＳ）の管理・利用に共同参加している。これは、極めて優秀な最新の通信・データ・アーキテクチャーであり、ロンドンに本部を置くＩＭＯ（国際海事機関）が管理している。同機関は海運規制を担当する国連の専門機関である。その前身（政府間海事協議機構）は、一九四八年三月一七日にジュネーブで設立され、一九五九年と一九八二年に組織改編が行われた。目下の加盟国は一七四（二〇二三年時点で一七五）、準加盟国（地域）は三である。ＩＭＯは包括的な常勤スタッフと国連事務局を抱え、本部はロンドンのアルバート・エンバンクメントにある。事務局長は加盟各国から選任されている。全加盟国が国際海事機関条約を批准している。準加盟国・地域はフェロー諸島、香港、マカオである。太平洋の島国であるミクロネシア連邦とナウルを除き、非加盟国のほとんどは内陸国である。ＩＭＯは、加盟国を拘束する約六〇の法的手段を管理している。これまでのＩＭＯ事務局長は、英国、デンマーク、フランス、インド、カナダ、ギリシャ、日本、韓国から選ばれている（二〇二三年からはパナマ）。

ＩＭＯには複数の技術委員会と安全委員会に加え、多くの小委員会がある。ＩＭＯの業務と組織は膨大であり、ここでは説明しきれない。ＩＭＯの優れたサービスと機能を代表するのがＡＩＳであり、ファイブ・アイズは加盟国の全商船の帰属と正確な動きに関する情報を補強するため、これを広範に使用している。情報として含まれるのは、現在の速度と針路、出港地、到着予定港、積荷、各船の技術的詳細などであり、ほかのＡＩＳ搭載船にリアルタイムで伝達される。加盟国船はＡＩＳ／ＧＰＳ送受信機を備えていなければならない。ＡＩＳは、海上の安全、特に衝突回避に役立っている。ＡＩＳ搭載船は現在、レーダーと肉眼《マークワン・アイボール》に加え、ＡＩＳに大きく依存している。ＡＩＳデータは、商業衛星コンステレーションからリアルタイムまたはそれに近い状態で提供される。

　私はメリーランド州アナポリスにヨットを何年も係留してあるが、その航行システムやＧＰＳディスプレーにはＡＩＳが組み込まれている。ＡＩＳが搭載されているあらゆる船舶の詳細な情報を、航行上懸念されるどの海域内でも調べることができる。ＡＩＳの搭載が義務付けられているにもかかわらず、また、ＡＩＳを搭載しているにもかかわらず、ＡＩＳデータを送信していない無法船は、当然のことながら監視と追跡のターゲットとなる。こうした船は、非商業的な意図、例えば海賊行為や銃の密輸、麻薬や人身売買、情報収集といった目的を持つ可能性のある船としてマークされる。そのような無法船は、ほかの非公然手段によって追跡されることがある。そうした船舶がＡＩＳで発信し、無法船舶リストに載っていれば、ファイブ・アイズが監視することになる。こうしたことは、商業衛星以前の時代、すなわち米国家偵察局とソ連、そして後に中国、さらにはシギント衛星を持つ英国が衛星情報を独占していた時代には不可能だった。今日では、ＩＭＯが管理する衛星データとほかの多様な商業システムにより、傑出した画像が提供されている。南シナ海の岩礁や環礁であろうが、係争中のパラセル諸島やスプラトリー諸島であろうが、中国がこのような商業衛星から隠せるものは何もない。南シナ海にある中国の軍事施設に関する商用データは、ノートパソコンのような機器があれば誰でも見ることができる。

政府の衛星画像はこれまで本来的に極秘扱いであるが、ファイブ・アイズには、そうした機密性を超越する千載一遇のチャンスがある。そのためには、商業衛星のデータを組み合わせ、必要とあらば、これらデータを一般に公開することが重要だ。国際秩序を破壊しようとする国や人による、非友好的な威嚇行為に対する認識を高めることが公益にかなうような状況には、それが必要である。これは、台湾に対する中国の威嚇や、侵略計画の準備・実行といった最悪のシナリオに対してのみならず、あらゆる状況に適用できる。

今日、商業衛星の目から隠せるものはほとんどない。二〇二〇年代が進むにつれて、そのようなデータはさらに向上していくだろう。世間の知識と意識を向上させるには、責任を持って合意した方法でファイブ・アイズが情報を共有する方が、憂慮すべきデータを民間の衛星会社や個人が指摘するよりもよい。このことはほかの問題にも当てはまる。例えば、ＩＭＯが懸念するような、沿岸海域や国際海域にゴミを投棄する船舶、違法漁業や乱獲、多種多様な禁制品などである。地元の法執行機関や沿岸警備隊への支援は、良いこと尽くめである。より質が悪いのは、国家あるいは非国家に後援された国際的なハッカーが、犯罪組織やマフィアの支援を受けた組織とともにグローバル海運企業に侵入し、深刻な経済的影響を及ぼしていることである。これは、主な海上ターミナル業務や、マースクのような大企業の細々とした業務を妨害することでもたらされている。船舶の物理的機器もハッキングされ、例えばローロー船（荷物を積んだままの車輛が乗下船できるフェリーの類の船）のバラスト・システムが危険に曝されている。海運領域におけるサイバー・セキュリティーは、ＩＭＯ加盟国にとってだけでなく、ファイブ・アイズにとっても重要な国益とすべきである。

同様なサイバー脅威が当てはまるのが、沖合の石油・ガス掘削施設、さらには、特に欧米やアジア諸国の生命線たる巨大な石油・ガス運搬船である。そのため、船が一隻も沈むことなく経済的混乱が生じるおそれがあり、海上貿易の防衛について再考すべき状況にある。この種のサイバー攻撃は、船舶や物資の自由な移動を妨げるものであれば、封鎖や通商妨害の一形態ともなる。例えば、効果的なサイバー攻撃によって港湾荷役システムが混乱し、船舶に重要な荷役機械の作業用区域や航行システムが制御不能で機能不全に陥れば、ホルムズ海峡での機雷敷設は不要になるかもしれない。油断ならないのは、電子海図に対する脅威である。現代の船舶は自動化が進んだため、乗組員数が非常に限られており、航行は電子海図に依存している。これらのシステム、わけてもGPSデータそのものへの侵入は、特に船舶が自動操縦に設定されている場合、大惨事になりかねない。二〇一九年、私は最新の非機密商用技術の説明とデモンストレーションを受け、その後、小型の高性能GPS妨害装置を手にした。この装置は作動範囲が限られているものの、船舶その他の重要な場所やアセットの有効範囲内で作動可能である。このことは、飛行場や航空機システムへの影響にも当てはまる。GPS信号は、送信モードの性質からして非常に脆弱である。海上貿易に対する脅威は、二一世紀において新たな意味を持つのみならず、まったく新たな脅威の様相を呈している。ファイブ・アイズは、世界の生命線たる海上貿易の防衛において、能力を強化する必要がある。

国際ビジネスの中で、これらの領域に直接的な金銭的関心と安全上の懸念がある分野は、海上保険である。エドワード・ロイドが一六八六年に設立したロイズ・オブ・ロンドンのような世界的な保険会社にとって、リスクが高まれば海運保険は大きな損失を出すことになる。ロイズそれ自体は保険会社ではなく、一八七一年に制定されたロイズ法その他の英議会の法律によって管理される法人である。ロイズは、「リスクを分散する」ために集まった「シンジケート」という金融支援者のグループである。これが有名なロイズという保険業者である。彼らは個人でもあり法人でもある。二〇一七年の年間契約額は、公表されている年次報告書によると三三六億ポンドだった。これに関連していえるのは、ロイズ・リスト・インテリジェンスが極めて有能な海事情報サービスであるということだ。データベースだけでも詳細極まりなく、リアルタイム・データで更新され、世界の海運と商業海上業務に関する詳細な知見を提供している。ファイブ・アイズは、そのデータとデータ・ソースに絶えず関心を払っている。例えば、二〇一九年にイランが関与してペルシャ湾（アラビア海）情勢で危機が生じ、商船にとって脅威となった際もそうだったが、ロイズはこうした場合、直ちに保険料率を引き上げたり、リスクを軽減するためにさまざまな海域の通過を禁止したりするなど、大きな影響を与える可能性がある。このような制限を無視する船舶は、保険に加入せずに自己責任で航行する可能性があるが、例えば一〇万トンから五〇万トンの石油タンカーにとっては大きなリスクである。現在の環境では、サイバー攻撃によるリスクは、例えば秘密裏に行われる機雷敷設以上の脅威ではないにせよ、それと同等の脅威となっている。したがって、ファイブ・アイズとそれぞれの海軍、そしてロイズのデータの間に接点があるということは、持続的な能力になるのである。

集団的記憶喪失

現代のエレクトロニクス戦争やサイバー戦争からいったん離れ、第二次世界大戦と戦後の間もない時期から学んだ教訓を再考してもよかろう。当時、英国やファイブ・アイズ内の英連邦同盟国は、非従来型の戦闘、潜入、諜報活動を成功させたが、それらは組織化された特殊戦部隊と呼ばれるようなものとは異なっていた。これが指しているのは、CIAタイプの偽装エージェントのことではないし、シールズ・チーム6タイプの戦闘員やMI6のエージェント運営官のことでも、米特殊部隊（グリーンベレーやレンジャー）の基幹要員、あるいはまた、旧ソ連との比較でいえば、ロシアのスペツナズのことでもない。ファイブ・アイズは、英国のSOE（特殊作戦執行部）が第二次世界大戦中、ナチス占領下のヨーロッパで行ったリクルートや訓練、活動の方法を、集団として忘却してしまっている。蓄積された記憶は失われており、その多くは英国立公文書館に保管されている。その中には、他界して久しい工作員による非常に貴重な手記や見解もある。

ウィリアム・ジョセフ・「ワイルド・ビル」・ドノヴァンが創設した米戦略事務局（OSS）――CIAの前身――は、ついぞイギリスのSOEに追いつくことがなかった。その主な理由は、米国が欧州の戦争に合流したのが遅く、参戦したのが実質的にようやく一九四二年になってからだったからである。ファイブ・アイズは、SOEがなぜ、いかにしてあれだけの成果を上げたのか、再評価した方がよい。彼らは、ウィンストン・チャーチルの「ヨーロッパを炎上させよ」という明確な命令に従った点においてだけでなく、非常に巧妙で欺瞞的かつ効果的な方法においても成功華々しかった。SOE工作員は、それらの方法を用いてナチスの占領を秘密裏に混乱させるのに大成功を収めたわけだが、彼らの多くは典型的な特殊部隊やMI6タイプとはまったく異なっていた。SOE工作員は、単なる物理的攻撃《キネティック・アタック》だけでない巧妙な手段を多く用い、あらゆる潜入技術を駆使したが、それらは時間の経過とともに失われてしまった。それは単なる重偽装や身分隠蔽ではなく、文化や言語、技術、心理学に関する知識をベースとしたあらゆる種類の技能のことであり、CIAやMI6を始め、加豪ニュージーランドの姉妹機関が今日運営している専門学校ではなかなか身につけられないものである。要員のタイプは実に特殊で、極めて有能だった。女性は優秀なSOE工作員になった。SOE要員は特殊であり、技能も特殊、手法も古典的なエージェント運営やヒューミント活動とは異なっていた。

今日、現代版SOE訓練生や工作員に役立っているのが、極秘の通信能力に支えられたさまざまなメディア・ソースである。一つのシナリオを例に取り上げてみよう。以前に見たように、オリガルヒとマフィアに支えられたプーチン政権は、核兵器と大規模なサイバー攻撃部隊がなければ、国際的枠組みの中で無も同然の存在になるだろう。ロシアは、GDPがカリフォルニア州にも満たない貧国であり、活力をエネルギー輸出に頼っている。核兵器とサイバー能力ゆえに、ロシアは世界の安定にとって深刻な脅威となっている。私としては、ロシアでエージェントを運営することは時代遅れだと思う。もちろん、ロシア国民が自らの自由意志でこちらに接近してくれば話は別だ。その場合は、現場での運営官として最適なのがSOEタイプのアセットである。ロシアや中国、北朝鮮、イランに加え、これらより懸念されていない数カ国には、国家の安全とカウンターインテリジェンスのための集約的組織がある。これは、何千人もの手先に支えられた大勢の献身的かつ忠実な専門家からなり、ロシアと中国の場合は外国人を標的にしているだけでなく、国内の不満・反体制分子も狙っている。外交官の隠れ蓑を利用したCIAタイプの古典的工作は、減少の一途をたどっている。外交官による定期的接触や現地での観察、写真撮影、電子盗聴は、秘密を漏らすよう対象国の国民をそそのかすよりも、はるかに生産的である。SOEタイプの工作員は古典的工作員とは違い、この新たな世界秩序においてははるかに有能であり、何よりも個人の安全と生存性の点で、探知、逮捕、尋問、拷問、殺害されないことが保証されるも同然である。

ファイブ・アイズには、こうした要求を一丸となって分析し、過去を見直す必要があるかもしれない。これらの全般的能力の中には、それを使うことが決定的となる最後の審判の日のみに残すべきスキル・セットがある。新たなヒトラーや武装親衛隊は、形を変えながら存続している。残忍な独裁国家は依然として存在するが、唯一の対応策しか必要としないようなことを先にしない限り、物理的破壊力《キネティック・フォース》で対処することはできない。CIAやMI6の昔ながらの採用者とは異なるスキル・セットを持つ人々には、より巧妙かつ安全で、はるかに効果的な技術や手順が要求される。以上については、SOE工作員のことを指しているのではない。彼らはウィンストン・チャーチルの指令に従って、破壊工作やゲシュタポ幹部の暗殺、ヨーロッパ解放に備えた武器の収集など、実際に物理的な活動《キネティック・オペレーション》に従事したが、以上が言及しているのはもっと複雑な任務であり、探知されることなく社会に完全に溶け込み、長期にわたって情報を収集し、危険を察知し、変化の兆しを得ることである。これらのいずれも、ハイリスクなエージェント獲得とは無関係であり、カウンターインテリジェンス活動に曝されることもない。

＊

九・一一の前後で最重要となったのが、タギング、トラッキング、ロケーティングの技術と運用コンセプトである。脅威がどこにあるかを知ることと、それを継続的に監視できることは別問題だ。米空軍の大型ジョイント・スターズ（ボーイング707の改造機）は、地上の膨大な数の移動目標を追跡し、データを中継できるが、燃料と搭乗員の両面で航続時間に限界がある。グローバル・ホークのような大型UAVは、かなりの航続距離・時間を持つほか、ステルス・モードの後継システムは、二四時間体制で持続的にデータを提供し、衛星イミント、エリント、シギントのシステムを補完できる。私は、第一次湾岸戦争が一九九一年に終結してからごく最近まで、プログラム・リーダーとしてこの問題の二つの目標（データの取得と、そのタイムリーな伝達）を担当しており、ともに働いたチームは、前述の全てとそれ以外の多数の戦術・戦域センサー・システムを、単一のマルチ・インテリジェンス収集・伝達システムに仮想リアルタイムで統合し、それを運用に導くという大きな成果を上げた。これは第一次湾岸戦争時の状況と比べると、大きな飛躍だった。われわれは運用経験を積み、シールズ・チームが演じる非常に現実的な脅威を用いつつ、厳格で現実的なＦＢＥ（艦隊戦闘実験）やＬＯＥ（限定目標実験）によって、ユーザー用のＣＯＮＯＰＳ（作戦概念）を開発した。分散型共通地上局（ＤＣＧＳ）という未分類の名称は、やがて何年も経ってから辞書に載るようになり、われわれが何を成し遂げたかが分かるようになった。

情報データの過少・過多という大きな問題に対する答えは、センサー・システムやヒューミント報告、巧妙な一体化・配信技術に隠れていた。支離滅裂なデータから、どうやって信頼に足る判断を下すことができるのだろうか。「知らないことをどうやって知るか」とは、インテリジェンスに関する有名な格言である。伝統的な統計的手段は、よく使われる確率論に基づくものだが、それが適用できない場合、不正確なデータから適切な判断を下すにはどうすればよいだろうか。私が協力したチームは、ベイズ対数尤度の高度な数学的テクニックを採用し、それによって価値あるものと無価値なものを選別できるようになった。同僚のカール・「トニー」・バーロウとセオドア・「テッド」・カドタ博士は、ベイズの原理論を独自に応用し、ほとんど解決困難なインテリジェンス問題を解決した模範的な人物である。トーマス・ベイズは、一七〇一年から一七六一年までエディンバラ大学で学んだイギリス人統計学者にして哲学者、しかも長老派の牧師でもあり、生前は無名だったものの、鬼才の一人だった。彼の論文と主要な理論は、死後にリチャード・プライスによって出版された。われわれはベイズの研究によって、米情報機関にとっての重大問題をいくつか解決することができた。例えば、複雑な物理的環境における機微ターゲットの位置特定と追跡などである。ターゲットには、人間だけでなく、物質や機器も含まれていた。

現場での運用作業で痛感したのは、困難で危険な状況にたびたび置かれる現場の戦闘員のことを常に念頭に置きつつ、探知されない安全な通信手段と最良のリアルタイム・データを提供する必要性だった。天候というものは膨大な情報を含んでいる。地形データを、先述したほかの「マルチ情報収集手段《INTs》」と気象に組み合わせることが必須となった。気象データと海洋学データがともに役立たなくなるような天候のデータを入手するのはさほど容易ではなく、地上にいる者のニーズ、あるいは例えば荒れた海の中で夜間に潜水艦から出撃するシールズ・チームの作戦ニーズに合ったフォーマットでデータを提供するのも難しい。同僚のジェイ・ローゼンタールは、完璧な科学的解決策を思いついた。海軍METOC〔気象学および海洋学〕の著名な元スペシャリストであるジェイは、複雑な海洋、陸上、航空気象を、国家地理空間局が提供する三次元地形データと統合し、特定の場所、シナリオ、作戦情報要件に関連するあらゆる「INTs」

とともに、オーバーレイ表示できるようにしてくれた。これは、秘密要員や特殊部隊にとって極めて大きな前進だった。

　ターゲティングとは、情報コミュニティーにおいて非常に一般的な用語であり、シナリオによって種々多様な意味合いがある。読者の多くは、ターゲティングを物理的解決《キネティック・ソリューション》に結び付けるかもしれない。例えば、潜水艦からトマホーク・ミサイルを、あるいは例えばプレデターUAVからヘルファイア・ミサイルを、テロリストの標的に撃ち込む、といったようなものである。そうした理解も正しいが、さらに多様であり、次のような電子的ターゲットも含まれる。すなわち、他国にある個人のコンピューターを始め、非友好国の高度に技術的な研究開発プログラムや、マネー・ロンダリングや麻薬取引を行っている、あるいは人身売買に従事している個人やグループ、さらに最近の例では、米国の選挙インフラへの攻撃などである。これらは全てターゲットであり、異なる収集技術を必要とする。伝説的なCIA要員セオドア・「テッド」・シャクリー（一九二七年生、二〇〇二年没）は、CIA工作本部の全要員に「ブロンド・ゴースト」として知られ、膨大な秘密工作の経験を積んだ後、CIA工作本部《Directorate of Operations》（「DO」）の副本部長に就任し、あらゆる秘密工作を総括した。一九七九年にカーター政権下でCIA長官に就任したスタンスフィールド・ターナー海軍大将は、DOを一掃した。秘密工作の実績が乏しく、NSAの方が優れた情報を提供できるというのがその理由だった。シャクリーは、その他大勢とともに解任され、一九七九年に退官した。レーガン政権は、新長官ウィリアム・J・ケーシー（一九八一年一月〜一九八七年一月在位）のもとで異なる見解を示し、秘密工作が生まれ変わることになった。とはいえ、多くの主要人員は退官したか、辞職したか、あるいは米政府の他部署に再任用されていた。

　シャクリーは退官したが、真の意味で引退することはなかった。彼から連絡を受けた私は、アーリントンのロスリンにあるオフィスを訪ねると、大統領に代わってCIAのために某国で秘密工作を実施してほしいと依頼された。当然のことながら、その国名を挙げることはできない。依頼の理由は極めて機微であり、大きなリスクがあった。私は任務を完遂し、然るべき報酬と感謝を受けたが、危うく命を落としかけ、標的国ではない外国の病院で数日間を過ごし、毒殺未遂から回復した。私が収集した情報は大統領執務室に直行した。これが示すのは、ほかの多種多様な収集システムがタイムリーに機能しない場合、ごくたまにヒューミントが貴重な役割を果たすということである。だが、これはまれなことだ。

SUBPAC（米太平洋艦隊潜水艦部隊）への特別支援は、いつも非常に楽しく、やりがいのある仕事だった上に、成果も上がった。その成果は、当時、中国とPLAN（人民解放軍海軍）が台頭する中で、米国が太平洋地域で主導権を維持する上で重要だった。潜水艦は神出鬼没というわけではなく、当然のことながら、米太平洋艦隊が前方展開させ、配置に就かせている攻撃型原子力潜水艦の数は限られている。私が率いたチームは、配置を最適化するのにベストな方法を提言したほか、緊張が高まり、敵対関係に陥るおそれがある最悪の状況の中でも、太平洋軍がこれら信じがたいほど優秀なプラットフォーム（攻撃型原潜）から最適な軍事的効用を得られるよう、最善の手段を提供した。

ヒューミントの価値が異質であることは、これまで暗に述べてきたところである。しかし、これは貴重な「オープン・ソース」によって補完することができる。例えば、政治的発言を始め、革新的な技術に関する高度に技術的な海外レポート、経済・物流情報、あるいはインターネット上の無数の情報源――これらは全て、政府が収集した非機密情報、例えば関税のデータ（英米への出入国者、どこから来てどこへ行くのか、迂回ルートや偽造パスポートを使ったか、あるいは正規パスポートか、など）と関連付けられることが多いであろう――、指紋や目のスキャンデータ、ビデオによって収集されるリアルタイム情報、飛行機や船舶の旅客情報、技術情報と同様に個人に関しても多くの情報をもたらすインターネットのメタデータの分析などである。ロイズ・オブ・ロンドンの保険データベースや船舶の動き、貨物やエンドユーザーのデータも含め、主たるオープン・ソース・データベースは複数あり、グローバルなＡＩＳデータを補完している。同僚が利用したのは、まさにこうした種類の情報全てであり、それらを高度に機密化されたシギント、マシント、エリントと同様に、ヒューミントともリンクさせたのだった。こうしたありとあらゆる情報は、英米のコンピューター・システムという篩《ふるい》にかけると純金になることも多く、わがチームは、前記のようなタイプの情報源から関心のあるオープン・ソースを分析した。

新たな革新的量子コンピューティング技術があれば、膨大な量のリアルタイム情報を解読できるようになる。私の世代では、量と複雑さのため、そのようなものは扱えなかった。より戦術的なレベルでは、例えば米特殊作戦軍は、戦闘員用のスマートフォン・アプリを開発しており、これにより、隠密性が重視される場所で指紋などのバイオメトリック・データをリアルタイムで収集、送信、配信することができるようになるほか、アプリは過酷な場所や厳しい温度、湿度、シナリオに対応できるよう、耐久性が高められる予定である。私の世代でも似たような能力はあったが、デジタル時代の進歩的な技術と革新に全てが取って代わられた。

米国のウォーカー・スパイ網は、ソ連に膨大な量の貴重な情報を漏洩していた。私が英国で率い、その後に移住者として米国に戻った折にさまざまな取組に対応したチームは、ソ連のプログラムの先を行っていた。これは、卓越したデータ収集と非常に有能なデータ分析の賜物であり、それによって英米は、例えば、音響や非音響、静粛化、指揮・統制・通信におけるソ連の向上に対抗する方法を見つけ出すことができた。私の最善の評価では、ソ連とワルシャワ条約機構国との大規模な対立(核によるエスカレーションを除く)が生じた場合、英米チームはＮＡＴＯの同盟国やアジアの同盟国とともに、初期の段階でソ連の能力を無力化していたことだろう。私の考えでは、純粋に情報収集(情報源と収集手段)の観点から見ると、ＧＣＨＱとＮＳＡはこの五〇年間、最も価値ある情報を常に生産していた。ＭＩ６ともＣＩＡのＤＯとも格が違った。ただし、ＣＩＡの分析組織のほか、国家海洋情報センター（ＮＭＩＣ）や、オハイオ州デイトン所在のライト・パターソン米空軍基地にあった旧対外技術部など、軍のいくつかの情報機関は傑出していた。

二〇二〇年代のＭＩ６やＣＩＡの新世代職員は、外国人をそそのかして密会し、自国の秘密を漏らすよう迫るのと同じくらい、「データおたく《ギーク》」でなければならなくなるだろう。「飛び入り」や、何度も会って「寝返った」情報源は、貴重な情報を依然としてもたらすかもしれないが、俗っぽく「ギーク」と呼ばれることが、重要な情報源を寝返らせた人物と同じくらい時代の最先端を行き、工作上の費用対効果を向上させる可能性が高い。データ分析は、自国を裏切る完璧なエージェントを見つけようと際限なく努力することよりも、はるかに重要になるかもしれない。ただし、一つ注意しなければならないのは、英国のキム・フィルビーや米国のアルドリッチ・エイムズのような人物が、英米のそれぞれのエージェント網全体を敵に売り渡したということだ。腐ったリンゴ一個が樽全体を台無しにしてしまいかねないのである。「内部関係者の脅威」は、それがヒューミントやシギントによる情報収集者であろうとなかろうと、いかなる情報機関においても同様に危険である。ヒューミント工作を扱った私の経験やヒューミント情報の分析は大きな利益をもたらしうるが、非常に行き当たりばったりで一貫性がないため、ほかの統合された「ＩＮＴｓ」のような総合的な効力はない。

兆候と警報（Ｉ＆Ｗ）は、英米のインテリジェンス機能の中でもかなり過小評価されている。デジタル時代において、Ｉ＆Ｗは冷戦時代と同様、政治指導者に注意を喚起する上で極めて重要である。注意の対象は、高まる脅威だけでなく、極めて深刻な物理的衝突《キネティック・コンフロンテーション》やサイバー侵入のおそれであり、後者の場合は、選挙妨害であろうと、あらゆる脆弱性を突いたインフラ攻撃であろうと、あるいは、重要な国家安全保障能力に対する妨害であろうと、形態を問わない。Ｉ＆Ｗは、あらゆる領域にわたって協調的かつ高度に一体化された方法で取り組むべきものであり、それをなすのが米国家情報長官と英合同情報委員会、そしてその主たるカスタマーである国家安全保障会議、ホワイトハウス、ダウニング街一〇番地〔英首相官邸〕である。

私は今でも、米英海軍が第二次世界大戦中と戦後に絶え間なく行ってきた共同あるいは個別の極秘情報活動を、過去五〇年以上にわたる情報収集と分析の「金糸」〔何かを結び付けるものの象徴〕と見なしている。それらは、英海軍の「ブリンカー」・ホール提督や米海軍のジョセフ・ロシュフォート中佐といった、主要戦勝国の輝かしい先人たちの光明であり、証なのである。

第7章　現在の脅威と新たな脅威

中国は国力を増大し、「海洋大戦略」というべきものを発展させており、これらが今後、中国の「一帯一路」政策のみならず、国家安全保障の全体的な戦略目標をも支えていくだろう。このことは、ファイブ・アイズ全体だけでなく、インド太平洋地域の重要な国であるインドとの一方的関係、あるいは二国間、多国間の関係にもますます影響を与えるだろう。二〇一九年七月に発表された中国の重要政策声明「新時代において」（中華人民共和国国務院新聞弁公室発行）は、中国海軍が同国のパワーと影響力の中心的存在になり、道具となることで、中国がどこへ向かおうとしているのかを極めて明確に示すものである。

内部関係者の脅威

九・一一以降、ファイブ・アイズを含めた西側のあらゆる主要民主主義国に生じているのが、「内部関係者の脅威」である。これは技術進歩がもたらしたものであり、二〇二〇年以降においては、電子的手段によって個人や企業、政府の日常活動に侵入しようとする者に対抗するには、新たなパラダイムと技術が必要とされる。とはいえ、内部関係者の脅威には時代を越えて存在する伝統的要素もある。それは、古典的な裏切り者やスパイ、さらには公共の利益やプライバシー保護の名のもとに機微情報や機密情報を漏洩する人々によってもたらされるものである。インターネットには、本質的に膨大な情報収集能力があり、それによって多くの情報が蓄積されるようになった。そうしたデジタル時代においては、新形態のプロパガンダや潜在意識に訴える世論形成、偽情報は、今や当たり前となっている。

大手インターネット・プロバイダーの膨大なデータ収集エンジン、分析・保存能力により、個々の加入者、ユーザー、顧客については、それらプロバイダーが所在する国の政府と同じくらい多くのことが分かる。広告や商取引は、この膨大なデータの原動力であり、副産物である。プライバシーという概念には、実際的な意義がない。個人としてのわれわれは、誰しもがインターネット上でニュースや製品、情報を検索する上で日々選択をしており、それによって人物像が特定され、ニーズや好き嫌いが特徴付けられてしまうからである。われわれは、政治信条を含む無数の異なるレベルにおいて、自らのライフスタイルや嗜好について非常に詳細なプロフィールを提供してきたのであり、商業団体からターゲットにされるのも当然である。

古典的なスパイは、英米の情報活動や要員に関する極秘情報を漏洩した。貴重な技術情報を漏らした者もいた。英GCHQのスパイ、ジェフリー・プライムは、米国のウォーカー一味と似ており、極めて機微な海軍の作戦・技術情報を漏らしていた。プライムは、ソ連の戦略潜水艦を追尾する英米の取組や、米英海軍がシギントやSOSUSを利用する際のさまざまな手段に関するデータを漏洩した。一九八五年は米国で「スパイの年」となった。国家安全保障局でロナルド・ペルトンが検挙されたのを皮切りに、ウォーカー・スパイ網が解体され、CIAではエドワード・リー・ハワパイが現行犯で捕まったほか、一九八五年一一月には、ジョナサン・ポラードがイスラエルのモサドのスパイとして逮捕された。一九八五年以降では、CIAでアルドリッチ・エイムズが、FBIではロバート・ハンセンが摘発された。両者とも、C

IAのヒューミント活動やカウンターインテリジェンス活動に関する重要情報をソ連に提供していた。その後何年も経ってから発覚したのが、NSAから機密情報をコピーして漏洩したエドワード・スノーデンの一件である。彼は「自由対安全」という名目でこれを行い、NSAとファイブ・アイズが運営している重要な世界的監視プログラム数件を暴露した。それらは、さまざまな電気通信会社やヨーロッパ諸国政府の協力のもとになされていたものだった。これらスパイの手口の多くは、もっと優れた物理的セキュリティー・チェックや審査手続きに加え、銀行口座や個人通信の秘密検査があれば見破られていたかもしれず、さらに極めて重要なこととして、コンピューター・データに対するより優秀かつ高度なアクセス監視があれば、見抜かれていたかもしれない。リアルタイムでチェックできるツールには非常に優れたものがあり、その対象は、機微データへの定期的なアクセスだけでなく、時間外の不当なコンピューター・アクセスのほか、サム・ドライブやディスク、ハードコピー・プリンターや複製によるデータの持ち出しなどにも及ぶ。プログラムは、異常なアクセスあるいは非日常的アクセスについて即座にセキュリティー要員に警報を発することができる。例えば、サム・ドライブを用いてファイブ・アイズ・データにアクセスする者は、そのような行為の事前承認がない場合、直ちにアラームを鳴らすことになる。

二〇二〇年現在の脅威状況は、前述のようなスパイ活動の脅威よりも深刻である。インターネットは、シギントの出現以来、ファイブ・アイズ・インテリジェンスにとって最大の課題となっている。肝心なのは、ファイブ・アイズが技術と運用において一致協力しながら、インターネットにおいて毎ミリ秒単位で送信される圧倒的な量のデータに対処すべく、新たな方法を開発することである。どの国も一国では優位性を獲得することはできないのであり、ニュージーランド、カナダ、オーストラリア、英国、そして米国の頭脳とスキルの全てが必要とされる。サイバー攻撃は、これまでと同様、これからもさまざまな形態で行われるだろう。現在のようなサイバー攻撃の波が押し寄せるはるか前、例えば一九九〇年代には、ニュージーランド／オークランド所在の送電網やロンドンのバンキング・システムが攻撃された。時を同じくして、企業はかなり早い段階から暗号化技術によるプライバシー保護を提供し始めていた。一九九三年に米国で起きた有名なＰＥＰ〔原文ママ。正しくはＰＧＰ〕（プリティ・グッド・プライバシー）事件は、ファイブ・アイズのシギント活動を複雑にした商業的技術革新の典型である。アメリカ人のフィル・ジマーマンは「公開鍵暗号」を世界中に提供し、米政府は同人に対して訴訟を起こしたものの惨敗した。英政府が一九九〇年代後半、ＧＣＨＱを収容する「ドーナツ」の建設――英国を含むヨーロッパで当時最大の建設計画――に投資する中、ＧＣＨＱもＮＳＡも、前例のない量のデータを傍受するという困難な課題にますます直面するようになっていた。それらは、状況によっては最も高度な「キーワード」検索でさえ追いつかないもので、例えば、ターゲットとみられる人物がパシュトゥ語やペルシャ語、複数の未知の方言で暗号化された単語を使用している場合などでは、ファイブ・アイズの熱心な傍受担当官や分析官の仕事が極めて困難になった。脅威データを抽出するための迅速かつ簡単な方法として、トラフィック分析が日常的に用いられるようになった。こうした状況を見ると、明確になることがある。すなわち、ファイブ・アイズ各国政府は、急成長するテロリズムから自国民と同盟国の国民を守ることが急務であり、「自由対安全」という課題に直面しているということである。この言葉は、インターネットや電話から個人データを大量に収集することをめぐる議論で使われている。今から見れば、テロリスト集団は携帯電話やＳＩＭカードを定期的に、しばしば数日おきに交換し、隠語や方言で発信していたのであり、ファイブ・アイズが難問に立ち向かっていたことは容易に理解できる。

こうした課題は、現場での作戦情報レベルにおいては、長年にわたって極めて効果的に対処されてきた。それを可能にしたのが、アフガニスタンで使用されたような堅固で高度な処理能力を備えた戦術シギント・システムである。これらのシステムは、いずれもＮＳＡやＧＣＨＱ由来のデータに依存するものではなかった。これとは違い、それ以前の、例えばセルビアに対する米空軍の目標は、ＧＣＨＱやＮＳＡのデータに直接由来するものだった。二〇〇三年には、例えばイラクにおける大量破壊兵器の存在や場所、種類を確認したり否定したりするような、信頼性の高いシギントは存在しなかった。国連イラク査察団委員長ハンス・ブリックスは、隠された大量破壊兵器を抜け目なく探すよう査察団を動かし続けた。データ・マイニングや、容疑者とみられる人物の声を膨大な量の傍受通信と照合する「声紋」の利用は、依然として初期段階にあった。ドローン技術は二〇〇三年にやっと軌道に乗ったばかりだった。それどころか、英国などは二〇一〇年になっても、監視用や偵察用のまともなドローンを保有していなかった。

コンピューターの技術革新とインテリジェンスへの影響

クレイ・スーパーコンピューター[1]は、シーモア・クレイが一九七二年に設計した画期的なものだったが、その後の一九八〇年代に、多数の企業が製造した一連の巨大な並列コンピューターに取って代わられた。ところが、二〇〇〇年頃には、欧米市場に残ったスーパーコンピューティング・プロバイダーはクレイだけとなり、ライバル会社はＮＥＣのみだった[2]。ほとんどの大企業やファイブ・アイズの情報中枢では、依然として通常のメインフレーム・コンピューターが主流だった。クレイは一九九五年三月に連邦破産法第一一章の適用を受けて破産し、一九九六年二月にはクレイ・リサーチがシリコン・グラフィックス（ＳＧＩ）と合併した。ＳＧＩのクレイ・リサーチ事業部門は、その後の二〇〇〇年三月にテラ・コンピューティング・カンパニー（原文ママ。正しくはテラ・コンピューター・カンパニー）に売却された。二〇〇八年四月、クレイとインテルは将来のコンピューティング・システムに関する共同研究を開始し、二〇〇九年には、オークリッジ国立研究所の国立計算科学センター向けに世界最速のコンピューターを製造した。その後の二〇一七年一〇月に話を進めると、クレイはパートナーのマイクロソフト・アジュールとともにスーパーコンピューティングを「クラウド」にもたらし、同年には人工知能ワークロード向けに二つの新クレイCSストーム・システムを作り上げた。さらに二〇一八年四月一八日には、クレイCS 500製品ライン用の最先端プロセッサーの開発を発表した。本書執筆時点でも、クレイはさらに革命的な進歩を続けている。今後一〇年で無限に進歩し、一九七〇年から二〇〇〇年までのコンピューター関連の偉大な技術革新も、前世紀の遺物のように思えてしまうことだろう。

まさにそうした性質により、米英とそのファイブ・アイズ・パートナー国は今世紀に入ってからというもの、テクノロジーの進歩に追いつくという困難な闘いと向き合ってきた。民間企業は、技術革新と商業市場への導入において、英米政府のはるか先を進んできた。グーグルのような企業は、NSAとGCHQを始め、加豪ニュージーランドの同等機関よりも先行している。問題の一部は、特に英米における取得と契約文化の性質に加え、変化する技術環境に適応するのが鈍重な運営体制にある。調達におけるこうした窮状を始めとして、常識破りの重要な技術を持つ、活気に満ちた革新的な新興企業に対処できないという問題がある。そうした重要技術は、実質的にすでに時代遅れとなっている製品を生産する大企業の複数年契約を脅かすものとなるかもしれない。この重大問題は、二〇二〇年代が進むにつれて、全ファイブ・アイズ諸国、とりわけ米国防総省と国土安全保障省、そしてその傘下の情報機関が直面しなければならないものとなるだろう。二〇〇五年七月七日木曜日、英国は悲劇的で壊滅的な警告を受けた。ロンドンの中心部で自爆テロ攻撃が生じたのである。これは、第二次世界大戦後に英国内で英国民によって行われた攻撃の中でも、最大の犠牲者数を出したものだった〔実行犯はイスラム過激派の移民系英国人〕。GCHQはこれにより、監視戦略を全体的に再考する必要性に迫られた。気がかりなのは、二〇〇五年から今日までの間に、技術変革のペースと規模が予想以上に大きくなっている点である。データの処理能力には意思決定への高度な支援が伴わなければならず、それによって膨大な量の情報が比較的少量の最重要実用情報に変換されることで、意思決定者が脅威に先んじることができるようになるのである。

インテリジェンスと薬物

米国ではヘロイン・オピオイドが蔓延しており、ほかのファイブ・アイズ四カ国でも、米国ほどではないにせよ、同様の状況にある。ヘロインはモルヒネを加工した中毒性の高い薬物で、ケシ科の植物の鞘から自然生成する物質である。麻薬として販売される際は、白色または茶色がかった粉末状である。アヘンは精製されてモルヒネとなり、さらに精製されて種々の添加物（身体に極めて有害なものもある）が加えられると、さまざまな形態の「ストリート・ヘロイン」となる。オピオイドはヒトのオピオイド受容体に作用し、モルヒネと同様の効果を発揮するため、本質的には鎮痛剤である。オピオイドには合法的な医学的応用性があり、医師によって頻繁に処方されている。一部の専門家によれば、専門性に劣る医師はオピオイドを過剰に、あるいは別の治療法を用いることなく不必要に処方しているという――薬漬け症候群《ピルポッピング・シンドローム》である。然るべき管理なく、医療外の使い方をされたオピオイドは、違法薬物のような多幸感をもたらす。過剰使用は依存症や禁断症状を引き起こし、特にほかの抑制薬と併用した場合は、呼吸不全による死に至らしめる。二〇二〇年までに、快楽のための使用や中毒、過剰処方、安価な非合法ヘロインにより、数百万人ものアメリカ人が老いも若きも依存症になっており、大勢が死亡している。

ナルカンは「ナロキソン」の商標名で、医療用に使用される。実際に米国の救急医療レスキュー隊員にとって、ナルカンはオピオイドの過剰摂取の影響を遮断するのに不可欠なものである。レスキュー隊や緊急治療室は、これを静脈点滴と注射によって投与する。患者を救うには複数回の投与が必要な場合が多い。レスキュー隊がナルカンを使い切ってしまうと、生命維持が緊急に必要な患者にとっては危機的な状況となる。救急治療室に到着したときには手遅れになっている場合もあるだろう。米国の、例えばウェストヴァージニア州では、全国的に見ても中毒率が突出して高い。同州のレスキュー隊は、二四時間のうちに同じ中毒者を診るどころか、家族全員を二回以上も看護しなければならないことも多い。これによって、外傷（交通事故など）を負う事故が発生した際や、医療的措置が必要な緊急時（心臓発作、脳卒中、緊急出産など）にレスキュー隊が対応できないとなれば、全体的に悪影響を及ぼす。

ヘロインは、目立たない流通網を経て米国その他の国に到達する。その流通網を断ち切り、犯罪者——この流通網の上部で数百万ドル、下部ではそれより小額を稼ぐ犯罪者——を逮捕し、脆弱な同胞市民への流通を防ぐことが、ファイブ・アイズにとっての明確な作戦情報目標である。流通を初期段階で管理・運営する麻薬カルテルは、新聞等のメディアでも報じられているように、カリブ海での高速輸送や小型潜水艇の運用に加えて、国際海運に依存している。ファイブ・アイズが麻薬輸送を追跡するには、複数の情報源と収集手段が必要である。無法船の追跡はファイブ・アイズにとって不慣れなものではない。各国は、衛星による傍受やシギント、ＡＩＳ（船舶自動識別システム）関連データ、生産地や積出港などにおける重要なヒューミントを頼りに、二四時間体制の世界的追跡網に貢献している。ヘロインのルートは、ケシ畑から港に配送されるまで監視可能である。薬物を犯罪科学的に分析すれば、ヘロインの出所となる特定バッチの詳細が得られる。資金の流通経路に侵入することは、違法な国際発送を追跡するのと同じほど重要である。国際的な麻薬資金のロンダリングを見破るには、麻薬密輸や支払を隠すための隠蔽工作や、オフショア口座を集中的に分析する必要があり、より低いレベルでは、麻薬密売容疑者の財務状況にアクセスする方法や手段が必要である。これには、船舶の追跡から財務分析まで、極めて集中的なファイブ・アイズの協力が必要となってくる。沿岸警備隊あるいはそれに相当する機関は、船舶がいったん領海に入れば、通過の最終段階で不審船に乗り込み、捜索するために重要である。

米沿岸警備財団のカレンダーにはこうある。「沿岸警備隊は毎日、平均三六〇隻の商船が米国の港に入る前に、危険の有無を審査している」。さらに、「沿岸警備隊は毎日パトロールし、一〇〇〇ポンド〔約四五〇キログラム〕以上の違法薬物が地域社会に流入するのを防いでいる」▼3。ファイブ・アイズとその同盟国の海軍は、国際水域においては不審船に合法的に乗り込み、捜索することができる。ヘロインの製造に使用される添加物、特に毒性の強い種はよく知られており、その製造と「調合」が行われる場所への配送は追跡可能である。この一連の作業においては、ファイブ・アイズの伝統的情報機関だけでなく、複数の国家機関の関与が必要となる。ヘロインをケシ畑から路上の「プッシャー《密売人》」まで追跡するには、麻薬取締機関や地方・連邦／中央政府の法執行機関、保安官事務所、税関当局の関与が必要である。ヘロインの流通が、手渡しではなく郵送によって行われると、この法執行作業はさらに複雑化する。流通するヘロインその他の薬物と闘う上で極めて重要なのが、あらゆるレベル〔連邦／政府から地方まで〕の情報機関および法執行機関、さらには麻薬取締専門機関のリソースを組み合わせたデータ「融合センター」である。麻薬カルテルの通信に侵入する場合も、テロ組織と同じような問題が存在する。テロ組織は国家機関の対策を意識しており、通信の回避や欺瞞テクニックがより弾力的で巧妙になっている。

流通網に弱点が一つあるとすれば、それは出荷・輸送プロセスにあり、それがいかなる形態であるかは問題ではない。大手カルテルは長期にわたる少量の出荷ではなく、大量出荷を望む。収益の喪失を恐れるからである。差押えを避け、攪乱するために出荷を遅らせるには、より複雑な計画と実行を必要とする。弱点がある流通網は脆弱であり、二〇二〇年代が進むにつれて、この差押えの段階でいっそう多くの取組が求められるようになるだろう。それは、システム全体としての優れた情報に基づくものである。いつ、どこで発送が行われ、どの港で積込みが行われるかという情報は、極めて重要なデータ・ポイントである。汚職は、特に麻薬対策の法執行面において、継続的な問題となるだろう。ファイブ・アイズの最高の情報も、汚職にまみれた法執行機関や税関職員が発送や流通に目をつぶることで、損なわれるおそれがある。

このため、より厳格な審査手続きが今後とも求められるであろうし、慎重を期すべき高度な機密情報の場合には、知る必要のある最小限の人員にアクセスを制限するだけでなく、前述したようなコンピューターとデータに対するセキュリティーを提供する必要もあるだろう。デジタル時代には、単にアクセスを制限するのみならず、個々人がいつ、何について、いかにデータにアクセスし、データがいかに利用されたかを知ることも可能である。カウンターインテリジェンスは、データの経路や使用方法、タイミングその他、非常に特異なオープン・ソースとの関連性に、かなり集中的に焦点を当てることができる。人工知能技術と、例えば最も洗練された対数尤度理論を応用する高度なベイズ数学とを組み合わせることで、大容量のリアルタイム情報オープン・ソースを分析することができる。こうした方法は、大きな時間的制約がある中で膨大な量のデータを解明し、ユーザーに答えを提供しようと奮闘する個々の分析官には不可能である。

今日では、比較的単純なＡＩアプリケーションを活用することで、情報分析官の仕事をより速く、ストレスも少なく、極めて生産的にすることが可能である。ＡＩは、国境を越えて人物を素早く視覚的に識別し、音声を認識し、難解極まる言語や方言を瞬時に翻訳することができると同時に、高度なタスクを実行することもできる。それと関連する機器は、ＡＩシステムに蓄積された膨大な量の知見から得られたデータを処理し、次にそのＡＩシステムが、変化する新たなインプットに対してリアルタイムあるいはそれに近い状態で適応する。かくして種々の機器は、コンピューターが人間の認知機能をコピーしたり模倣したりすることで、知能を発揮することができるのである。とはいえ、世間が誤解しているように、進化的アルゴリズムは人間が作り出したものであって、機械が自己生成したものではない。機械が人間のようにオペレーターとともに働くことができれば、その機械はブレッチリー・パークの有名な暗号解読者アラン・チューリングによって一九五〇年に開発された「チューリング・テスト」に合格したことになる。[4] ＡＩは飛躍的に進歩しており、ファイブ・アイズ・インテリジェンスに桁外れの次元を開くことは間違いなく、本書執筆中の二〇二〇年においてその程度を予測することは、ほぼ不可能である。だが、疑いようのない事実が一つある。アラン・チューリングが天才だったということだ。ファイブ・アイズは、インテリジェンス・プロセスに革命を起こすために、彼のような人材をもっと必要としている。それを見つけることは難題だが、聡明な新世代コンピューター科学者や数学者の中に、必ずやいるはずである。

国際テロリズム、人身売買、海賊行為、違法武器移転およびマネー・ロンダリング

国際テロリズムや人身売買、海賊行為、銃の密輸、武器の違法移転、それらに関連するマネー・ロンダリングは、国際的な麻薬取引と同様、ファイブ・アイズに新たな難問の到来を告げるものとなっている。これらの活動全てに通底するのは資金である。これらが機能するには、資金の獲得、移動、分散を必要とする。「カネの流れを追え」とはよく言ったものだ。人身売買の場合を除けば、もう一つの共通点は武器である。これらの活動が機能するには武器が必要となる。資金と武器は、こうした悪事の生命線である。その流れを阻止あるいは断ち切ることが重要な目標である。それにはマルチソースの情報アプローチが必要となる。これに加えて重要な課題となるのが、国境を越えた人員リクルートと訓練の手法・手段を突き止め、追跡することである。それが特に当てはまるのが、テロリストの領域その他、個人が勧誘され、犯罪者に仕立て上げられ、あるいは故意に仲間に加わり、養成され、悪事の代償を支払わされるような国際犯罪的性質を有する領域である。したがって、個人と同様に手段も重要であり、将来における情報活動を成功させるには、これら手段の性質と特徴を知ることが肝要である。

九・一一以降は、協力が当たり前となっている。例えば、一九八〇年代にNSA長官だったウィリアム・オドム陸軍中将は、ニュージーランドが米国の原子力艦艇の自国入港を禁止していることを理由に、NSAからニュージーランドへの情報の流れを遮断するよう決定したことがあったが、そうした時代はとうの昔に過ぎ去った。その決定は長続きせず、ＧＣＨＱとオーストラリアは、ニュージーランドのＧＣＳＢ（政府通信保安局）にシギントその他の情報を供給していた。それどころか、ＮＳＡの職員はオドム中将の情報遮断措置の裏をかいていたのである。これこそ、ファイブ・アイズ内の核心的強みと関係性を物語るものである。将来においても、ファイブ・アイズ加盟国内で政治的変化があったからといって、気まぐれや思いつきでファイブ・アイズの二四時間体制の継続的協力関係が危うくなるようなことは、絶対にあってはならない。

武器商人や仲介人は陰で活動し、政府の代理として活動することも多く、武器の授受者への取引や資金移動を首謀しているため、主たるターゲットとなっている。[5] 現代の国際関係に鑑みれば、イスラエルによるロシアやイランとの活動や武器取引には、瞠目すべきものがある。そこから得られるのは、世界秩序にとって危険が明白な武器取引を阻止するための雛形である。そのためには、一方通行的な関係ではなく、緊密な協力が必要である。冷戦初期の数十年間、ＣＩＡには悪名高いジェームズ・ジーザス・アングルトン（一九一七年生、一九八七年没）という伝説的な高位職員がおり、ファイブ・アイズとほとんど、あるいはまったく協力することなく工作を進めたことがあった。こうした行動は一定の混乱を引き起こすだけでなく、より重要なこととして、ファイブ・アイズ・インテリジェンスが共同して行う情報収集、分析、共有を著しく損なうという教訓的実例ともなっている。

不法な秘密武器取引や悲劇的結果をもたらす人身売買においては、金銭が重要な動機となっている。しかし、然るべく監督されていない秘密情報活動は、これまでもそうだったように、政治的に惨憺たる影響をもたらすおそれがある。イラン・コントラ事件はその好例である。情報機関が政治政策の一端を担うことが、極めて問題の多い事態であることは明らかである。米英は二〇二〇年代が進むにつれ、ほかのファイブ・アイズ加盟国とともに総力を結集する必要性に迫られるだろう。米国が一九四七年以降に単独で行ってきた秘密情報活動を全面的に見直した結果としていえるのは、単独で秘密情報活動を行う圧倒的な理由が米国にない限り、ファイブ・アイズは一致協力して資金や人、武器を追跡すべきだということである。この協力関係の中には、二四時間体制の電子その他のデータ交換手段だけでなく、さまざまな人事交流プログラムや、頻繁に開催される会議を通じたファイブ・アイズ職員の絶えざる交流も含まれる。

二〇〇四年三月一一日、スペインのマドリードにあるアトーチャ駅で爆破テロ事件が発生し、一九二人が死亡、約二〇〇〇人が負傷した。この事件により、関与したアルカイダのテロリスト細胞を追跡する上で、ヨーロッパのさまざまな情報機関や法執行機関の緊密な連携が不十分だったことが判明した。同事件は、ヨーロッパ史上、最大の犠牲者数を出したテロ攻撃だった。各機関が実務レベルで緊密に顔を合わせていれば、スペインは入手可能な情報データに関する理解と解釈をかなり深めていたかもしれない。二〇二〇年代が進むにつれ、いっそう緊密な実務者会合が必要とされるようになり、それによって武器や人身売買だけでなく、戦略インテリジェンス的な問題に対してより広範に対処できるようになるだろう。

不法・違法な武器取引や武器移転、人身売買——その動機、場所、顧客、予想しうるルート——の最終段階については、十分に把握されている。例えば、AR−15やAK−47カラシニコフは、合法・非合法を問わず世界市場で広く使用されている。表向きは政府の正式な軍事目的のために製造されている武器も含め、ほぼ全ての武器がそうであるように、ファイブ・アイズはそれらが公然・非公然に製造されている場所を知っている。その販売と流通を追跡することは、現代の情報活動の術《アート》であり、科学でもある。政治に関連するものが術であり、科学に含まれるのが、武器の移転とエンドユーザーを追跡する無数の技術的な情報源および収集手段である。兵器は大型の方が目立ちやすい——戦車や装甲兵員輸送車の方が、ウージー短機関銃やRPG（ロケット推進式擲弾）よりも追跡しやすい。問題は、国家による秘密裏の武器取引である。購入理由の根底には不正な金銭取引があることが多く、その過程で中核的人物に見返りがあり、国際銀行を通さない現金のやり取りがある。国際関係というものは、必ずしも見かけどおりとは限らない。今日から見れば、西欧の主要国やイスラエルがイランへの主要な武器供給国だったことや、武器製造業者や仲介業者に必ずしも直接的に依頼できない国々が代理業者を利用していたことは、現実から完全に乖離しているように見えるかもしれない。

冷戦の初期、イスラエルはソ連に関する主要な情報源だった。ロシアその他のソ連国家にはまだ多くのユダヤ人がおり、ユダヤ系ロシア人の往来があったからである。その一方、イスラエルは情報を収集すると同時に、ソ連の完全な了解のもとに東側ブロック、特にチェコスロヴァキアから武器も購入していた。この明白な共生関係は今後も続く可能性が高く、ファイブ・アイズは武器売買や人身売買の追跡と阻止においてより緊密に協力するだけでなく、相互の政治的意図についても率直になる必要があるだろう。卓越した情報機関というものは、非常に優秀かつ大半が倫理的な人々の共同体であり、重要な国益を守るという共通の目的に奉仕している。特に米国は、透明性と共有化をより高めるという点で、手法の一部を調整する必要があるかもしれない。ただし、全ては完全なセキュリティーのもとで進められるべきである。

マネー・ロンダリングを伴う傾向のある活動は、テロリストによる武器や爆発物の購入を始め、麻薬カルテル、人身売買、海賊の資金調達、銃の密輸のほか、より不透明な武器調達である。技術的に優位にあれば、こうした活動を打破することができる。GCHQとNSAは、加豪ニュージーランドとも技術共有しながら大規模な検索・分析エンジンを開発中だが、これを補強するのが、前述した種類の技術と新たな技術である。これについては例を二つ挙げれば十分だろう。一つは人工知能（AI）であり、これまで未開拓だった領域における種々の情報源や収集手段に、これを加えることができる。特に、高性能の認知ツールを用いて銃の密輸や武器の移転に対して全体的アプローチを行えば、密輸の阻止や関係者の逮捕、物品の押収につながるような兆候と警報を自動的にもたらすことができるようになる。もう一つはドローン技術であり、これを共有することでファイブ・アイズの監視が強化される。こうしたドローンに備わっているのが、ステルス性を始め、航続距離・時間を延ばす出力改良型高密度推進システムや、傍受確率の低いリアルタイム・データリンクを有するシギントとイミント関連の高性能装置である。これらの新技術は、シギント、イミント、ヒューミント、ジオイント、アシント、マシント関連の古典的能力に加えられ、完全に一体化されて使用されることで、初期段階における探知・位置特定の速度と精度が高まるだろう。

ドローンは今や広く普及している。より洗練されたステルス性能の高い隠密型ドローンは、長い航続時間と高性能センサーを備えており、軽量の戦術ドローンを補強するほか、脅威をもたらす側に位置が知られていることの多い空中および宇宙システムのシギント、エリント、電気工学／赤外線、イミントの能力も補強するものである。ドローンは汎用性が極めて高く、金銭的な面でも費用対効果が非常に高い。また、艦船や潜水艦から発射でき、友好国の領土から代行を使って発射することもできる上、さほど友好的でない国からは秘密裏に発射することも可能である。最悪のシナリオにおいては自爆することもできる。港湾付近の活動状況は、ドローンを使って探知・追跡すれば、人間の秘密工作員を雇うよりも効率的で、リスクも少なくなる。ファイブ・アイズの総合力がこの技術的飛躍において重要であることは、依然として変わらない。五〇年にわたってインテリジェンスの世界に身を置いた私の経験からすると、相互利益につながる重要情報は隠しえない。例えば、カナダは英国のGCHQや米国のNSAのような由緒あるシギント組織を有していないかもしれないが、大使館を通じた巨大なネットワークを保有しており、それが旧来のCSEの秘密情報収集活動を補強している。オーストラリアやニュージーランドも同様である。二一世紀が第2四半期に入るにつれ、個々の部分の総和がますます重要になっていくだろう。

ファイブ・アイズの海軍連合は、不法な国際武器取引に対抗すべく、二四時間体制で前方展開する強大な存在である。これら五カ国の海軍は、友好国と同盟国の海軍によって補完されている。ファイブ・アイズは、米国の国家海洋情報センター（NMIC）と米国以外の四カ国の関連機関とデータを共有している。今日のファイブ・アイズ海軍は、不法な武器を輸送する無法船を発見、追跡することが代表的任務となっている。例えば、二〇一六年三月二八日、USS『シロッコ』はアラビア海で一隻のダウ船を停船させ[6]、一五〇〇挺のAK－47や二〇〇基のRPG、二一挺の五〇口径機関銃（これらはロシアや中国など、複数の国によって製造されている）を押収した。二〇一八年八月二七日には、USS『ジェイソン・ダンハム』がイエメン沖アデン湾の国際水域で国籍不明のダウ船（国旗無掲揚）を追跡し、停船させた。空中監視から、梱包されたAK－47を乗組員が小型モーターボートに投げ込んでいるのが判明した。翌二〇一八年八月二八日、USS『ジェイソン・ダンハム』の乗組員が同船に乗り込み、一〇〇〇挺余のAK－47などの武器を押収した。これら事例が示すのは、海上作戦は無数にあるということだ。ファイブ・アイズが情報を共有し、ほかの友好国海軍と協力することで、大きな利益がもたらされているのである。

インテリジェンスと中東――過去が序幕になるのだろうか

本項の目的は、イラク侵攻の前後に生じたインテリジェンスの機能不全について再検証することではない。この問題については多くの著者が取り上げており、著作の多くは戒めに満ちている。しかし、ファイブ・アイズ・インテリジェンスの観点からは、最重要の問題が一つ残っている。それは、それぞれの国家の政策（すなわち、米英加豪ニュージーランドの政策）が、個々の国家が行う情報収集・分析と、集団としてのファイブ・アイズの情報収集・分析から分離していることである。これは重要な問題であり、ファイブ・アイズ全体の協定に加え、ファイブ・アイズ諸国間に別個に存在する二国間および多国間の情報協定や情報交換にも関わってくるものである。例えば米国は、ほかの四カ国と時に対立しながら異なる中東政策を模索してきた。このことは、国連におけるファイブ・アイズ加盟国大使の発言や投票行動からも明らかである。これまで何度か述べてきたように、情報の成果物、特にファイブ・アイズのさまざまな合同情報委員会やそれに準ずる機関が作成した重要な評価は、いかなる政治的な圧力や影響にも左右されてはならない。インテリジェンスの役割は、政策決定者に最高品質の情報をありのままに提供することであり、国家政策や政党・国家指導者の政治的動機や意図を支持するためにデータを歪めることはあってはならないのである。インテリジェンスは距離を置かれて当然である。政策を決定するのは決してインテリジェンスの役割ではない。この点、ファイブ・アイズはモラルの基準を全体的として高く維持している。ファイブ・アイズの情報官庁は、政治的な必要性によってその評価が左右されえないのであれば、倫理的な基準を維持しなければならない。ただし、情報データについて意見が割れる場合も時にあるだろう。これは別の問題であり、その組織が健全で活気に満ちた専門家の集団であることの証となりうる。二〇二〇年代が進むにつれて極めて重要となってくるのが、ファイブ・アイズの結束力を持続させ、各国の政治政策に違いがあるとはいえ、前記の倫理的配慮を堅持することである。

ファイブ・アイズには、一九五〇年代と一九六七年の六月戦争の終結以来、重々承知している一つの事実がある。それは、これまで多くの論争を巻き起こしてきたものである。すなわち、情報の収集担当官と分析官は、中東をあらゆる角度から詳細に知り、理解しなければならないということだ。それは、単に西側で実践されているような古典的な政治・国際関係や外交という観点においてのみならず、第二次世界大戦以降の奥深い歴史、文化、政治的起源と発展においても、さらには宗教、経済、教育制度、伝統、家族構成、共同体組織、多様な言語と方言、そして現在と将来に起こりうる政治的連携と意図——国内的、地域的、国際的——の起源においても中東を理解しなければならないということである。そうした知識と経験がなければ、ファイブ・アイズ・インテリジェンスは、最高の情報収集システムがあるにもかかわらず、藁にもすがりながら情報を収集することになりかねない。中東域外には多くの国際的プレーヤーがあり、その中にはファイブ・アイズの利益と完全に相反するものもある。それらが、おそらく世界で最も紛争が多く、最悪の結果を招きかねない地域で自国の国益を追求しようとしている中で、前述のあらゆる変数のさまざまな変化に対する認識を深めなければならない。中東では歴史と文化が渾然一体となっている。それらを理解することが必須条件である。

二〇〇三年のイラク侵攻・占領の余波については、軍事作戦に先立つ十分な評価がなされなかったことが明らかである。この問題の核心が中東の歴史と文化に対する根本的な無理解にあったことは、まず間違いない。ホワイトハウスはそこを十分に理解せず、意思決定に反映しなかった。ここに、戦略的大失敗の潜在的な原因があったのである。われわれが集団として理解しなければならないのは、現在の中東におけるわれわれの位置付けとその理由だけでなく、二〇〇一年にはワシントンの誰も予想しなかったような方法で地域政治を動かしている体系的基盤でもある。

ＩＳＩＳ〔「イスラム国」〕の台頭とその成果なるものについては、過去一九年にわたって多くの学術的分析や情報評価がなされてきた。解釈は多岐にわたり、場合によってはかなり大きな違いがある。ＩＳＩＳが出現、成長した責任はワシントンにあるとする研究者もいれば、「イラクのアルカイダ」（ＡＱＩ）が原動力となったとする研究者もいる。こうしたさまざまな見解が全体的に落ち着く先は、二〇〇六年にＩＳＩＳが出現し、国家と主張するようになった原因を理解するのは、はるかに困難で複雑なプロセスになるということである。米国は政治的な表明を諸々しているが、二〇二〇年の今日、ＩＳＩＳは消滅したとは言いがたい状況にある〔二〇二四年現在でも、ロシアのモスクワで大規模な銃乱射事件を起こすなどの活動をしている〕。同組織は深刻な軍事的敗北を喫し、指導者の多くが抹殺されたとはいえ、遺憾ながら復活し、より多くの支持者を集めることができている。さらには、何度か敗北宣言を受けたものの、再び姿を現した。インターネットはＩＳＩＳの人員リクルート・プロセスにおいて一翼を担っており、ファイブ・アイズはその多くを巧みに追跡しているとはいえ、人員リクルート・プロセスや訓練、武器の供給に対抗するという課題は未解決のままである。

シリアとイラクは、スンニ派圏とシーア派圏が交わる地理戦略上の要衝に位置している。南北には、湾岸諸国からトルコに至るスンニ派の主要ラインが延びている。シーア派地域は東西に広がり、主にイランとヒズボラがこれを構成している。シリアとイラクでは宗派が混在しており、両国とも二〇世紀初頭まで世俗政権だったほか、スンニ派とシーア派の共同体が混在し、経済的にも社会政治的にも、似たような状態で共存していた。

中東におけるイデオロギーと教義の役割は決して過小評価すべきではない。イスラム教シーア派とスンニ派の争いは、七世紀から絶えることがなかった。スンニ派であろうがシーア派であろうが、人口やムスリムの人口構成にも関係なく、物事を決めるのは支配体制である――例えば、バーレーンはスンニ派国家だが、国民の大多数はシーア派である。情報の収集と分析には、この重大な二重構造を出発点とすべきである。

ＩＳＩＳが登場したのは、二〇〇五年に実施されたイラク国民議会選挙直後の一月だった。国民議会で圧倒的多数の議席を獲得したのはシーア派だった。二〇〇五年一月、シーア派の二大政党は一八〇議席を獲得した（クルド人政党は七五議席、それ以外は二〇議席）。この結果によって批判が高まり、選挙が繰り返された。スンニ派の投票が増えたにもかかわらず、シーア派の統一イラク同盟が二七五議席中一二八議席を得た（クルド人政党は五三議席、スンニ派は計五八議席）。

スンニ派住民が選挙の正当性を認めようとしなかったことから、内戦が始まった。主役を演じたのはテロリスト集団であり、崩壊したイラク軍の残党から発展したＡＱＩ、後のＩＳＩＳだった。二〇〇五年六月、ワシントンは「トゥギャザー・フォワード」作戦を開始し、これを一〇月に終了した。その直後にＩ

ＳＩＳが登場した。これによって、米国による占領を快く思わないイラク人の反発が促進され、米国に挑むという共通の目的のもとに不満分子が結集するようになった。ＩＳＩＳは、内戦で敗れたＡＱＩなどのテロリスト集団の一部や、サダム・フセイン時代の軍の下部機関や将官から構成されていた。これらのグループは別個の組織だったが、共通点を持っていた。彼らはアメリカ人という共通の敵と戦うために団結し、イラクから米軍を放逐することを目標とした。それ以上に注目すべきは、彼らが全てスンニ派だという点である。「イラクのイスラム国」という新組織の名称そのものが、共通的かつ統一的な主張を示している。すなわち、スンニ派の政治エリートによるスンニ派国家を創設するということだ。この重大事実を無視すれば、ファイブ・アイズの情報活動と評価は盲点を突かれることになる。

　彼らの団結を助けたのが、湾岸諸国からの資金援助だった。したがって、ＩＳＩＳが出現した当初は、ワシントンやＡＱＩ、貧困などの経済的要因とは直接の関係がなく、むしろ関係があったのは湾岸諸国、特にサウジアラビアとカタールからの支援だった。サウジアラビアは、自らをスンニ派共同体の盟主とかねがね主張してきたところであり、実際にスンニ派の地域大国である。カタールは、ＧＤＰを成長させるためにヨーロッパ諸国との結び付きを強めてきたものの、北方のスンニ派との有力な関係を依然として必要とした。シリアはアラウィー派〔シーア派の分派〕が支配し、イランとの政治的親和性を示していたほか、イラクは厳格な世俗政権で、シーア派が国民の多数を占めていた。結果として、カタールなどの湾岸諸国は、スンニ派の独立国家が必要だと強く感じていた。このような基本的な事実を無視すれば、ファイブ・アイズが全体として評価を誤ることは明らかである。

一九九〇年八月の第一次湾岸戦争とイラク

　サダム・フセインは、一九九〇年八月二日から四日にかけてクウェートを侵攻した。これにより、米国とその同盟国がフセイン政権に協力する機会が失われた一方、アサド一族とイラン政府との良好な関係が米国の影響を受けることになった。読者は、イスラエルの元モサド長官エフライム・ハレヴィが指摘する重要な点に留意すべきである。同人はその著書 *Man in the Shadows*（邦題『モサド前長官の証言「暗闇に身をおいて」』（光文社））の中で次のように語っている。「本書でまず触れるのはバグダッドであり、主役のサダム・フセインである――イランから発生するシーア派革命というハリケーンに立ち向かう人物だ。当時のフセインは現代アラブ世界の救世主であり、当該地域における米国の重大関心事だった」[7]。モサド長官が指摘するこの悲劇的アイロニーは、重大な事実を一つ浮き彫りにしている。すなわち、サダム・フセインは多くの点で極悪人であることが証明されていたにもかかわらず、イランに対する地域の防波堤だったのであり、切迫した脅威となっているアルカイダにとっては恐るべき敵だったということである。ハレヴィはその著書の前段で、サウジアラビアこそがムスリム過激主義を支援したのであり、九・一一テロのマンパワーのほとんどを提供したのは、決してイラクではなかったと指摘している[8]。アラブの穏健指導者は、フセインは悪人ではあるがイランとイスラム過激派双方に対する最大の防壁になっているとかねがね西側に指摘していた。ハレヴィは著書の終盤において、大量破壊兵器（ＷＭＤ）、特に核兵器に関連して、イスラム過激派は核兵器を含むＷＭＤを使用するおそれが非常に高いという重要な発言をしており[9]、フセインとイラクに関する評価を再検討しながら、フセインよりもはるかに大きな脅威をもたらしていると示唆している。また、ヨルダンのフセイン国王のような穏健で西側に忠実な同盟国が、一九九一年と第一次湾岸戦争において、いかにイラク寄りになったかを示している。ハレヴィによれば、フセイン国王は、サダム・フセインがこの地域をイランの侵略とシーア派の復興から守ってくれていることを理解していたためにそうしたのだという。ハレヴィは、ヒズボラについてはこう述べている。「ただし、ヒズボラにはもう一つ、ハマスやアルカイダと異なる特徴がある。つまり、ヒズボラはイランと連携しているシーア派運動であるということであり……こうした点で、ヒズボラが社会的信用を得たいと夢想するのであれば、ハマスよりもはるかに多くのものを断念しなければならないだろう」[10]。著名な元モサド長官が述べたこれらの言葉は、中東地域に関する一つの分析であり、イラク侵攻を急ぐあまり悲劇的にも忘れ去られ、無視され、まずもって評価されることもなかったものである。

イラク侵攻後、特に二〇〇六年以降、イラクが政治的に不安定になったことで、明確な政治方針を持つスンニ派組織が勢いを得、独自の国家を樹立しようとした。そのスンニ派国家は、湾岸諸国とトルコの間に位置し、カタールからヨーロッパへのガス・パイプラインの敷設を円滑に進める必要があった上、シーア派の地政学的・神政的空間を二つに分断する必要もあった。新たなスンニ派国家というこの構想は、サウジが抱えていた政治的主導権の問題も解決した。基本的に農業国であるシリアと、産油国であるイラクが、サウジと湾岸諸国の経済的覇権に挑むことはないだろうという目論見だった。ここで想起すべきは、シリアとイラクの国境付近で待機していたＩＳＩＳが二〇一三年から二〇一四年にかけて拡大を始めたという点である。なぜＩＳＩＳは行動を起こすまでこれほど長く待機していたのだろうか。それは、イラク南部のシーア派や近隣諸国、そしてクルド人など、周囲の勢力と対峙しなければならなかったため、イラクのスンニ派地域で確たる地位を固めることができなかったからである。また、トルコや海に直接つながることもできなかったため、戦略的な観点からすれば、イラクに存在するだけのＩＳＩＳには戦略的限界があった。ところが、ＩＳＩＳはシリアに好機があると見て取った。

シリアでは内戦が二年に及び、全ての紛争当事者と住民が疲弊した頃になって西側諸国がシリアに介入し始めると、ＩＳＩＳは国境を越えてこの戦争に介入した。ＩＳＩＳは地元民からの支援を必要としていた。カリフ制国家という構想は、新たに支配した地域の人々から支持を得るために生まれた。したがって、シリアはＩＳＩＳの存続と成長にとって重要な要素となった。

今にしてはっきりと分かるのは、ＩＳＩＳの主目標は国家を実際に樹立することだったのであり、これは西側諸国や当該地域、ファイブ・アイズ情報機関にとって重大な挑戦だった。また、その国家は国内的に安定している必要があったほか、西側諸国との架け橋として湾岸諸国によって実際に利用しうるものだった。ＩＳＩＳが当初に軍事的成功を収めたのは、軍事的に優位に立ったからではなく、シリアとイラクが疲労困憊していたからである。その原因となったのは内乱のほか、ロシアや西側諸国による外部からの介入、さらにはイスラエルによる時折の空爆だった。しかし、まさにこうした状況が逆方向にも作用したのであり、ＩＳＩＳは不安定極まる環境の中で安定的な支配を達成することができず、それが今日に至っている。米英の政治的・軍事的な主目標は、シリアでＩＳＩＳを封じ込め、できれば排除する一方、アサド政権が交渉に応じる環境を作り出すことである。しかし、ロシアがアサド政権を支援していることや、シリアを分断する複雑な民族的・政治的・宗教的多様性のため、条件が悪化している。ＩＳＩＳは、二〇一九年春にはシリアで大敗北を喫した。シリアに残るＩＳＩＳの戦闘員とその家族、支持者の将来はどうなるのだろうか。彼らは離散するのか、するとしたらどこへ向かうのだろうか。統合されるのか、キャンプに収容されるのか。本書執筆時点では、予断を許さない状況にある。さらに、敗北したＩＳＩＳのためにシリアで戦っていた多くの外国人はどうなるのだろうか。彼らは依然として移送途中にある。彼らの出身国は彼らを受け入れ、文化的更生を試みるだろうか。帰還したＩＳＩＳ戦闘員を出身国がテロ犯罪で告発する場合もあるかもしれない。シリア国籍ではないＩＳＩＳ支持者は、経済的、社会的に将来どうなるのだろうか。ＩＳＩＳの復活は、時が示してきたところでもある。当然のことながら、そうしたことが起こらないようにすることが肝要だ。インテリジェンスは、どこでどのようにＩＳＩＳが復活しているかを特定するプロセスにおいて、極めて重要である。

ＩＳＩＳは、いわゆる「国内」戦略として国家の樹立を中心に据えていたのであり、非現実的であるにせよ、それがプロパガンダの道具になっていた。彼らがシーア派の領土に侵入しようとしたことは一度もなく、イラクでもシリアでも、スンニ派の土地だけを支配しようとしていると主張してきた。ただし、トルコ国境に手を伸ばそうとクルディスタンの一部を占領しようとしたことはある。直接的に領土を支配するというＩＳＩＳの戦略はせいぜい夢物語だろうが、カリフ制イデオロギーを発展させるための基盤だったように思える。ウマル[▼11]のようなカリフ制国家と同一だという意識を醸成することで、主権と影響力を失うことをシリア人とイラク人が容認できるようにしたのである。幸いかな、これは実現していない。とはいえ、シリアの現状は依然として不安定で予測不可能であり、大混乱と大損害が生じている上に、特にヨルダンは難民という大問題を抱えている。インテリジェンスの観点からは、ＩＳＩＳを現在の国家構造の範囲を超えた、より大きなイスラムの枠組みの中に位置付けることが重要である。ＩＳＩＳはシャリア法に真っ向から違反し、イスラム内の諸団体から厳しく批判されてきた。ところが、主要な神学者や宗教指導者の中で、ＩＳＩＳ体制に対して敢然とファトワを発表した者はまだ一人としていない。宗教指導部内のイスラム知識層は、ＩＳＩＳのおびただしい残虐行為を踏まえて直接的な批判を表明してきた。そうした行為は、非イスラム教徒の女性に対する暴力的な扱いに代表されるものである。インテリジェンスにできることはデータを提供することであり、そのデータは、ＩＳＩＳの人員リクルート・プロパガンダに対して脆弱な住民やコミュニティーを、いかにイデオロギー上の標的にするかを示すものとなろう。その際は、微妙に違う方言や地域文化をも利用し尽くした、巧みなカウンター・プロパガンダを用いることになろう。

　二〇一〇年代半ば以前のＩＳＩＳは、疑似国家を創設することで、ある程度の成功を収めていた。彼らは、支配下にある、またはあった地域で、電気や水を供給し、学校や病院、道路、モスクの建設を促進した。ファイブ・アイズにとって以前も今も重要なのは、ＩＳＩＳが自らに対するイメージをいかに統制しているか、特に、地元民から頼りになる組織として見られることをいかに望んでいるかという点に関する情報を収集することである。ＩＳＩＳは、草の根の信奉者や神権政治の対立の渦中に巻き込まれた無辜の民から、物質と精神を政治的に結合するものとして見られることを望んでおり、それによって安定を求める民衆の欲求を満たそうとしているのである。

二〇二〇年代が進むにつれて、特に米英がより効果的に活用する必要があるのは、ＩＳＩＳが住民や、特に民兵を強制リクルートする際の技術・神政上の脆弱性である。ファイブ・アイズによるメディア・インタラクションには、冷戦時代の「ボイス・オブ・アメリカ」などをはるかに凌ぐ、より洗練されたアプローチが求められる。前述したように、ＩＳＩＳのプロパガンダやリクルートに対処するには、現地の文化や方言に対するきめ細かな高度な洞察力が必要とされる。ＩＳＩＳにとっての大きな弱点は看破可能である。つまり、ＩＳＩＳが暴力と破壊という邪悪な信条に突き動かされて残虐行為の限りを尽くしてきたという現実と認識が、今やシリアではっきりと理解されているということである。これによってファイブ・アイズに可能性の扉が開かれる。すなわち、西側諸国が軍事的に関与し続け、アサド政権が支配していない飛び地にファイブ・アイズの特殊部隊が駐留すれば、ＩＳＩＳの抑圧から救われる望みをいくばくか抱いているか弱き人々に影響を与える可能性が生まれるということである。特殊部隊の駐留は政治的・軍事的な決断ではあるが、ＩＳＩＳのプロパガンダやリクルートに対する最も効果的な手段や資金がどこでどのように使われうるかを示す、健全な情報によって強調されて然るべきである。

二〇二〇年代において、英米のインテリジェンスが介入して最も効果が上がる分野は、ＩＳＩＳによる専門家リクルートに対する措置である。それら専門家とは、ＩＳＩＳが直接支配する産業や農業、貿易を管理する科学者、行政官、エンジニア、技術者、経済学者などのことである。例えば、ＩＳＩＳはこの地域のスンニ派支配国家から資金援助を受けたことにより、アサド湖のダムやアレッポ近郊の火力発電所、石油企業などを運営することができたほか、自国通貨を発行するとも主張している。ＩＳＩＳに関連する将来の重要インフラや物流は、政治的・軍事的・外交的行動と連携した英米の情報活動によって阻止可能である。ＩＳＩＳの専門家やコンサルタントの多くは西側諸国の出身である。ファイブ・アイズには、そうした人物を特定して隔離する手段があるほか、テロ組織との関わりを断念させる手段もある。テロ組織と関わることは、西側諸国の中でもファイブ・アイズ諸国においては、確実に重大犯罪に該当する。

ＩＳＩＳが依然として内部問題に直面している中、英米の情報機関は、ＩＳＩＳがいかなる見通しを持ち、いかに自己を評価しているかに関する内部情報の収集と分析に労力を回す必要もある。これらの見積もりは困難であるため、ＩＳＩＳ内部の神政プロパガンダとその中核組織、特に資金、武器の供給、リクルート用の手段を評価し、これを崩壊させるための本格的なプログラムを開始しなければならない。このプロセスにおいてはヒューミントが重大な役割を担っており、ファイブ・アイズ以外の情報収集機関との共同作戦が重要となる。ＩＳＩＳ内に反体制派が生まれていれば、地域勢力からの圧力下で領土的野心の大半を失うかもしれない。例えばヨルダンは、シリアやイラクのクルド人や、独立勢力に加勢した。ＩＳＩＳ指導部内に不和の種をまくことは、ドローン攻撃その他の物理的手段《キネティック・ミーンズ》で彼らを離反させるのと同等の潜在的価値がある。現在までのところ、サウジアラビアもカタールも、ＩＳＩＳ指導部を制御できていない。ファイブ・アイズ・コミュニティーが、西側諸国や国連、スンニ派イスラム諸国からの圧力をもってＩＳＩＳ内に不和を生じさせれば、同指導部は弱体化し、最終的に降伏する可能性がある。

ＩＳＩＳの主目標はスンニ派圏の統合だが、仮に西側諸国が二〇二〇年代に当該地域の同盟国とともに組織的かつ協調的に抵抗し、ＩＳＩＳの拡散を封じ込めることができれば、その時点でＩＳＩＳの目標は頓挫したことになり、二〇一〇年代にＩＳＩＳが描いた「未来地図」は夢物語に見えるだろう。なすべきことをなせば、ＩＳＩＳがシリアとイラク以外に主要な支援拠点を持てる可能性は極めて低い。ただし、ファイブ・アイズの情報インフラが、この重要地域における主要な情報収集・評価能力を維持せず、国家政策を支援することもなければ、未来は不透明なままとなろう。

仮にＩＳＩＳがシリアに何らかの足場を復活させたとしても、ロシアの陸軍や特殊部隊、空軍、武器供給、さらには同国の秘密作戦の支援を受けているバッシャール・アル＝アサド大統領の軍隊を前にして、そこに進出する可能性は極めて低い。アサド政権の主な目標は、現地の過激派テロ集団を駆逐し、残された領土を安定させ、失われたユーフラテスとの関連で経済を回復させることである。これらがどうなるか、依然として定かではない。シリア情勢は、シリアとイスラエルに加え、それぞれの主要な支援国にして軍事的後援国でもあるロシアと米国との関係によって、さらに複雑になっている。

ファイブ・アイズと西側同盟国は、ＩＳＩＳがサウジアラビアとカタールとの間に有している関係を利用する必要がある。ＩＳＩＳが残虐行為を繰り返し、イスラムの基本教義から明確に逸脱していることで、ＩＳＩＳに反感を集中させて孤立させ、包囲し、崩壊させることができる。それは、残忍な弾圧と残虐行為によって自らの意志を押し付けようとした二〇世紀の専制君主の末路に似ている。ＩＳＩＳは、人間のあらゆる行動規範や預言者の言葉の本質にあからさまに違反したのであり、うまくいけば自ら墓穴を掘るだろう。文明世界には無慈悲や非人道性、暴力的な残虐行為といったものは存在しないのであり、英米はＩＳＩＳの自業自得を確たるものにすべく、情報機能をしかと果たすべきである。ファイブ・アイズは、米英ヨルダン並びに中東とヨーロッパの同盟国による政治主導と足並みを揃えている。したがって、「正義の戦争」を実施する道義的委任を受けていることは明らかであり、残虐行為を首謀したＩＳＩＳの基盤を破壊すべきである。

米国は第二次世界大戦の末期、史上最悪の残虐行為と戦争犯罪を実行した国を立て直すために、極めて先見の明ある戦略を追求した。このモデルは一九一九年六月二八日に調印されたヴェルサイユ条約を逆転させたもので、ジョージ・マーシャルと米国の指導によって作られた。ＩＳＩＳがいったん敗北し、壊滅すれば、スンニ派・シーア派圏と神政圏の複雑さを解決する公正公平な方法を見つけることは、米国とその同盟国にとって途方もなく困難な課題となるだろう。スンニ派とシーア派の対立、何世紀にもわたる神権政治上の相違という巨大な問題を乗り越えるには、計り知れない慈愛が必要となる。これが中東問題の核心である。イラク介入・侵攻後、スンニ派、シーア派およびクルド人を地理的・神政的な領土に明確に分離する機会が失われ、古くからの宗派対立が血なまぐさい紛争を引き起こす結果となった。とはいえ、中東ではあらゆることが起こりうるのであり、ファイブ・アイズ・コミュニティーは、革新的な外交イニシアティブを構築するために、信頼性の高い情報を提供するという重要な役割を今後も担うことになろう。

イスラエル・パレスチナ問題

バラク・オバマは大統領在任中（二〇〇九～二〇一七年）、イスラエルが一九六七年の六月戦争終結時に可決された国連安全保障理事会決議二四二に従い、六月戦争以前の境界線に戻ることを望むと宣言した。オバマ大統領は、これがイスラエル・パレスチナ情勢の長期にわたる真の解決策を始動させるための重要な前提条件であると主張した。オバマ政権の立場は国連の基本概念に依拠したものであり、その概念を具現化したのが、自国領ではない土地をイスラエルが武力で奪ったとした決議二四二だった。同決議は、国民としてのパレスチナ人の権利と、より広範なアラブの要求に応えるには、ゴラン高原とヨルダン川西岸を合法的な所有者に返還しなければならないという内容だった。これらは断固たる要求であり、国連の決意にも沿うものだった。スウェーデンのウプサラ大学平和紛争研究学科によれば、イスラエルはパレスチナ情勢に関するさまざまな違反行為により、国連人権理事会が採択した四五件の決議に基づく制裁を科されてきた。国連安全保障理事会は、これよりはるか前の一九六七年（同年の六月戦争終結直後）から一九八九年にかけて、アラブ・イスラエル紛争に直接対処する一三一件の決議を採択している。これが示すのは、現在進行中のイスラエル・パレスチナ情勢に影響を及ぼすあらゆる領域にわたり、英米の正確な情報が継続的に必要だということである。ただし、米国がイスラエルと独自の関係を築いているために状況が複雑になっており、米国以外のファイブ・アイズ四カ国の情報機関にとっては、ただでさえ複雑な状況がさらに扱いにくいものになっている。国連総会は、特にヨルダン川西岸地区におけるイスラエルの拡張主義的政策を助長しているのが米国とイスラエルとの関係だとする決議を、多数採択してきたところである。

これにより、英加豪ニュージーランドの情報機関や、これら各国が個別的にも集団的にも支持している政治体制にとって、事態が複雑になっている。例えば、第九回国連緊急総会は、米国が対イスラエル制裁の採択を拒否したため、国連安全保障理事会の要請で招集された。米国は、いわゆる「ネグロポンテ・ドクトリン」(二〇〇一年九月から二〇〇四年六月まで国連大使を務めたジョン・ネグロポンテにちなむ)に従う傾向があり、ハマスやヒズボラといったパレスチナ武装組織の活動を糾弾せずにイスラエルを批判したり制裁したりする安保理決議に反対している。こうした環境において中立的な情報を収集・分析することが極めて厳しくなる理由は、それに関与する情報源や収集手段のためというよりも、ファイブ・アイズ内の関係が各国の外交政策に左右されるためである。例えば、ファイブ・アイズは、イランからハマスやヒズボラに対する不正な武器移転を追跡するのと同時に、米国とそれ以外のファイブ・アイズ諸国におけるイスラエルの秘密工作をも監視する必要がある。イスラエルは、古典的なスパイ活動に加えて、自国経済の維持・拡大に望ましいと考える軍事機密技術その他の商業技術に浸透し、これらの収集も行っている。この複雑な状況には固有の矛盾があり、特に、例えばイスラエルの軍情報機関や秘密情報機関(モサド)がタイムリーで貴重な情報を時おり提供するような、さらに矛盾する状況ではなおさらである。これには、イランの制裁違反、秘密の武器輸送、ロシアとシリアの作戦についての情報が含まれる。一九六七年の六月戦争以降の全般的状況は、最近になってさらに悪化している。米国がイスラエルに有利な政策を一段と積極的に展開し、トランプ政権がパレスチナ人に対する援助を大幅に後退させたからである。

米大使館がテルアヴィヴからエルサレムに移転したことも、ファイブ・アイズの政治・外交コミュニティー内に摩擦を引き起こした。トランプ政権は二〇一九年三月二五日、ゴラン高原の永久主権と領有権を主張するイスラエルを支持すると発表し、世界の怒りを買った。その結果として何が生じるかは依然として分からない。シリアの同盟国ロシアが何もせずに傍観することはないだろう。現存する国連決議が両国にとって有利であり、さまざまな選択をする上で両国に正当性を与える可能性があるためである。オバマ大統領は、イスラエルが一九六七年の六月戦争以降に占領した領土を返還する根拠として、その決議をすでに利用したことがある。こうした状況は火種になりかねず、あらゆるキー・プレーヤーが無謀な冒険主義に火を付けるのを待っているようなものである。とはいえ、情報機関は今後ともこうした紛争の種から距離を置き、公正公平な情報報告を作成しなければならない。

イスラエルのネタニヤフ首相は、オバマ政権のいくつかの声明に激しく反発し、イスラエル・パレスチナ情勢のいかなる二国間解決においても、イスラエルはネタニヤフがいうところの「防衛可能な国境線」を持たなければならないと、世界の聴衆に強調した。彼にしてみれば、一九六七年の状態に戻ることは、さまざまな軍事的・経済的状況が生じた場合に、イスラエルの存続に不可欠な領土を放棄するようなものだった。ネタニヤフとは正反対の立場にあるアッバス大統領や何人かの米国務長官は、ネタニヤフがそう宣言した理由を十分に理解している。とはいえ、中東問題を専門とする多くの独立系国際関係専門家は、仮に和平プロセスが過去数十年とは実質的に異なる新時代に入り、パレスチナ人がイスラエルと同様、国際社会の中で国民国家となることに本当に同意しているのであれば、宣言が口先だけのものであろうとなかろうと、それ以上のことが起きるべくして起きるのは明らかだと述べている。

国連決議二四二

当時のカラドン英国連大使が起草した決議二四二の文言が意図するところについては、一九六七年以来、長年にわたって多くの分析がなされてきた。多くの法律家や国際的専門家にとって、この決議は極めて明確にして正確で、表現も良く練られており、曖昧さがない。しかし、国連安保理が国連憲章第二条を確認した上で次のように宣言している項の文言については多くの分析がなされている。「全ての要求および交戦状態を終結させ、かつこの地域における全ての国家の主権、領土保全、政治的独立、および、武力による威嚇もしくは武力の使用から解放された、安全かつ承認された国境線内において平和に生活する権利を尊重し、承認すること」(国際連合広報センター訳)。本項の中で最も見解の相違があるのは、「安全かつ承認された国境線内において平和に生活する権利」という文言である。イスラエルとネタニヤフ首相がこれまで明言してきたところよると、イスラエルはシナイ半島から撤退したため、一九六七年の六月戦争以前の境界線——現在は基本的にヨルダン川西岸とゴラン高原——を引き直す場合は、イスラエルが安全たりうるようにしなければならない。これが、ネタニヤフ首相がいうところの「防衛可能な国境線」である。多くの軍関係者やファイブ・アイズの情報関係者にとって、この語句は重要かつ非常に明確な意味合いを持つものである。

一九六〇年代を簡単に振り返ってみると、中東は冷戦の重要な遠方舞台であり、米ソ間の国際的な対立が演じられる温床でもあった。イスラエルは当然のことながら脅威を感じており、モスクワが後援する潜在的交戦国に囲まれていた。一九六七年六月、状況は沸点に達した。イスラエルが行った先制攻撃は大成功を収め、エジプト、シリア、ヨルダンから領土を奪った上で自国の国境線を拡張し、防御壁を構築した。イスラエルの行動により、米国がソ連との戦争に陥りかねない危機が生じた。仮にイスラエルがゴラン高原を越えてダマスカスに進撃し、その後にソ連が介入すれば、そうした事態になるおそれがあった。イスラエルがゴラン高原からダマスカスに進軍を続けていた場合、ソ連がいかにイスラエルに軍を投入していたかについては、証拠書類に基づいた調査によって明らかになっている。ソ連が崩壊して世界が変わり、その余波の中で現れたのが、中東の安定にとってまたも切実な脅威だった。特にイランが台頭したことと、政治目標を達成する手段としてテロリズムを信奉する政党や集団が出現したことである。ほかの国家や非国家主体も、武器や訓練、装備の提供を通じて、直接的または間接的に関与するようになってきている。

いとも簡単に忘れがちなのは、テロリズムが最近の現象ではない点である。第二次世界大戦以降の中東においては、テロが変革の手段となってきた。イスラエルのメナヘム・ベギン首相は、国際社会から暴力的で過激なテロ組織と呼ばれたイルグンのメンバーだった。イスラエルの建国者にして初代首相でもあったダヴィド・ベン・グリオンは、同組織を「ユダヤ民族の敵」と評した。ベギンは、自らのことをテロリストではなく、自由の戦士と見ていた。容易に忘れがちなのは、中東では過去がしばしば何かの発端となることである。ハマスやヒズボラは、容認しがたい暴力的手段によって政治目標を追求することが往々にしてあり、それらは国際社会からテロ行為と呼ばれることも多い。こうした徒党は、独立パレスチナ国家の樹立を目指すに当たり、戦後イスラエルの「テロリスト」がイスラエルという独立国家の樹立を目指す暴力行為を正当化するために用いたのと同じ原理を引き合いに出す。この視座を失うことは非常に簡単である一方、国際社会は、いかなるテロ行為も、目標のいかんにかかわらず非難すべきである。一九七七年、メナヘム・ベギンがイスラエル首相に就任した。同人はユダヤ系ロシア人として生まれ、ナチスとソビエトの両方から迫害を受けた経験を持っていた。ベギンはエジプトのアンワル・サダトと交わした和平条約の責任者であり、シナイ半島をエジプトに返還した。両人はこれによってノーベル賞を受賞した。ベギンは一九四六年にエルサレムのキング・デーヴィッド・ホテル爆破事件を、一九五二年三月には西ドイツのコンラート・アデナウアー首相の暗殺未遂事件を主導したにもかかわらず、である。要するに、何があってもおかしくないということだ。英米の情報機関は、この複雑極まる歴史的背景の中で活動する必要があるのであり、中東の安定維持に寄与する情報を提供しなければならない。さらには、特定の出来事が破滅的な結果をもたらし、それが世界の平和と経済に影響を及ぼしうるという警報を発するとともに、その兆候となるような情報を提供しなければならない。

インテリジェンスと政治――分離の確たる必要性

今日、パレスチナ自治区のガザ地区を牛耳っているイスラム教スンニ派のハマスや、レバノンのイスラム教シーア派の過激派組織にして政党でもあるヒズボラは、イルグンが一九四二年にハガナから分裂し、一九四四年から一九四八年にかけてパレスチナで対英作戦を開始したときの姿によく似ている。一九四八年五月一四日には、イスラエルが誕生した。それが何と関連し、いかに皮肉極まることであるかは明らかである。つまり、イスラエルは基本的にテロリズムから生まれたということだ。今日の英米の情報機関にとって重要なのは、正確な情報を提供するのに役立つ情報収集システムを整備することであり、それによってテロの拡散を防ぐための国際的な政策を導くと同時に、前述したような政策のジレンマに対する解決策を明確に見いだすことである。アナリストの中には、その答えはおそらく米国とその主要同盟国が支援するヨルダンとイスラエルにあると見ている者もいる。しかし、ロシアに助けられ、唆されているシリアの情勢がますます不安定になっており、この地域がいっそう複雑になっている上に、イエメンでは危機が進行中であり、サウジアラビアが主導するさまざまな活動や作戦は、国連内だけでなく、ファイブ・アイズ政府内外の外交政策エリートにも不和をもたらしている。ファイブ・アイズ情報コミュニティーは、活動を効果的に行うために論争から距離を置かなければならない。さらに、情報同盟国を選択するに当たっては、単に賢くなければならないだけでなく、特定状況の詳細な要件に基づきながら、常に慎重でなければならない。

二〇一八年に発刊されたロネン・バーグマン著*Rise and Kill First: The Secret History of Israel's Targeted Assassinations*（ランダムハウス、ニューヨーク）（邦題『イスラエル諜報機関 暗殺作戦全史』（早川書房））が示すように、一九四八年の独立前後に主にモサドが行ったイスラエルの数十年にわたる秘密暗殺作戦は、短期的には一時の利益をもたらすように見えるものの、長期的には最終的な戦略的重要課題、特に領土をめぐるイスラエルとパレスチナのジレンマを解決できていない。これこそがイスラエルのあらゆる問題の根本原因であろうし、そうした問題により、おそらく米国以外の国際社会がイスラエルの政策や行動に反対しているのである。さらに、先進民主主義諸国は、双方の秘密部隊やテロリストによる継続的な流血をも非難している。

イスラエルの「防衛的国境線」に対するネタニヤフ首相の戦略的懸念は、地理的条件によって明示される。イスラエルとヨルダン川西岸地区の主要地点間の距離はおよそ六〜九マイル（約一〇〜一四キロメートル）であり、沿岸部にはイスラエルの人口が集中し、商工業の大部分が存在する。ネタニヤフ首相の関心事は完全に理にかなっており、西岸地区を緩衝地帯とし、攻撃を防ぐ防衛ミサイル・システム用の敷地にするというものである。ネタニヤフとイスラエル国民が平和と安全の両方を手にするための鍵は、ヨルダンとの関係にあると主張する者もいる。

ヨルダンは、アラブ世界で最も安定した政治体制であろう。アブドラ国王が率いるヨルダンは、民主化と国民生活向上の両面で躍進している一方、過激派による外部からの影響に対しても安全を確保している。イスラエルは、ヨルダンを尊重すると同時に信頼しなければならない。さらに、外部からの脅威に対するヨルダンの安全保障は、米国の援助によって支えられなければならない。これは、米国がイスラエルを援助しているのと同様である。不安定化した反イスラエル政権がヨルダンで誕生する可能性は、現在のところ極めて低い。二〇二〇年代の英米情報機関は、ヨルダンの安定性を注意深く監視する必要があるだろう。イスラエルにとっての脅威は、はるか東に位置するイランであり、同国とほかの国家・非国家主体との過激主義的な連携である。同様に、ヨルダンも外部からの過激派グループによって脅かされており、大多数のヨルダン国民が政治プロセスと国家元首に忠実である中、これらグループは先進的な政権の不安定化を目論んでいる。

現代の巡航ミサイルや弾道ミサイルの技術からすれば、ヨルダン川西岸の緩衝地帯はイスラエルにとって東側からの地上侵攻に対して重要ではない。これは、特にヨルダンとの関係や米国からの支援に鑑みれば、なおさらである。両国にとっての主たる脅威は、テロリスト集団による過激な攻撃以外には、ミサイル攻撃によってもたらされる可能性が最も高い。イスラエルにとって最悪のシナリオは、イランからの先制弾道ミサイル攻撃であろう。こうしたミサイル攻撃シナリオにおいては、ヨルダン川西岸地区は重要な地理的存在として機能しない。なぜなら、巡航ミサイルや弾道ミサイルで攻撃された場合、速度、時間、距離の問題があるためであり、それらはヨルダンとイスラエル両国の主目標の位置と関連するものである。一部の戦略家は、ヨルダン川西岸が重層的な防衛ミサイル・ネットワークの用地となりうる限り、ヨルダン川西岸は役割を果たしうると主張している。

これらが示すのは、インテリジェンスという基盤は警報を発したり兆候を捉えたりするのに重要であるだけでなく、政策決定や軍事計画をサポートするためにも重要であるということだ。ヨルダン川西岸をめぐるヨルダンとの合意には、次のようなものが含まれうるとする見解もある。すなわち、ヨルダンが西岸地区の支配権を取り戻すとともに、米国の監視のもと、同地区のパレスチナ人入植地とイスラエル人入植地の両方を管理するものとする。その見返りとして、ヨルダンは西岸地区の重要な空軍基地のいくつかをイスラエルに提供し、全面的な権利を与えることとする。イスラエル軍はそれにより、防衛ミサイル陣地に二四時間体制で兵員を配置し、早期警戒レーダー・システムを供給することが恒久的にできるようになる。こうしたサイトとシステムは、ヨルダンにとっても同等の価値がある。さらに、米国がヨルダンとイスラエルの双方に重要な多層的防衛システムを提供することも可とする。これは、さまざまな援助協定に基づいて提供する軍事システムに加わるものである。こうした解決策が現実的かつ達成可能であり、二〇二〇年代に何らかの形で進展すると仮定すれば、リスクを確実に軽減し、信頼性の高い情報システムを確立するには、英米のインテリジェンスが不可欠となるだろう。

ヨルダン川西岸地区の戦略的役割に関する問題は、ネタニヤフ首相から見れば今やまったく新たな様相を呈しており、そのために、イスラエルは前述の防衛システムを利用し、そこに駐留しているのである。これは仮説にすぎないが、今後一〇年以上の間に中東で何が起きようと、米国の利益のみに左右されない重要な情報提供が必要になるだろう。米国も、地域の緊張が高まっているとき以外は、配備コストを最小限に抑えたくなるだろう。ファイブ・アイズ情報コミュニティーの中でも、米国を除く四カ国の独立性と能力は、独立した中立的な評価を行うという点で非常に重要である。情報共有はいかなる交渉においても重要であり、ヨルダンとイスラエルの両国は一刻を争う情報を共有するには、互いとも米国とも、信頼を醸成する必要がある。ロシアと中国は、政治、外交、軍事、経済、武器売却のあらゆるレベルで介入しており、そうした両国の役割によって情報は複雑化している。簡単にいえば、優れたインテリジェンスとは、利用者が意思決定のかなり前に十分な情報に基づいて意思決定を下せるような情報を提供し、不意打ちを受けることなく、実際の敵や潜在敵よりも優位な知識基盤を常に持てるようにすることである。

世界に挑む中国

中国は世界的大国として台頭し、東アジアにおける米国の軍事力に挑戦している。これが提起するのは、中国の長期的政策の本質と目標に関する根本的問題に加え、ファイブ・アイズが自国利益と、当該地域および世界中の友好国や同盟国の利益となる戦略立案に寄与する情報を、いかに提供できるかという問題である。中国政府は二〇一九年七月、『新時代における中国の国防』を発表した。[12] これは中国の国防政策の公開版であり、台湾と「一つの中国原則」のほか、必要とあらば台湾をめぐって戦うと明記されている。これは留意すべき文言である。中国が公にした国防費の対GDP支出と政府支出に占める割合は、仮に正確なものであれば、示唆に富む。中国が引用した二〇一二年から二〇一七年にかけての各国の国防費の対GDP支出は、米国では三・五パーセント、ロシアでは四・四パーセント、インドでは二・五パーセント、英国では二パーセント、フランスでは二・三パーセント、日本では一パーセント、ドイツでは一・二パーセントである。これらと比べ、中国はGDPの一・三パーセントを国防費に充てているとしている。重要な記述がもう一つある。「中国は、覇権主義と膨張は失敗に終わると確信している」。中国がいう領土拡張とは、攻撃的な手段によるものと考えられる。これは、中国がスプラトリー諸島を軍事化していることと矛盾する。では、中国はどこへ向かおうとしているのだろうか。

中国の台頭はいうまでもないにせよ、極めて重大な問題は、中国の長期的・短期的な目標は何かということだ。軍拡もさることながら、中国の経済的推進力は陸と海における国際的安全保障の景観を再構築しつつあるのではなかろうか。それに加えて現在の米国（本書執筆時のトランプ政権）は、環太平洋パートナーシップ協定からの離脱、NAFTA（北米自由貿易協定）の再交渉、世界貿易機関からの離脱といった恫喝をしており、多国間の経済的・政治的枠組みを拒否している。さらには、米国の同盟国と中国に対して懲罰的関税を課した上、ヨーロッパの主要同盟国とロシア、中国が署名したイラン核協定を拒否したことで、事態はいっそう複雑になっている。これらの結果、複数の国が中国の傘下に入り、米国のNATO同盟国との不調和を生み、ロシアと中国が接近することになった。米国の懲罰的制裁は、大きな悪影響をもたらした。二〇一三年に始まった二一世紀の「シルクロード」である中国の「一帯一路構想」（ＢＲＩ）は、約八〇カ国を巻き込んで一兆ドル規模の投資がなされ、中国が自国のエネルギーや貿易ルート、主要天然資源を確保できるように目論まれている。それのみならず、世界の港湾インフラや世界航路への投資を拡大しつつ、中国製品への需要を刺激し、巨額の投資と融資を通じて経済支配権を獲得できるよう戦略的に考案されているのであり、融資の中には、今世紀中には返済されないケースもある。

中国はまた、「極地のシルクロード」を明言しており、自らを「近北極国家」であるとしている。これが意味するところは、中国の目標を達成する手段は「海洋大戦略」であり、中国海軍が中心となるということだ。中国は、ロシアや中央アジア、ラテンアメリカ、アフリカにおける貴金属の採掘と生産への利用権と支配権を得ようとしている。中国の「借金漬け外交」は、米国とその主要同盟国をだしにして利益を得ている。中国はそれによって、日本やフィリピン、ヴェトナムとの緊張関係を緩和できるほか、南シナ海のスプラトリー諸島とパラセル諸島を中国が占領、軍事化した結果生じた摩擦を、軽減することもできる。後者は、明らかに米第7艦隊に対抗するプレゼンスの創設を目的としたものであると同時に、環礁や島々の周辺での漁業権や海底資源権について、二〇〇海里の領有権を主張できるようにするためのものである。ただし、国際仲裁裁判所は、中国にはそのような法的・歴史的請求権はないと宣言している。米国は今のところ、ハーグ所在の同裁判所の判決を履行させようとしていない。一方で中国は、パキスタンのグワダルやスリランカのハンバントタ、ジブチといったインド洋全域に海軍施設を建設しているほか、カンボジア、インドネシア、マレーシア、ブルネイ、ミャンマー、バングラデシュ、タンザニア、ナミビア、ギリシャ、イタリアと長期的な港湾協定を結んでいる。

米国の二人の国家安全保障担当補佐官――ワシントンの弁護士トム・ドニロン（二〇一〇～二〇一三年在位）と政策通のスーザン・ライス（二〇一三～二〇一七年在位）――は、対抗措置を講じさせることもなく、タカ派のジョン・ボルトンとともに中国のなすがままにした。ボルトンは、二〇一八年五月にジェームズ・ファネルが下院情報特別委員会で行った詳細なブリーフィングに注目するよりも、イランを挑発して衝突を引き起こそうと夢中になっていた[13]。米国が政治・外交・経済的な立直し戦略にシフトしない限り、貿易と資源をめぐる衝突は避けられない。その戦略を担うのが米海軍と海兵隊の能力、すなわち、二四時間体制で前方に展開するプレゼンスであり、それが保証するのが海の自由、ルールに基づく国際秩序、そして貿易や資源、重要鉱物をめぐる紛争の防止である。それら重要鉱物は、国家安全保障のみならず、デジタル革命の継続とその巨大な製品ラインの核心と見なされている。

　中国は、英国が何世紀にもわたって追求してきた海洋戦略と経済モデル――海上貿易の防衛、海外における買収と影響力への支援――に従っている。中国は株主を喜ばせる必要もなく、「リスクなし」で投資を行っている。アフリカの鉱山への投資は、米国やヨーロッパの投資家にとってのリスクとはまるで違う。中国は、よく知られたサイバー侵入やスパイ活動によってだけでなく、単純かつ効果的な経済戦略によっても技術を窃取している――米国その他の外国人投資家は、中国に出向き、投資したあげく、中国が彼らの技術や生産・エンジニアリング計画を模倣し、自国の産業や企業を立ち上げるのを目の当たりにするのである。外国からの投資は、やがては枯渇するだろう。米国とＮＡＴＯ主要同盟国からの反応は、驚くほど弱い。聡明で鋭い洞察力を持つ米海兵隊大将ジム・マティス元国防長官はいみじくも、インドと米国がほかの主要同盟国とともに「戦略的に収斂」することが重要な対抗策であるとの見解を示している。そうでなければ、インド太平洋地域における中国の覇権が経済的、政治的、戦略的レベルで優勢になるからである。この巨大な難局は、一九三〇年代の東アジアにおける経済崩壊の二一世紀版であり、大きな不安材料である。当時の日本はそれによって、海上で衝突するのみならず、領土拡張の道をも歩み始め、それが一九四一年一二月七日〔現地時間〕、世界にとっての破局へとつながった。世界経済や世界には、そうした規模の紛争を再び目の当たりにする余裕はない。勝者はおらず、あるのは敗者のみとなろう。米国とその同盟国は、連携を深めるインドも含め、前例のない外交的、経済的、政治・軍事的手腕と不屈の精神をもって、この難題に立ち向かわなければならない。

ジェームズ・ファネルの証言[14]の一部については、ほかの専門家から異議が唱えられた。特に、中国が二〇二〇年代のある時点で台湾に侵攻するおそれがあるという予測である。とはいえ、その点、すなわち中国の拡張主義的な政策と行動に関する彼の詳細な記述は、徹底して正確な情報に基づいたものだった。さらに彼は、中国が過去一〇年間に行ったことの多くが、彼らの公開文献に明記されているという注目すべき指摘をした。換言すれば、中国は自らの計画や予定を隠そうとしていないのである。彼らは、何をするつもりなのかを明言してきたのだ。中国の増大する軍事力と行動には、米国に挑戦する意図があるように見えるが、それに対して特に米国が陥りかねないのが、「作用と反作用」の立場である。中国は、同国の公文書が伝えていることを公然と行動で示している。すなわち、東アジアにおける米国のプレゼンスに挑戦し、自らを卓越したアジアの大国と見なし、ゆくゆくは西太平洋の外側の列島線にも及ぶ覇権を築くつもりだということである。

「作用と反作用」は、まさに冷戦時代の現象だった。ソ連が何らかの軍事的能力を開発したり、さまざまな地域で影響力を拡大したり、あるいはまた新たな基地を建設したりすると、米国とNATOはそのような活動に対抗したものだった。この壮大なゲームはソ連が崩壊するまで繰り広げられた。今、米国とその同盟国が真剣に考えなければならないのは、中国に対して同じ行動パターンに倣い、政治・軍事戦略のあらゆるレベルにおいてコストのかかる複雑な状況に迷い込むことの潜在的な悪影響である。米国の新世代の指導者が直面する問題や課題には、別の対処法がある。彼らには、経済的に甚大な影響を及ぼす冷戦時代のような膠着状態を続けている余裕はない。ともあれ、これまで記してきたことが明示しているのは、英米の情報機関とファイブ・アイズのパートナー機関は、徴候と警報の領域において警戒を厳にする必要があるということであり、中国による突然かつ前例のない思い切った行動によって、自国の政治指導者が不意を突かれることがないようにしなければならないということである。

分析を始めるには、まずは第一原理に立ち返るのが賢明であり、それが東アジアにおける米国とその同盟国の持続的な戦略策定につながる。中国は、帝国主義国や地域の覇権を求めた国々の成長と衰退を特徴付けてきた行動パターンを模倣しているのか、あるいはそれを反復し始めているのだろうか。古代ギリシャや古代ローマ、スペイン、イギリス、ハプスブルク、トルコ、ロシアといった帝国のモデルは、中国で展開しつつあるものに似ているのだろうか。そのモデルは、中国にも適用できるのだろうか。中国の軍事力の増大、さらには、依然としてトップギアには入っていない中国の経済大国化は、ナポレオンやナチス、ファシスト・イタリア、そして大日本帝国の軍国主義的、拡張主義的な領土目標と、結び付けて考えることができるのだろうか。さらにまた、中国の海外投資、海外の港湾施設、海外の政治・軍事インフラを必要とする膨大な資源需要、特に石油の需要とも関連するのだろうか。

これら多くの疑問に対する答えは、中国は近代において、一定の例外はあるものの、国際関係に対して極めて非侵略的なアプローチを取ってきたという点である。ヨーロッパ列強が対外的な成長、探検、植民地化、帝国建設を開始して以降の過去五〇〇年間、中国はまったく異なる道を歩んできた。その間、中国は主権国家を侵略、あるいは恒常的に占領したこともなければ、帝国主義的な意図を示したこともない。中国革命と第二次世界大戦の終結以来、中国はほとんどの場合、内向きに行動してきた。ただし、例外もあった。

ダグラス・マッカーサー元帥は、一九五〇年に北進して北朝鮮に侵攻し、鴨緑江まで進出したが、中国がこれに反応したことは驚くに当たらなかった。中国軍は鴨緑江を越えて南進し、米軍を三九度線まで追い返した。中国から見れば、米国は中国の主権と共産主義の属国を脅かしていたのである。中国は一九六二年の中印戦争の際、インドによるダライ・ラマとチベット独立運動の支援は認められないとネルー政権に知らしめるため、インドに短期侵攻した。インドが敗北を喫すると、中国は直ちに撤退した。

しかし、一九七九年二月には、ヴェトナムに侵攻したものの無残にも敗北を喫した。これは、ヴェトナムが中国の傀儡政権であるクメール・ルージュを鎮圧すべくカンボジアに侵攻したことに対し、不満を示すためのものだった。戦争はわずか一カ月で終結した。中国が失った兵力は約二万人で、米国がヴェトナム戦争の単年で失った兵力よりも多くを、ほんの数週間で失った。さらに、国境に展開していた一〇万人のヴェトナム軍部隊は、二五万人の中国軍を血祭りにあげた。これは屈辱的な敗北だった。中国の指導者、鄧小平に与えた影響は劇的だった。

中国は、米国とその同盟国の利益に反する国家に武器や技術を提供している。また、国連の中東政策であれ、ならず者国家（北朝鮮はその代表例）に対する政策であれ、あらゆる主要な国際問題に関して独特かつ明確な政策を有している。いかなる国と同様、中国も自国の国益と見なすものを追求している。ファイブ・アイズ情報コミュニティーは、中国の発表や行動を注意深く監視し、変化が不意打ちとなって訪れないようにしなければならない。

これまでの中国には、他国の領土を侵略して領土を拡大することが自国のパワーと影響力を拡大する方法だと考えているような節が見当たらない。中国はこれまで、国際法と協定にほとんど従ってきた。疑問の余地がないのは、中国はやろうと思えばいつでも香港やマカオに抵抗を受けずに進軍できたということだ。中国はそのようなことはせず、条約の法的期限が切れるまで待ったのである。これらの条約は、二一世紀の今から見れば、ポルトガルと英国という一九世紀の帝国による露骨な権力行使に等しいものだった。どちらの領土も、中国の支配下に平和的に移行した。これとは対照的に、アルゼンチンの独裁政権は一九八二年、フォークランド諸島における英国の長年にわたる権利と所有権に挑戦する決断を下し、その結果に苦しんだ。中国は、そのような動きをしたことが一度もない。こうした傾向から外れることがあるとすれば、それは軍国主義的なものではなく、経済的なものであろうし、資源に飢えた龍が、やがては深刻な不和の種となるおそれがある。だが、この予測がバラ色にすぎるかもしれないと思わせる情報もある。中国が明らかに追求している海洋大戦略は、終局の前兆の可能性がある。この点で、総体としてのファイブ・アイズは極めて重要である。

中国は、固有のニーズと宿命からすれば、東アジアにおける経済覇権は必然だと繰り返し示してきた。その目標のため、中国は南シナ海の主な無人礁や環礁、小島に対して歴史的権利があるとして、領有権を体系的に主張し始めている。中国が今や経済巨人であることは自明である。その国民総生産は、いつかは米日独のそれと同等になり、おそらくそれを上回ることだろう。危険なのは経済競争ではない。経済競争は、管理が行き届き、しかも世界的に結び付いた市場であれば、健全かつ有益なものである。危険なのは、資源に対する需要である。中国の人口は膨大であり、世界的な経済的地位に見合うだけの食料を供給し、維持する必要がある。中国は、特に半導体産業や宇宙産業において、主要な貴金属を深刻なまでに支配しているが、それ以外の分野においては、痛ましいほどに依存的状態にある。最大の問題は石油である。中国の石油需要は急激に伸びており、二〇二〇年代半ばから後半にかけて、需給危機に達するおそれがある。同国の計画担当者は、常に代替供給先と投資・開拓分野を探している。中国はいまだに石炭を主要エネルギー源として利用している。グリーン・エネルギーと自然保護問題を国家課題の上位に位置付ける欧米諸国は、パリ協定があらゆる国にとって重要と見なしており、特に中国とインドという巨大な人口を抱える二国家には、太陽光や風力、水力といったグリーン・エネルギー源への投資を大幅に増額するよう要請している。然るべきリーダーシップと投資があれば、これらの国々が代替エネルギー源に転換できるはずであることに疑問の余地はない。英米のインテリジェンスは、ますます経済情報に投資しなければならない上、その情報源と収集手段を外部からもたらされる高度な分析と結び付ける必要があるだろう。それら分析は、産業界によるものや、特に世界のエネルギー源と分配を追跡している、より権威のある学術機関によるものである。資源に飢えた中国が、資源を目的とした一九三〇年代の日本の膨張政策——真珠湾攻撃で頂点に達したもの——を再現するなどという懸念は、現在も予見可能な将来にも、いかなる形であれ、見えてこない。ファイブ・アイズは、戦略的な意味における経済情報により多くのリソースをいっそう割かなければならなくなるだろう。

中国は、南シナ海の小島や環礁を奪取し、そこに滑走路やミサイル発射場、レーダー、通信施設などを設置して軍事化している上、国際法社会がスプラトリー諸島やパラセル諸島に対する領有権主張は違法と宣言したにもかかわらず、海軍がその主張を支えるべく積極的に行動している。それによって状況が悪化していることは、明らかに極めて深刻な懸念事項である。ファイブ・アイズは、これらの進展状況の全てについて広範な情報を収集しているほか、南シナ海における中国の拠点を撮影した商業衛星画像が公開されたことで、中国が何を建設しているのかが国際社会に明らかとなり、世界のメディアを通じて、その明確な意図も示された。中国のこうした活動は、ハーグ所在の国際仲裁裁判所の判決に対する極めて悪質な違反である。同判決は、南シナ海における中国の主張は正当な歴史的権利や前例に基づくものではないと認定した。ファイブ・アイズ・コミュニティーにとって、これらの行動は中国の政策を反映するものである。すなわち、中国は軍事化を進め、国連海洋法条約に基づかない主張を続けるということだ。これらは全て、国際法を無視する意図的なものであり、はなはだ憂慮すべき姿勢である。米海軍とその同盟国海軍は現在、南シナ海に関する中国のあらゆる主張に異議を唱え、中国が自国領と主張している全海域において、歴史上、国際的に認められた限界内で無害通航権を定期的に行使し、中国が主権を主張する海域に巡洋艦や駆逐艦を航行させている。これにより、中国と米国の軍艦が海上で衝突しそうになったり、中国による別の敵対行為——中国が自国領空と主張する国際空域で米軍機を妨害するといった行為——が生じたりしている。これでは先が思いやられる。なぜなら、中国は数と能力の両面において海軍を拡大しており、海上貿易の保護という海軍の古典的任務と見なされるものをはるかに超えているためである。

二〇〇海里の経済水域という法的概念は、国際法体系の中に一般的に受け入れられているとはいえ、国際社会の中においては、経済水域と海洋法という法概念は最も発達していないものであり、成文化もされていない。南シナ海の係争中の島々の周囲に二〇〇海里の経済水域を設定することは、紛争解決にとって大きな課題となる。ヴェトナムはここしばらく、島の領有権をめぐって中国と対立しているほか、この地域の地政学上、日本やフィリピン、韓国、マレーシア、タイ、シンガポール、インドネシアも、同様の領有権をめぐって中国と対立するおそれがある。中国の資源需要という広範な問題が消滅することはないだろう。中国の問題をすぐにでも解決するような大規模なグリーン・エネルギー・プログラムが実現する兆しはない。中国で高まる石油への需要と関連しているのが、ハード・カレンシーの蓄積と対外債務の保有という同時並行的な政策である。

では、中国の軍備増強や海軍演習、台湾に関する姿勢に鑑みて、中国が本当に達成したいことは何なのだろうか。中国は新兵器システムの配備能力によって何を得ようと望んでいるのだろうか。新兵器システムの配備についてはファイブ・アイズが丹念に監視、分析してきたところであり、内訳として対空母ミサイルや接近阻止用弾道ミサイル、対衛星システムが含まれるほか、電子戦やサイバー戦の技術や技能に対する多額の投資、増加する在来型および原子力潜水艦、宇宙その他の情報・監視・偵察領域への進出の増加も含まれる。ファイブ・アイズ・コミュニティーが懸念するのは、ごく単純にいえば、中国が計画しているのは戦わずして戦争に勝つことではないかということである。この分析の核心は何か。

そうした戦争は対抗力の問題であり、重要アセットの戦闘序列を高いレベルに引き上げるということである。さらには、絶え間ない課題を生み出すということであり、米国と同盟国による高コスト極まる永続的なプレゼンスや配備、基地利用が求められるものである。それは一面において、別の手段をもってする消耗戦と見なされるかもしれない。それを支えるのが、持続可能な経済成長と、中国の新たな国家資本主義モデルに基づく軍産複合体である。米国の一部の著名な経済学者は、この中国モデルの方が自由市場資本主義モデルよりも効率的であるとさえ述べている。そこでファイブ・アイズの分析官は、こう問わねばならない。これは新形態の覇権主義なのか、それとも中国特有のものなのか、と。脅威となっているのは軍事力の増強そのものだけでなく、バラ色の中国の未来に潜む唯一の弱点でもある。それはすなわち、資源の限界と石油需要の増大であり、アフリカですでに目撃されているような、特に鉱物資源を志向する中国の巨額投資である。中国は、軍備増強によって米国、特に米第7艦隊に王手をかけ、戦わずして戦争に勝利する。同艦隊は、米国のプレゼンスや意思、技術、火力をアジアに前方展開する重要な存在である。

これまでの情報に吉兆はない。中国が追求しているのは、インド太平洋全域で海軍作戦を展開しているように、まさに軍事の大規模近代化と、端的にいってしまえば略奪経済である。中国は、インド洋における「海上シルクロード」を絶えず強化している上、インド洋での戦闘・非戦闘行動に備えている旨、行動で示している。これは二〇一〇年以前とは大変な違いである。二〇一六年一月、中国はジブチとの間で、港湾利用権と基地設置権に関する一〇年間の協定に調印した。アフリカにおける中国の商業的利益と自国民を保護し、対テロ作戦を支援するというのが、その際の表向きの目的だった。同時に中国は、この基地により、重要なバブ＝エル＝マンダブ海峡に隣接するという戦略的地位を得ることになる。これと同様に、中国の基地権はパキスタンのグワダル深水港やオマーンのサララ、セーシェルにも設定されている。中国は二〇一九年五月、オマーンに一〇七億ドルを投資すると表明した。中国がこれら全ての場所に「傍受ステーション」を設置することは間違いなく、かつての米国の同盟国パキスタンへの主たる武器供給国にもなるだろう。中国が投資しているあらゆる港は、商船と中国海軍の寄港、修理、整備用の「二重用途」港であるか、そうなることになっており、中国本土から遠く離れた重要な兵站拠点ともなる。中国は、二〇二〇年代の初め頃には世界最大の海軍を保有することになる。これが示すのは、同国はもはや大陸国ではなく、海洋国であるということだ。中国の貿易額はGDPの約四一パーセントを占め、そのうちの九五パーセントは海運によってもたらされている。中国は二〇二〇年の時点で、知られているだけでも約五〇〇〇隻の登録船舶を擁している。

では、米国とその同盟国にとっての最善の戦略とは何であり、ファイブ・アイズ・コミュニティーには何が求められるのだろうか。まず、ファイブ・アイズの中で、中国との戦争を目論むことができる国は一つもない。とはいえ、米国の責任ある指導者の中で、中国が東アジアの経済的・政治的・軍事的覇権を築き、それによって米国の影響力が失墜し、米国の重要な経済的利益が失われることを容認できる者は一人としていない。米海軍が率いるファイブ・アイズ海軍と、日本や韓国といった地域の主要同盟国は、極東海域でより常在的かつ広範なプレゼンスを回復しなければならないだろう。これは、海軍力を巧みに活用して経済の動脈を健全に保つ上で必須である。ファイブ・アイズは、こうした活動を支える情報収集と分析の中核となる。

解決策は、問題そのものの中にあるのかもしれない。米国が中国の動き——例えば、新たなエア・シー接近阻止戦術や能力を導入する方法の立案——に反応している間に、本質的な点が見落とされているおそれがある。中国が経済的覇権を狙う上で利用する政治的・軍事的手段、要するにその海洋大戦略は、戦略レベルで対処可能である。米国とその同盟国には、有利な決定的要素がいくつかあるためである。それら要素から発展する戦略においては、米海軍、それ以外のファイブ・アイズ海軍、そしてアジアの主要同盟国が重要なプレーヤーとなる。全ての国が、理路整然とした正確でタイムリーな情報を必要とする。

東アジアと東南アジア、そしてインド太平洋地域——マラッカ海峡からインド洋を横断し、東アフリカのペルシャ湾と紅海への重要な入り口まで広がる地域——は、経済的にも、したがって政治的にも、海という一つの媒体によって結ばれている。海は、アジア、ひいては世界の貿易の大半を担う手段である。

海上貿易は、発見と拡張の時代〔大航海時代〕以来、世界史を連綿と紡いできた丈夫な糸である。海上貿易がなければ、世界経済は崩壊してしまうだろう。アジア諸国と世界を結ぶ海上航路は重要な動脈である。それが何らかの理由で機能しなくなれば、世界は経済的に大損害を被ることになる。この点において、アジアのさまざまな国は相互につながっており、相互に依存している。マラッカ海峡とインドネシア諸島の重要な航路は、南シナ海を始め、東シナ海、黄海、日本海、太平洋諸島、そして太平洋横断ルートを通る通商路である。これらの水上路は世界の貿易国の生命線である。それら貿易を保護し、海洋の自由を維持し、海洋法を執行することは、ファイブ・アイズ諸国とその同盟国をこの地域に結集させる大きな戦略的機会である。このように一丸となって取り組むことで、あらゆる関係国に長期的な平和と繁栄が育まれうるのであり、海洋大戦略に明記してあるような、中国の誤った覇権主義的意図によって東アジアが不安定化しないよう、確実を期すことが可能となるのである。中国が戦わずして戦争に勝つことはなく、アジアは、ファイブ・アイズその他の重要な貿易相手国とともに、富と繁栄を拡大させることができる。これは、アジアにおける新戦略の誕生となりうるものであり、それが基盤とするのが、通商路の保護、海洋力、共通の関心に基づく努力の共有である。そして、それをあらゆる点で支えるのが、質の高いファイブ・アイズの情報源、収集手段、そして分析である。この戦略には、航行の自由、海洋の自由、海上貿易の保護、航路の権利が重要要素として含まれる。必要なのは、文書または宣言による新たな「アジア海洋法」である。そのような法律は次のようなものである。

- 領海権、入港・通航権、漁業・資源権など、さまざまな海上の権利を保障し、海上での行動を成文化する。
- 統一的な取締りと執行を行う。
- 加盟国が定期的に国際会合を開けるよう、合意に基づく（ゆくゆくは条約に基づく）手段を提供する。
- 東南アジア諸国連合その他の複数国・二国間協定を新たな組織・フォーラムに発展させ、海洋行動規範を系統立て、これを実行する。

この新組織は、二〇〇海里経済水域や列島線をめぐる紛争を解決するものとなるほか、国際法を執行し、人権を遵守させ、海賊や密輸、テロと戦うための手段となるだろう。これは、ファイブ・アイズ諸国が地域のパートナーとともに行うことのできる、国際的な活動の数々である。このような協力的な取組は、中国をアジア諸国に仲間入りさせる手段となりうるのであり、その方法は好戦的でも、現状に対して挑戦的でもない。この戦略は指標が明確である。不参加国になるということは、国際社会から外れるということである。仮に中国が協力的でなく、覇権主義的な道を今後も選んだ場合、アジアの近隣諸国は、さまざまな協定や義務によって結ばれた強固な海洋コミュニティーとなり、手ごわい存在となるだろう。このような環境においては、インテリジェンスが絶対的に重要となる。その好例として挙げられるのが、中国が最近、南シナ海において係争中の島嶼地域の無人岩礁に基地や飛行場を建設していることである。オープン・ソースの衛星画像により、これらの地域を軍事化しようとする中国の明確な意図が分かる。

極めて重要なのは、同盟に対する受け止め方である。幸いかな、この地域の国々は賛意を示している。オーストラリア、マレーシア、インドネシア、タイ、韓国、日本、フィリピン、そしてヴェトナム――ロバート・ゲーツ米国防長官による二〇一〇年末の画期的な訪問が動機となった――が、共通の絆をますます強めている。その中心に控え目にいるべきなのがファイブ・アイズ・インテリジェンスであり、変化や、最悪の場合の不意打ちに対する守護者として、役割を果たすべきである。

ファイブ・アイズ海軍とアジアの友好国は、いくつもの理由でユニークだが、一つの理由として挙げられるのが、海軍が互いに示す海の同胞という団結力である。海軍軍人というものは社交的で、さまざまな方法で外交官としての役割を果たす。合同演習や救助活動、災害救援活動、麻薬密売人やテロリストに対する作戦が成功に終わった後の寄港ほど、団結力を高めるものはない。海軍はそれ自体で、従来の外交がいくら望んでも実現できないような政策を実行することができる。特に、米国の既存のリソースがあれば、追加投資をほとんど必要とせずに、全ての参加国との治安部隊支援を米国の海軍外交の恒久的かつ持続的な特徴にできる。これがこの戦略のモットーであるべきだ。「米国の海軍外交」は、ファイブ・アイズ・インテリジェンスによって支えられ、主たる地域同盟国、特に日本と韓国の情報機関によって補完されるものである。ヴェトナムは、前記の諸活動の中で、ますます情報面での役割を果たすようになるかもしれない。海洋貿易や経済的権利を共同して国際的に保護し、アジア向けの新たな海洋法を施行することは、平和的な目的を達成するための手段となりうる。仮に中国が難色を示し、「無害の侵略」を特徴とするあからさまな対峙に固執するのであれば、米国とその友好国や同盟国にできることは、いかなる形態のあからさまな攻撃も絶対に容認しないと明確にすること以外、ほとんどない。和解はいつでも申し出ることができるし、うまくいけば、ある段階で寛容に受け入れられるだろう。

中国の政権交代については誰も予測できない。現時点では、その可能性は低いと思われる。仮説として考えられるのは、世代交代を始め、中国を大国たらしめている国際貿易、文化・観光交流、インターネット、技術共有といった要素が一体となって、中国指導部の内向き志向と統制メカニズムを圧倒するかもしれないということである。天安門事件の亡霊はいまだ根強く残っている。中国は冷酷な一面を見せることがあり、人権への配慮といったものは同国の政治には存在しない。これが進化するかどうかは、時間が経って初めて分かるだろう。若者の価値観とグローバル経済がやがて結合すれば、中国の政治変革は避けられないかもしれない。とはいえ、今日の中国が一九三〇年代型の独裁国家と同じように、個々の国民の電話やインターネットを監視し、通信を制限している上、少数民族や宗教的少数派の処遇などに関する政策への異議表明を弾圧していることを考えれば、これはバラ色の見方かもしれない。

シナリオの一つとして挙げられるのは、新たな地域的・集団的取組の実施である。東南アジアのいくつかの海峡から日本列島と韓国に至る航路を航行する船舶を保護するため、最新の優良情報と予測に基づき、定期的な合同演習を実施してもよい。こうした演習により、この地域の国々は海戦と海上貿易保護のあらゆる領域において発展し、訓練を積むことができる。例えば、対潜水艦戦と対水上戦のモードでは、能力と意志の両方を示すことができる。仮に中国が好戦的な受動的攻撃性を示して近隣諸国の悩みの種となることを選択した場合、中国はスキルを磨く連合諸国に訓練目標を提供するだけだろう。そのようなことが起きず、中国が自由航行権とさまざまな経済水域を尊重し、遵守するよう望みたいものだ。実際、中国は輸入資源のためにますます海洋の自由に依存するようになっており、どの国にも劣らないほどの利害関係がある。

ヴェトナムの変貌は、東アジアにおける事態の好転を物語っている。同国は、ヴェトナム戦争終結時には人口を維持するのがやっとなほどの貧困レベルだった。今日、ヴェトナムはマルクス・レーニン主義モデルを否定し、国家資本主義経済を追求している。インテルがホーチミン市郊外に行った一三億ドルの投資ほど、変化を象徴するものはない。九五五四万人のヴェトナム国民は今、新たなレベルの繁栄と成長を遂げている。これは、無人になったサイゴン大使館から最後の米軍ヘリコプターが飛び立つという、もう一つの象徴的な出来事が生じた一九七五年当時には考えられなかったことだろう。ヴェトナムは、米国とファイブ・アイズ同盟国との友好国にして主要な貿易相手国となりうる上、新たなアジア海洋戦略において、ほかのアジア諸国に統合しうるのである。

米国は、ファイブ・アイズ・インテリジェンス同盟国とともに、新戦略の実施に邁進すべきである。それは、米国と同盟国の重要国益を維持するという目標を、海洋戦略と組み合わせたものである。前者は、戦争を準備することで平和を維持するほどの覚悟あるものであり、後者は、海の永続的な意義に焦点を当てた国際主義的なものである。米国とファイブ・アイズの現代的なアジア戦略において、海は手段であると同時に目的でもある。

インド太平洋地域の平和とインドとの関係

ディーン・ラスク米国務長官は一九六〇年代、ケネディ大統領に対し、「中国に対抗するにはインドが鍵となります」と具申した。米国はそれとは逆方向に進み、パキスタンに莫大な軍民支援を広範に行った。その結果、インドは冷戦期のほとんどをソ連に接近することになり、ソ連がインドの主要な武器供給国になった。パキスタンが信用できないことは、これまでの経験から明らかである。それどころか、同国は多くの点で二枚舌であり、そのことは、グワダルにあるパキスタンの重要施設に中国が当面、海軍基地を保有することになっている上、現在ではパキスタンに武器を供給する主要国となってことからも分かる。米国の対インド外交は、幸いにも極めて前向きになりつつある。

オバマ大統領は二〇一五年、「アジア太平洋およびインド洋地域に関する米印共同戦略ビジョン」を発表した。二〇一六年四月一一日付けの『ザ・タイムズ・オブ・インディア』紙では、アシュトン・カーター米長官が、「固い戦略的握手——インドと米国のパートナーシップは防衛技術移転と海洋協力を含める方向に進んでいる」と題する重要な論説を書いた。二〇一六年六月七日、ホワイトハウスは次のような共同声明を発表した。「米国とインド——二一世紀における不朽のグローバル・パートナー」。これらは全て、米国議会において確たる立法事実とされた。二〇一六年、インドは正式に「主要防衛パートナー」（MDP）として指定された。これは二〇一七年の米国防権限法にも明記され、MDPは米国の法的裏付けを得た。[15 二〇一八年の「アジア再保証推進法」により、これがさらに強化された。インドのナレンドラ・モディ首相は二〇一六年六月八日、画期的な「議会合同会議演説」を行った。米・パキスタン同盟以来、根強く残っていたインドと米国の間のいわゆる「信頼の欠如」は、徐々に、効果的に解消されつつあるとはいえ、いまだ十分ではない。インドは、二〇一八年に人口が一三億四九二一万七九五六人に達し（これに対して二〇一九年の中国の人口は一四億九五一万七三九七人）、世界最大の民主主義国家であるだけでなく、一党独裁の共産主義国家と対峙している一方、中国は、インドの政治的・軍事的主要課題であるパキスタンを支援している。

米印間には、数十年にわたる不信感があった。その原因となったのは、自らを非同盟に見せ掛けたい、実際にそうでありたいというインドの願望や、米国の外交的曖昧さに対するインドの感覚、インド国内の官僚主義的惰性、そして、米国によるまた別の疑似「植民地圏」に入りたくないという感覚だった。これらを克服するには、数年にわたる信頼醸成が必要である。それにはインテリジェンスが鍵となる。カシミール情勢や、パキスタンに対する中国の支援と連携を考えると、インドはあらゆる助けを必要としているからである。情報面での協力と共有に加え、海軍間の協力を着実に強化することもできる。この二つは補完関係にある。さらに、ファイブ・アイズは、インドを支援するに当たり、情報上の関係を海事に限らずに拡大することができる。その対象となるのは、インドとパキスタンの国境紛争や、インドの国家安全保障上の重大利益に対する中国とパキスタンのありうべき行動である。米陸軍とファイブ・アイズ同盟国の陸軍は、専門的な技術支援を提供可能であり、それらはファイブ・アイズが有していることが確実な、地上や宇宙その他の情報源と収集手段によって補完されるものである。

海事に関わる重要な場面でファイブ・アイズ海軍が提供できるのは、時間がかかるとはいえ、信頼醸成のための情報支援と、中国とその代理勢力に対する情報収集および分析の両面に向けた全面的な協力である。インド洋は海洋ハイウェーであり、英米がほかの三カ国とともに提供できる類の情報は、インドが将来の海軍の兵力構成と投資を決定する際に役立つだろう。中国やロシアと同盟を結んでいないあらゆる国が、強力なインド海軍を必要とするようになるため、この信頼醸成プロセスは徐々に進むはずである。インドは二〇二〇年代半ばまでに、空母三隻、水上戦闘主力艦六〇隻、航空機四〇〇機を含む一六〇隻からなる海軍を保有することになるだろう。インドの国防予算に占める海軍の割合は、一九六〇年のわずか四パーセントから、一九七〇年には八パーセント、一九九二年には一一パーセント、二〇〇九年には一八パーセントにまで増加した。[16] この増加は称賛に値するものの、インド海軍を「シンデレラ」の異名を持つ軍〔三軍の中で最小で、長らく虐げられてきたも同然であるため〕から、次なるレベルの運用能力に引き上げるには、さらに高い割合が必要となる。そうなれば、米海軍と単独で、さらには、ファイブ・アイズ海軍と多国間で活動できるようになるだろう。海軍間のこうした相互運用性において求められるのは、安全な情報リンク、目立たない暗号化通信、NATOが使用する戦術データリンク・ネットワークであるリンク16のような重要なデータリンク、そしてそれに付随するあらゆる衛星通信接続の確立である。また、インドの新世代の海軍要員に覚え込んでもらう必要があるのは、操艦術の共通基準や手順であり、それらに含まれるのが、洋上補給や垂直補給〔ヘリコプター等による空中からの洋上補給〕、弾薬補給に加え、操艦術に関する種々の重要な訓練や演習などである。インドは、こうした流れを支えるための「大戦略的」方向性を必要とするだろう。それにより、インド海軍が将来的に指導力を発揮し、政治的監督を行うことで、米印間の政治的誤解を減少させ、期待される目標を達成し、インドをインド洋の海洋大国へと徐々に押し上げることができるのである。インド・パキスタン関係の現状においてインドを支援することは、防衛技術貿易イニシアティブ（DTTI）のような米国のメカニズムを通じれば、例えば、インドの国境紛争における米特殊部隊や即応部隊の活用にかなり役立つだろう。P－8ポセイドン洋上偵察ASW機やSH－3ASWヘリコプター、空母技術とジェットエンジン技術の販売は、成長するインド海軍に対する米国の関与を再確認する上で役立っている。これらは良いこと尽くめであり、ファイブ・アイズの情報協力と連携が変化の核心となるだろう。

ウラジーミル・プーチンのロシア

ロシアは、クリミアを併合したほか、ウクライナ東部のさらなる不安定化を支援しており、これらが国際的な行動規範に違反していることは明らかである（周知のとおり、二〇二二年二月二四日にウクライナに侵攻）。ロシアの目標は明白であり、その指導者がいかに弁明しようとも、それを確認することは難しくない。ロシア経済は、石油とガスの生産とそこから得られる輸出がなければ、現在よりも悪化が深刻になるだろう。ロシア共産党の寡頭政治的な性質、小さな支配的経済エリート集団の役割、ロシア・マフィア、さらには、プーチンを秘密主義的で権威主義的な人物にしている元KGB工作員という経歴は、長期的には破綻の原因になる可能性がある（文脈からすると、文頭の「ロシア共産党」は与党「統一ロシア」を誤認したものと思われる）。特に、対抗勢力とロシア民衆がある時点で効果的代替手段となれば、その可能性は高い。ロシアのごく少数派が蓄えた莫大な個人資産は、いつかは彼ら自身の身に跳ね返ってくるに違いないが、その結末がどのようなものになり、いつ訪れるかを正確に予測することは難しい。ロシア国民やウェブ・ユーザーが、ウラジーミル・プーチンの個人的宝庫をいつまでも無視することはありえない。しかし、その逆になれば、反対派が抑圧、最悪の場合は排除され、プーチン主導の独裁体制が永続することになる。

ここで述べるべき基本的事実は二つある。まず、二〇一七年から二〇一八年までのロシアのGDPは一兆五七八〇億米ドルであり、二〇一五年から二〇一六年までのカリフォルニア州のGDP二兆四四八〇億米ドルを大幅に下回っている。二〇一七年のカリフォルニア州の人口は三九五四万人である一方、ロシアは一億四四五〇万人である。[17] これらの核心的事実は雄弁である。第二に、ロシアは核兵器を保有している。それがなければ、ロシアは国連安全保障理事会のメンバーで拒否権を有しているとはいえ、国際秩序の中でどこに居場所があっただろうか。核兵器と石油とガスがなければ、ロシアが国際秩序の中で主導的な地位を占めることは当面なかっただろう。

冷戦時代、ソ連海軍への対処は重大な課題だった。NATO全体がソ連海軍を牽制していた。一方で、ソ連が技術的に躍進しているように見えたことからすると、ベルリンの壁がすぐに崩壊するはずがなかったという点にも注意すべきである。最大の懸念は、艦艇と潜水艦の建造率だった。一九八五年三月にミハイル・ゴルバチョフがソ連共産党中央委員会書記長に就任し、グラスノスチとペレストロイカが全てを変えた。ウラジーミル・プーチンがどこまで時計の針を戻したいのかは、依然として分からない――ロシアの財政状況を考えると、その見込みが本当にあるかどうかは議論の余地がある。

戦略ミサイル潜水艦の面では、ロシアはソ連崩壊後の低迷期を経て、SSBN艦隊の再建計画を開始した。ロシアの『タス』通信によれば、『ボレイ』級SSBN四隻が艦隊に配備され、二〇二〇年までにさらに一一隻が建造される予定という。現存する『デルタⅢ』級SSBN三隻と『デルタⅣ』級SSBN六隻は、二〇二〇年代までに軍籍表から抹消される予定である。また、ロシアは『ヤーセン』級SSGNを建造中であり、これまでに八隻が発注されたほか、二〇一六年にはSSN級の建造が開始され、二〇三五年までにおそらく一五隻が完成するとみられる。報道によれば、黒海艦隊向けに改良型『キロ』級六隻が完成した後、非大気依存型の改良型『ラダ』級が新たに建造されるという――おそらく一五年間で一四隻から一八隻が建造され、そのほとんどが二〇二〇年代に就役するとみられる。

大きな問題となるのが安全性である。ロシアは二〇〇〇年以降、原子力潜水艦の大事故を七回も起こしている。その中でも最悪だったのが『クルスク』であり、同艦は爆発して沈没し、乗組員全員が死亡した。二〇一九年に発生した原子力事故では、ロシアの上級科学者の一団が死亡した。本件については、本書執筆時点ではまだ分析中であるものの、試験用の原子力推進装置が制御不能になった疑いがある（特殊工作潜水艦『ロシャリク』の事故は、ロシア側発表によれば蓄電池室の火災が原因とされる）。ロシアの潜水艦部隊は、最近復活するまでは三〇年以上も前のものだった。しかし、より高性能の現存潜水艦や新型のＳＳＮ、ＳＳＢＮを、核搭載可能な爆撃機や陸上ミサイルとともに配置することで、西側諸国に好ましくないメッセージが送られるおそれもある。例えば、核兵器をポーランド国境近くに移動させ、クリミアに核兵器を移動させることは、ＮＡＴＯから確実に攻撃的な行為と見なされるだろう。このような環境において、ファイブ・アイズ・インテリジェンスを維持することは、ＮＡＴＯを支援する上で極めて重要である。

ロシア海軍の水上部隊は、おそらくメディア筋の情報よりもはるかに悪い状態にある上、計画も壮大にすぎるようで、空母やフリゲート、コルベット、一万五〇〇〇トン級の大型駆逐艦向けの計画のほか、『キーロフ』級と『スラバ』級、『ウダロイ』級駆逐艦向けの巡洋艦近代化プログラムがある。その一方、『ソヴレメニー』級駆逐艦は退役する予定である。フランスの『ミストラル』級揚陸艦が大失敗したにもかかわらず、ロシアは一万四〇〇〇トンから一万六〇〇〇トン級の揚陸艦を二隻か三隻、さらに、『イワン・グレン』級揚陸艦を黒海艦隊とバルチック艦隊にそれぞれ四隻建造する可能性があるようだ。これらの全ては、ロシアの造船所の能力と財政に大きく左右される。二〇三〇年頃までにこれらが全て実現すれば、ロシア海軍は事実上、再び深刻な課題となるだろう。ファイブ・アイズ・インテリジェンスにとっての疑問は、これは実現可能なのかということだ。現在までのところ、ファイブ・アイズの非機密データが示すところによれば、ロシアはほぼ全てのプログラムで遅れており、大きな困難に直面している。全体像はかなり明確になっている。すなわち、ロシア海軍が集中しているのは戦略的抑止力、SSBN戦力、沿岸防衛であり、冷戦時代のような外洋海軍となれるか否かは、いまだはっきりしていない。例えば、ロシアによる英国領空付近への侵入は、かなり老朽化した航空機によるものであり、冷戦時代の威嚇を彷彿とさせるものの、効果はほとんどない。

西側諸国、特にファイブ・アイズ情報コミュニティーにとっての問題は、ロシアとの直接対決を避けつつ、同国の攻撃的な動きにいかに対抗し、その動きをいかに緩和させるかである。例えば、多国籍海軍部隊はこの点においてどのような役割を果たすだろうか。制裁と外交はロシアに影響を及ぼしているが、前者は西側諸国、特にロシアのエネルギー源に依存しているヨーロッパ諸国にとっては、経済的に負の意味合いがある。ドイツは、EU諸国と米国に対し、ロシアのガスは自国に必要であり、ロシアからドイツへの海底ガス・パイプラインは重要なインフラであると明言している。米国は、ロシアからの供給にドイツが束縛されるおそれがあると主張しているが、アナリストの一部は、プーチン率いるロシアはドイツへのガス販売からもたらされる収入を切実に必要としているため、この関係は補完的なものであって、経済的な人質状態になるおそれはないと反論している。バルト海と黒海の両方における海軍力は、前方展開する同盟国の多国籍海軍部隊のプレゼンスと、古典的な外交とに慎重に組み合わせることで、侵略は報われないという明確なメッセージを送ることができる。バルト海と黒海のいずれか、あるいは双方に米海軍と米海兵隊MEF（海兵遠征軍）レベルの増派をすることは、NATO海軍とファイブ・アイズ情報コミュニティーの全要素の支援を受けていれば、意図と抑止の明確なメッセージを送ることになる上、共通の目的に基づく連帯と、侵略をその場で阻止する明確な軍事力を示すことにもなる。ロシア軍が直接的に、あるいは代理勢力を用いてウクライナをさらに侵略したり、最悪の場合、NATO同盟国であるバルト三国を威嚇したりした場合は、圧倒的な海軍力と水上・水陸両用戦力を明確に示すことでこれに対処可能である。

米軍を含めた主要NATO軍は、前方に展開し、永続的プレゼンスを確立することで、例えば朝鮮戦争の仁川で示されたような能力を発揮することができる。陸上からの支援を必要とせず、短期間で海上から投入される大規模かつ柔軟な水陸両用部隊は、外交とも連動することで、同盟国の大義の正しさを裏付ける重要なメッセージを発信することができる。したがって、これは海軍による古典的な遠征戦であり、三つの原則に基づくものである。すなわち、前方への永続的プレゼンス、海軍部隊の組合せの観点からこれら部隊を活用する柔軟性、そして、任意の時間と場所において海上から行う作戦行動である。これらの不変の原則を支えるのが、ファイブ・アイズの情報源と収集手段、兆候と警報、そして集団的な持続的分析である。

われわれの敵対勢力や、英米とその同盟国の悪意を望む人々の精神構造は、彼らの計画や活動を分析する上で重要な要素である。そうした分析を無視あるいは含まない情報は、砂上の楼閣のようなものである。現代の典型例であるウラジーミル・プーチンを見てみよう。同人は、ユーリ・アンドロポフ[18]にそっくりである。アンドロポフは、後にソ連共産党書記長の地位に就き、プーチンが権力を継承した経緯とよく似ている。プーチンの思考や行動は全て、KGBで経歴を開始し、訓練を受け、行動していたことによって特徴付けられているため、いかに行動するかを予測することができる。この点は、ロシアの意図、計画、活動に関するファイブ・アイズの情報評価において、極めて重要である。人格というものは重要であり、ロシアを見る際には、プーチンとその有力オリガルヒというフィルターを通して見るべきである。ファイブ・アイズが理解し、分析しなければならないのは、プーチンとFSB工作員の思考法、オリガルヒの友人、プーチンのセキュリティー・システム、欺瞞技術、電子盗聴能力と手順——例えば、数ある中の一つにすぎないが、二〇一六年の米大統領選挙へのサイバー侵入——についてである。プーチンとその最側近、そして、現場で実務を担う信頼できる手先には、常に戦略と計画がある。まずはその戦略と計画を解明することだ。プーチンが西側諸国の制裁解除を強く望んでいることは素人目にも明らかであり、より壮大なレベルでは、母なるロシアを自らの承認欲求と自己権力の拡大というレベルにまで回復させたいという願望がある。そのために、宿敵視しているNATOとその同盟国を、いつでもどこでもだしにしようとしている。プーチンは、ファイブ・アイズを敵対視しているのである。

プーチンは成功したといわれるが、それはプーチンとKGB／FSBの基準で測られているようなものである。彼の成功なるものの秘訣は、ロシアの情報活動に自らが個人的に関与している証拠を直接曝さないようにしていることだ。プーチン配下の工作員は、盗聴を避けて交信し、追跡不可能な複数のルートでマネー・ロンダリングを行い、複数のパスポートと身分証明書を所持し、さらには、可能な限り常に背後と自身の弱点を守り、完璧なまでに上品な態度で敵意を和らげ、本心を偽ることを常套手段としている。これこそが、FSBとその代理勢力であるロシア・マフィアと富裕なオリガルヒの正体にほかならない。文化的基盤や歴史的基盤といったものは全て、分析するためにある。ロシアの政策とその結果を予測する鍵を握っているのが、ロシアの指導者とその側近の精神構造である。第二次世界大戦後のソ連指導部からウラジーミル・プーチンに至るまでは、ある意味で直系であることが一目瞭然である。ゲオルギー・マレンコフ、ニキータ・フルシチョフ、レオニード・ブレジネフ、ユーリ・アンドロポフ、コンスタンチン・チェルネンコ、そして大きな変化をもたらしたミハイル・ゴルバチョフまでの人生と経歴を見れば、彼らの思考様式や行動、政策が明らかになり、それによって、彼らがソ連国内の政治と経済という文脈の中で、世界的な地政学的現実の変化にどう対応するか、それなりに予測することができたのである。同じことがプーチンとその政権にも当てはまる。プーチンは、今も昔も国際秩序の維持に反する手段に頼っており、ファイブ・アイズはそれを検証することで、プーチンが承認した、非国家支援を装った非対称的秘密工作やサイバー空間戦略について、多くを解明することができるだろう。プーチンの行動を予測するのは難しくはない。ファイブ・アイズにとっての秘策は、デジタル時代の意義を理解している昔ながらのこのKGB工作員が生み出す工作に浸透し、これを封じ込めることである。

新たに出現した脅威、課題、情報収集と分析への影響

場合によっては、過去が幕開けとなることもあるだろう。それは、冷戦時代に巧みに採用された情報収集技術や評価を、二〇二〇年以降に出現する潜在的侵略国の軍事脅威システムに適用する場合である。これは特に、新たなシステムや技術に対するエリントやマシントの収集に当てはまり、それらが中国やロシア、北朝鮮、イランなどの生産ラインから出現した際に、初期作戦能力（IOC）をいつ獲得するかを評価することにも当てはまる。これら国々の中には、イスラエルもある程度は含まれる。イスラエルがフォークランド紛争中も紛争後も、アルゼンチンに種々の重要な軍事アセットを供給していたことを想起してほしい。例えば、この紛争の後、イスラエルは三機のボーイング707型機に、ファイブ・アイズ・コミュニティーの利にならないことが明らかな高性能シギント機器を装備した。ファイブ・アイズのカウンターインテリジェンス機関は、イスラエルとその代理人、技術代表が行う商業的・軍事的技術収集を監視している。これは、イスラエルが自国の産業基盤に利用できる西側の最新技術を理解し、獲得することに商業的・経済的関心があるということを、ファイブ・アイズが知っているからである。イスラエルの動機となっているものは極めて単純ながら経済的利益であり、不当なものではないが、ファイブ・アイズの技術を盗み、模倣し、国際市場で売り込むことになれば、話は別である。

当然のことながら、カウンターインテリジェンス機関にとって、中国とロシアははるかに大きな、深刻なターゲットであり、代理手段による西側技術のいたって合法的な取得はもとより、古典的な技術スパイにも対抗しなければならない。ファイブ・アイズの社会は開かれており、人権が法的に保障されていない

中国やロシア、北朝鮮、イランといった、厳重に秘密が保たれた閉鎖的な社会よりもはるかに脆弱である。研究開発のごく初期段階からプログラムに侵入するには、脅威となる国々における新たな先端技術の初期設計や成果を通じて行わなければならず、そのためには革新的な収集手段が必要となる。そうした先端技術の例としては、冷戦時代には考えられなかった速度と射程を持つ超高速兵器の開発が挙げられる。状況認識や照準、宇宙システムの技術についても同様であり、特に宇宙システムについては、敵が攻撃的な対宇宙システムを開発しているため、防御的な対宇宙システムを配備する必要性が高まっている。ファイブ・アイズは、より強靭かつ防御可能な宇宙アセットを必要としている。また、ネットワーク化され、完全に統合されたAI集約型の高機能UUV（無人潜水艇）やUAV／UCAS（無人戦闘航空システム）についても同様である。これらにおいては、最新のAIツールを使用することが必須となる。それによって、傍受や妨害の可能性のないリアルタイムの情報収集と安全な伝達が増進されるためである。

あらゆる主要脅威国は、ファイブ・アイズの宇宙アセットを、自らの技術開発や初期テスト、配備を隠す能力に対する重大な脅威と見なしている。例えば、ファイブ・アイズが保有する宇宙ベースの先進的赤外線システムには、多種多様な脅威の開発を暴く能力がある。ファイブ・アイズの収集ネットワーク内でAIがますます一般的になるにつれ、主要脅威国の欺瞞能力や意表を突く能力は、全体的に一段と懸念すべきものになるだろう。GPSの脆弱性は長年にわたって問題となってきた。ノルウェー国防省は、冷戦以降最大となったNATO軍事演習「トライデント・ジュンクチャー」において、ロシア軍がNATOのGPS信号を妨害したと主張している。同演習は、二〇一八年一〇月一六日から一一月七日にかけて、五万人の米軍とNATO軍が参加してノルウェーで実施されたものだった。妨害がコラ半島で行われたことは間違いない。これは何ら驚くべきことではなく、当然のことながら、こうした脅威が何をもたらすか、NATOに手の内を明かすものである。私は二〇一八年に、中国製のGPS妨害装置を見せてもらい、実際に手にしたことがある。それは、現地の半径約一〇マイル〔約一六キロメートル〕内の商用GPS信号を妨害することができるものだった。このような装置が悪人——犯罪者やテロリスト、不満分子、情緒不安定者、あるいは最悪の場合、武力衝突の際に指示を待つエージェントや潜伏工作員——の手に渡れば大変なことになる。二〇一三年、ニュージャージー州のある男性は、社用車の追跡装置を妨害するため、違法なGPS妨害装置をオンラインで購入した。一〇〇ドル未満で購入したその装置により、ニューアーク・リバティ空港でテストされていたスマートパスという新型GPS誘導システムが妨害された。連邦捜査官は妨害信号を追跡し、彼が運転していたトラックまで特定した。彼は職を失った上に、非常に重い罰金刑を受けた。[19]

この事件が発生してからの過去七年間で、妨害技術はかなり進歩した。軍と情報機関グレードの妨害装置は、商用の機器よりもはるかに優れている。ファイブ・アイズには、最先端の対妨害GPS装置を集団で設計、採用する能力があり、それにより、脅威国を確実に混乱させ、欺くことができる一方、脅威源に兵器を誘導することもできる。電子戦の本質的なパラメーターは変わらない。最先端の攻撃ツールらしきものを使って悪事を企む者は、自ら墓穴を掘ることが多いのである。

最新のヒューミント

デジタル時代において、ヒューミントによる秘密工作を管理する者が直面する最大の課題は、ヒューミント情報源との接触をカウンターインテリジェンス機関に探知されることなく、安全かつ秘密裏に維持する方法であろう。これは重要な課題である。デジタル時代におけるカウンターインテリジェンス機関は、自国の機密を漏洩する者が行う用心深い通信を巧みに傍受するようになっており、そのような通信がいかに偽装され、ほかの通信の中に埋もれていようと、無関係である。古典的なデッド・ドロップや、カウンターインテリジェンス機関の追跡を避けて行う密会は、過去のスパイ小説の中のものになる可能性が高い。北朝鮮やイランといった国では、物理的にアクセスすることは極めて困難である。接触は十中八九、公式行事で行われる。問題は、ファイブ・アイズの工作員が外交官としての地位を持つような状況であっても、接受国のカウンターインテリジェンス機関がフルに活動していることである。彼らは、自国民が外交官や貿易交渉担当者、企業の幹部訪問者、学術研究者などと交流する際に、その行動を監視、盗聴し、撮影する。これについては、二人の優秀な調査報道ジャーナリスト、ザック・ドーマンとジェナ・マクラフリンが二〇一八年一一月二日にヤフー・ニュースで報じた記事によって明らかである。この二人は、インターネットベースのCIAの通信システムが不正アクセスされていることを発見した。このシステムは、CIAが海外のエージェントと秘密裏に交信するためのものだった。この不正アクセスは二〇〇九年から二〇一三年まで続き、最初はイランで始まった。二人は、「情報・国家安全保障関係の元当局者一一人によれば、その結果、二〇一一年と二〇一二年に二〇人以上の情報源が中国で死亡した」と述べている。これが、匿名という保護のもとに公表されたものであることは明らかである。二人はなおもこう続ける。「問題は、それ(当該通信システム)があまりにも長い間うまく機能し、あまりにも大勢が関与していたことだ。だが、それは単純なシステムだった」。彼らの情報源によれば、イランはCIAのヒューミント網を破壊し、イランの核開発プログラムに関する米国の情報収集を阻止したという。ドーマンとマクラフリンはこうも述べている。「二人の元米情報当局者が言うには、イランは二重スパイを養成し、同人が彼らをCIAの秘密通信システムに導いた」。そのシステムはオンライン・システムだった。イラン人の二重スパイがイランのカウンターインテリジェンス当局者にこのウェブサイトを明かすと、イランはその後、別の工作員らしき人物をウェブで探し回ったと思われる。これにより、「イラン国内の誰が、どこから、これらのサイトを訪れていたのか」が明らかとなり、「イラン当局は、より広範なCIAネットワークを解明し始めた」。

『ニューヨーク・タイムズ』紙は二〇一七年五月、在中国CIAエージェント三〇人の損失を報じ、二〇一八年五月には、北京駐在CIA職員ジェリー・リーが中国のスパイ容疑で起訴された。『フォーリン・ポリシー』誌は、「中国の情報機関は、それ（CIAの通信システム）を主な秘密通信システムから分離するファイアウォールを突破し、中国におけるCIAの全アセット・ネットワークを危険に曝した」と報じた。中国とイランは、おそらくこれらの出来事に協力していたのだろう。前述の記事内容の正確性がどうであれ、一つの事実は重要であり、これまで検証されてきたところである。二〇〇八年、ジョン・レイディという防衛請負業者は、技術的な懸念を経営陣に訴えたものの、聞き入れられなかったため、さまざまな不備や脆弱性を内部告発した。しかし、彼の苦情は然るべく処理されなかった上に、二〇一一年一一月には解雇されてしまった。彼はCIAの秘密工作の約七割が危険に曝されていると見積もっていた。仮にレイディの懸念に早期に取り組んでいれば、人命が救われていたかもしれない。

エージェントの運営

これらの報道が示すのは、エージェントを運営することが今日や将来ほど困難なことはかつてなかったということである。たとえ、エージェント志願者がファイブ・アイズの外交施設を訪問したり、自国の機密を漏らそうと政府高官と接触したりする古典的な「飛び入り」の場合であっても同様である。モスクワや北京、テヘラン、平壌といった海外の機微な都市にあるこうした公館や、それら都市に駐在するファイブ・アイズの公然要員は、複数の監視システムや人的アセットによって厳重に監視されているため、外国政府の関係者とその施設内で会おうとする人物は即座に特定される可能性が高い。冷戦時代のMI6にとって重要なエージェントだったオレーク・ゴルジェフスキーは、ロンドンの「レジデントゥラ」（支局）におけるKGBの責任者（「レジデント」、すなわち支局長）にまでなったKGB幹部であり、ソ連のカウンターインテリジェンスの目をかいくぐりながら直接的な接触によってリクルートされた可能性があるが、そのような時代はとうに終わっている。ベン・マッキンタイア著の良書 *The Spy and the Traitor*〔邦題『KGBの男　冷戦史上最大の二重スパイ』（中央公論新社）〕には、MI6がいかにゴルジェフスキーをリクルートし、ほかならぬCIAの裏切り者アルドリッチ・エイムズに暴露されるまで運営していたかが、詳述されている。ちなみに、ゴルジェフスキーの暴露の原因となったのは、エイムズの上司がセキュリティーに自己満足し、軽率な行動を取ったからだった。これらのことから、ヒューミントの将来的な価値に疑問符が付けられている。とはいえ、ファイブ・アイズはヒューミントに関しては戦略的に極めて大きな影響力を有している。その前提となるのが、ヒューミントというものは秘密のエージェントを運営することが全てだという考え方を避けることである。人類はあらゆる分野で活動しており、国際的な移動とデジタル時代の膨大なバンド幅が組み合わさることは、昔ながらの古典的なヒューミントを利用する、新たな挑戦的な方法が存在することを意味する。ヒューミントは決して廃れたわけではなく、今後は、ブレッチリー・パークの先人たちが誇りに思うような高度な技術や創意工夫、革新に基づく新たな形態を取るだろう。ファイブ・アイズ内で独創的な考えを持つ新世代が、前例のない方法でヒューミントに革命を起こすこともありうる。

気候変動

ファイブ・アイズは気候変動に関心を寄せなければならない。科学的に裏付けられた気候変動によって地球が脅かされている一方で、五カ国は全体として国防に莫大な額を費やしている。問題は、国際社会、特にファイブ・アイズが、この脅威に対抗するためのリソースを動員するかどうかである。気候変動の連鎖的な影響により、非常に脆弱な地域や、例えば人口の大きな米国の大都市など、数千万、おそらく数億の人々の安全が危うくなると予測されている。米国は二〇一五年のパリ協定から離脱した。気候変動の影響に対抗する米国のリーダーシップと投資がなくなったため、国際的に大きな溝が生じており、そのことが米国以外のファイブ・アイズが取り組むべき課題となっている。科学的証拠として重要なものは何だろうか。南極大陸とヒマラヤ山脈では氷河が溶けており、これらの影響だけでも地球に大きな影響を与えるだろう。溶解しつつある南極のスウェイツ氷河はフロリダ州の大きさがあり、仮にこれが完全に溶ければ、世界の海面は二フィート〔約六〇センチメートル〕上昇すると科学者は見積もっている。二〇一九年一月は、オーストラリアで観測史上最も暑い月となり、二〇一七年と二〇一八年は観測史上最も暑い年となった。気温の上昇により、ヒマラヤ山脈のヒンドゥークシュ地域にある氷河の三分の一が溶けると推定されている。[20]

国家安全保障と気候変動は、切っても切れない関係にある。ファイブ・アイズの中でも、米国防総省は脅威データと分析対象に気候変動を含めているが、トランプ政権は世界の科学界に異議を唱えた。ホワイトハウスの見解は、米国家情報長官のそれと真っ向から対立している。同長官は、「地球環境と生態系の劣化、気候変動により、資源獲得競争や経済危機、社会的不満が激化するおそれがある」と述べている。米軍と米情報コミュニティーは合理的な判断を行ってきたが、トランプ政権はそうではない。必要とされるのは国際的なコミットメントと合意であり、ファイブ・アイズが技術的な情報支援を通じて立ち上がるとともに、故カール・セーガンが提唱したことをなすこと、すなわち、団結して「われわれの唯一の故郷であるこのほのかな青い点を守り、慈しむ」ことである。必要とされるのは抜本的な変革であり、ファイブ・アイズは、膨大な技術情報ツールを駆使して地球のためにデータを収集・分析することで、その重要性を増していくだろう。ファイブ・アイズの首脳会議では、気候変動の影響とともに、各国が経済情報の収集と分析にいかに貢献できるかを今後とも監督し、その方策に取り組む必要があるだろう。

第8章　二一世紀におけるファイブ・アイズ・コミュニティー

二〇〇一年九月一一日以降に世界で生じた出来事は、多くの国々の決意を揺るがしてきた。特にNATOの内部では、域外での作戦や、不幸にも戦略的に常軌を逸した作戦に関与したこともあり、加盟国がいささか幻滅している。すぐに念頭に浮かぶのはイラク、アフガニスタン、リビアであろうが、これらのいずれもが何よりも訴えているのは、目標と方法についてのみならず、理由についての広範な戦略的思考が欠如していたことである。例えばイスラム世界では、何世紀にもわたる文化上の違いや大きな宗派間亀裂がある一方で、民族的、宗教的、地域的には重要な共通性があるが、こうしたことは、九・一一事件に報復しようと急ぐあまり、ほとんど無視されてしまった。報復の対象となったのは、当初は小さなテロ組織であり、その人員はイラク人でもイラン人でもなく、サウジアラビア人が中心で、資金もリソースも限られていた。過去から学んだ教訓は、慎重に応用すれば貴重なものとなるかもしれない。ファイブ・アイズ・コミュニティーという組織に刻まれた記憶は、時の経過と世代交代によって断続的に薄れており、その間に技術・作戦上のノウハウが継承されることはなかった。必要とされるのは、単に英米間の二国間協定を拡大することよりももっと大きな、「二一世紀の情報収集と分析に向けたファイブ・アイズの協力戦略」であり、あらゆる機関とその政治的指導者に支持されるものである。ファイブ・アイズ・インテリジェンスの総合力は、この国家集団に安全をもたらす戦略的パワーの強力な道具とならなければならない。これが意味するのは、「ファイブ・アイズに共有されたインテリジェンス・ビジョン」の必要性である。

インテリジェンスがユーザーにとって価値があるのは、信頼性の高い、実用的な情報をタイムリーに提供する場合のみであり、しかもその情報は通常のオープン・ソース情報よりも優れていなければならない上に、意思決定者に明確な利益をもたらし、特定の対象に対する洞察や知識という点で優位に立てるものでなければならない。結局のところ、例えば冷戦時代に主要国のさまざまなヒューミント機関によって繰り広げられたような「インテリジェンスのゲーム」は、そのプロセスから真の情報が生み出されない限り、重要ではない。秘密情報機関同士を戦わせることは、スパイ小説の題材にはなるかもしれないが、本当に価値ある実用的な機密情報を提供するという本質とは無縁である。

技術革新のペースと質が過去一〇年間で劇的に加速したことは、すでに見てきたとおりである。ファイブ・アイズ各国政府は、技術革新への対応において後れを取る傾向にあり、契約制度も旧態依然としている上、研究開発段階から初期作戦能力（IOC）までのタイムラインは、情けないほど遅く、速度に欠けている。その結果、国防以外の民間のインテリジェンス界の方が、技術面ではるかに先を行くことになった。迅速かつ効果的な技術革新が可能になったためである。小規模な新興インキュベーター企業は、シリコン・バレーにおいてだけでなく、ファイブ・アイズの産業・科学基盤全体において、商活動上の合言葉のようなものとなっている。ファイブ・アイズ各国政府はそのペースを上げようとしているが、これまで成功しておらず、米国のDIU（国防革新ユニット）のようなポストDARPA的な組織は、官僚主義や資金、政治など、さまざまな理由で成果を上げることができずにいる。先に述べたように、巨額の複数年契約を結んでいる大手の防衛・航空宇宙企業は、それによって収益や株主還元に重大な影響を受けるため、財政上の生命線であるプログラムの価値を否定しかねない小規模な新興企業の将来性にうろたえている。これは対処すべき問題である。当事者全てにとって、解決策はある。例えば、技術的な性質がどうであれ、より多くのシステムがオープン・アーキテクチャーとなってきており、ゼロから始めることなく大きな革新的変更を導入できる。このような環境であれば、防衛やインテリジェンス部門において典型的な、コストのかかる複数年の調達サイクルを経ることなく、抜本的なイノベーションを迅速に導入することができる。インテリジェンスには膨大な技術的要素がある。

ファイブ・アイズの主要機関は、いずれもが年間予算も雇用人員も最大で、テクノロジーの最先端にある。脅威よりも技術的に一歩、あるいはそれ以上先んじることに、彼らは一喜一憂する。後塵を拝すれば没落するのである。この問題の核心にあるのは、簡単にいえば聡明な人間である。ファイブ・アイズは、今後いよいよ次世代を探し、採用し、養成しなければならず、何よりも草の根でイノベーションが起こるようにしなければならない。それはちょうど、戦争と生存という圧力と緊急事態によって英国がブレッチリー・パークやSOE、ダブル・クロス・システムに最高の頭脳を採用せざるをえなくなったのと同じである。ファイブ・アイズ・コミュニティー全体では、コミュニティーが常にリードし続けるように、優秀な人材による顧問団が必要となる。米英海軍の特殊情報収集・分析プログラムに沿った、防御厳重な隔離プログラムでは、より大きな協力と共有がいっそう重要になるだろう。ファイブ・アイズの軍以外の顧客が必要とするものは、表面的には軍のそれと大きく異なるように見えるかもしれないが、よく見てみれば、実際にはかなり類似しており、重複もしている。二一世紀には、デジタル通信革命が外交政策上の意思決定などに影響を与えるのであり、その意思決定は、脅威となる兵器システムを理解し、それに対抗することと重複する。人工知能指向がますます強まり、冷戦時代とはデータ・ソースが似ても似つかない世界においては、情報の成果物やその用途は異なっても、情報の収集源や収集手段、分析の本質は非常に似ているかもしれない。このため、ファイブ・アイズでは情報に関する教育と訓練の再編が求められるほか、イノベーションを鼓舞する課程を設計、実施する際には、実績のある専門家が必要となる。

次世代テクノロジーの未来世界

「5G」の技術競争が世界中で始まって久しい。この競争に勝つ企業は前例のない商業力を持つことになるため、インテリジェンスの観点からすると、米英とそのファイブ・アイズ・パートナー国にとって極めて重要なのは、事情に一〇〇パーセント通じるだけでなく、全地球的通信のさらなる革命にいかに関わっていくかを計画することである。電気通信に精通していない読者ならば、5Gとは何か、どんな影響を及ぼすのかと尋ねるかもしれない。5Gは、現在の携帯電話その他のデジタル通信機器を前世紀の遺物にしてしまう破壊的技術であり、第五世代のシステムとなるものである。5Gデバイスは、二〇二〇年には現在の一〇〇倍以上高速になる。超低エネルギーを使用し、バンド幅が極めて広く(データ・レートは驚愕すべきものとなるだろう)、信頼性が高く、携帯性も申し分なく(どこでも、いつでも使える)、超低遅延で、世界中で広く利用でき、何よりも低コストとなる。遅延とは、性能に影響することなくバッテリーの寿命を延ばし、データをはるかに高速で処理することである。したがって、エネルギーを節約しながら処理能力を向上させるという技術的課題がある。この競争でトップに立てば、商業的に莫大な利益を得ることになる。

インテリジェンスの観点からは、5Gシステムとそれをサポートする世界的な電気通信アーキテクチャーの技術的複雑性と活用法を理解し、知ることが最重要である。そのためには、インテリジェンスの技術的ノウハウにおいて最高のものが必要となる。では、キー・プレーヤーとなるのは誰だろうか。それらは便宜上、「ビッグボーイ」と「リトルボーイ」に分類可能だろう。前者は電気通信におけるトップ事業者とメーカーであり、ファーウェイ、ZTE、エリクソン、ノキア、サムスンがこれに相当する。後者に含まれるのは、ドイツテレコム、スプリント、オレンジ、SKテレコム、韓国テレコム、Tモバイル、AT&T、ベライゾン、USセルラーである。ほかの企業もいずれはこの競争に参入してくるだろう。ファイブ・アイズにとって、この競争のあらゆる技術的側面を予測し、誰が、どこで、何を、どのように行うかを予測することが戦略上必須である。活用戦略は、これらシステムと主要プレーヤーの電気通信アーキテクチャーが世界市場に到達するよりもかなり前に、計画、実施しなければならない。

5G以降の次世代がどのようなものになるかという問題は、ファイブ・アイズが取り組み、予測し、計画を立てるべき戦略的課題である。ファイブ・アイズの情報・調達システムの特徴の一つとなってきたのは、革新的な段階的変化ではなく、技術の線形外挿である。ファイブ・アイズの請負業者とその政府機関の間で行われてきた自然なビジネス・サイクルは、一つ前のシステムを改良することである。これは、あるレベルでは絶対的に理にかなっている。情報収集システムや分析ツールを改良することができるのであれば、これは絶対に理にかなっている。欠点は、技術システムや調達システム全体が変化するにせよ、保守的になる傾向があることだ。米国のDARPAには、この落とし穴をある程度回避し、たとえ法外なハイリスクであっても、最先端の技術革新を支援してきた経緯がある。ただし、DARPAのプログラムであっても、実世界で最終的に応用されるまでの期間が非常に長いため、もはや革新的ではなくなってしまうことが多く、コストのかかる遺物になりかねない。私は極秘のDARPAプログラムに取り組んだことがあるが、そのプログラムは技術的には革新的であっても、運用システムとして統合されるまでに優位性が失われ、過剰なコストがかかってしまった。その背後にあった科学的知識体系は傑出していたものの、米政府は然るべき予定期限内に運用システムに転換することができなかった。ウィンストン・チャーチルは、すぐに何かをしろと直々に命じる際に、簡潔な言い回しを使った。「今すぐ動け！」と。この、チャーチル独特の金言を復活させるのは時代遅れに思えるかもしれないが、よく考えてみればそんなことはない。今後数十年の間に、壊滅的なサイバー攻撃によって、チャーチルが求めたのと同程度の迅速な行動が必要とされるようになるだろう。それは、用意周到で迅速な対抗策によって脅威の先手を打ち、緩和するものである。これは「金の卵」的行動とも呼ぶべきものである。換言すると、ファイブ・アイズは、情報機関というバスケットの中にあらゆる金の卵を揃えているということであり、それらが脅威の先手を打つだけでなく、安全性の高い秘密の手段によって敵の能力を無効にする効果的な手段を、いつでも使えるよう準備しているということである。

こうした粘り強さこそ、次世代のファイブ・アイズにとって不可欠なものである。そのためには、最も安全な方法で知的財産を共有するための協力と意欲が必要となろう。参加者の審査は厳格でなければならない上に、組織内の最悪の裏切り行為を未然に防ぐための新たなセキュリティー・システムを導入しなければならない。これには、まったく新たなシステムと技術基盤が必要となる。例えば、第二のエドワード・スノーデンが極秘データを詮索し、サム・ドライブにダウンロードし始めた場合、新システムなら即座にそのような行為に警告を発し、追跡し、調べるだけでなく、極めて厳格なAIアプリケーションによって、そもそも最初の段階でアクセスが防止されるだろう。システム拒否が画面に表示された場合は、ユーザーが上司にアクセスの正当性を説明しなければならなくなる。

二〇一六年の時点で、大洋横断の主な海底ケーブルは約三〇〇本敷設されており、それによって約四兆ドル相当の銀行取引や商取引、個人取引に加えて、世界の音声通信とインターネット・トラフィックの約九五パーセントが行われていたことが判明している。▼1 二〇二〇年においては、これらの数値は飛躍的に増加し、インテリジェンスの観点からすると、世界の主要なデータと通信の九五パーセントが光海底ケーブルを通っている。これらのケーブルを誰が敷設し、誰が所有し、誰が運用・保守しているのかを調べると、インテリジェンス上の価値に関する重大な疑問が浮かび上がってくる。ブリンカー・ホール〔第一次世界大戦時の英海軍情報部長で、ドイツの海底ケーブルを切断する作戦を実施した〕の再来だろうか。そう、そのとおり、答えは単純である。データや音声、画像の多くは厳重に暗号化され、慎重な伝送モードで通過していく。これらのケーブルや宇宙ベースの通信システム、固定電話システム、マイクロ波タワーベースの通信には、貴重な情報が隠されている。膨大なトラフィック量だけでも、ファイブ・アイズ・インテリジェンスにとっては大きな技術的課題である。ファイブ・アイズが全体としてタイムリーにデータを検索できるのであれば、前述のようなデータを取得するには、最先端のAIツールが必要になる。ブリンカー・ホールのチームがいかに迅速かつ効率的にツィンメルマン電報を傍受し、解読したかを再検証するとともに、二〇二〇年代とそれ以降の同様の作業を比較すれば、いかに事態が変化し、いかに知的挑戦が前途に待ち受けているかが理解できるだろう。幸いなことに、人間が発明、計画、画策、実行したことは、理解することも対抗することもできる。ファイブ・アイズの創作力と知的能力が融合すべきは、新形態の欺瞞の手口と、非常に弾力性のあるシステムによって維持される技術的巧妙さである。

ファイブ・アイズが今後、内部的にいっそう必要とするものは、バックアップを始め、電源と配電の一括保護、通信の回復力、秘密の独立型サイバー検知システム、新手の電子欺瞞ツールを巧みに利用する脅威源からのアクセスを軽減する方法である。時代が二〇二〇年代から二〇三〇年代へと移るにつれ、GPSシステムと通信の残存性、耐久性を確保することが求められ、それと比べれば、冷戦時代からの古典的な電子妨害は時代遅れに見えるだろう。ファイブ・アイズ情報コミュニティーは、不意打ちを絶対に歓迎しない。たとえそれが、例えば台湾への中国の奇襲に対する兆候と警報であろうと、脅威国とその代理勢力がファイブ・アイズとその同盟国、友好国を弱体化させ、重要インフラの維持を困難にする新たな狡猾な方法であろうと、軍の場合であれば、脅威地域へタイムリーかつ効果的な方法で兵員と装備を補充、輸送することを阻害する同様な方法であろうと、である。

技術的な不意を突かれるシナリオの中でも最悪なものは、耐量子暗号の領域から生じるおそれが高い。ファイブ・アイズは、この領域において頭脳とリソースを結集し、通信やセキュリティー、ファイブ・アイズの電子的優位性に対する攻撃を阻止しなければならない。ファイブ・アイズにとって、暗号化は内部セキュリティーのために不可欠であり、逆にいえば、他者の暗号を破る能力と表裏一体である。目下の懸念は、大容量の量子コンピューターが最新の暗号を破ることができるようになることであり、ファイブ・アイズからすれば、こうした脆弱性は容認できないものである。現在のところ、人間が作成した高度なアルゴリズムは無作為に生成された乱数と見なされているが、実際にはそうではなく、量子コンピューターによって解くことができるようになる。量子コンピューターは、光子と中性子、陽子、電子を利用し、一と〇を使う在来型コンピューターに対して非常に高度な計算を実行する革新的技術である。二〇三〇年代以降は、量子コンピューターが新スーパー・コンピューターとなるだろう。ファイブ・アイズは、情報セキュリティーの重要な柱である暗号化が損なわれないようにすると同時に、まさにその能力を利用する敵対勢力に技術的打撃を与える主導権を確保しなければならない。今後の目標は、ファイブ・アイズが他者の通信を解読する能力を利用しつつ、「量子耐性」を持つ共通技術を創造することであろう。

新形態の欺瞞技術は、あらゆる形態の民生、軍事、政治、商業上のインフラや活動に対する侵略的攻撃への防波堤となりうる。ファイブ・アイズの大きな強みは、多種多様な情報アセットが当然のごとく世界中に分散していることである。データの共有と人的交流は最優先事項とすべきであり、高度に区画化されたセキュリティーを準備する必要もある。二〇二〇年代が第二次世界大戦後と最も大きく異なる点は、平時の市民世界が広範な電子攻撃に対して脆弱であるということである。そうした攻撃は、以前なら技術的に不可能だった。個人や銀行、国際金融機構、運輸、そして電力や水道の供給から通信やメディアに至るまで、あらゆる形態の重要インフラが、国家支援のサイバー攻撃を始め、国家の代理勢力や犯罪組織、悪意あるハッカーによるサイバー攻撃の対象となる。

次世代の技術は、ファイブ・アイズが基本的な研究開発の観点から先取りして取り組まなければならないものである。しかもそれらは、能力と時間的尺度の両面で現在の脅威に先んじているものでなければならないだけでなく、今後一〇年から二〇年の間に生じる脅威を見越したものでなければならない。ファイブ・アイズは、軍民両面で挑戦を受けている。これらに含まれるのは、接近阻止・領域拒否兵器、非物理的《ノンキネティック》破壊システム、サイバー戦、従来以上に広範な電子戦、膨大な範囲の情報脅威や非対称的脅威である。後者が標的とするのは、ファイブ・アイズの軍のみならず、その国の一般市民でもあり、さらには、同盟国や貿易友好国の国民でもある。ISISは壊滅にはほど遠く、アフリカとアジアで今までになく増殖している。現在検討されている先端技術には、ビッグ・データ分析や人工知能、自律システム、ロボット工学、指向性エネルギー、極超音速技術、バイオテクノロジー、高度な宇宙・空中監視システムやセンサー(ドローン、UAV、UCASを含む)などがあるが、技術それのみでは十分ではない。ファイブ・アイズは、これらの技術をファイブ・アイズ全加盟国の戦術的・戦略的運用システムに余すところなく統合する必要があり、その際は最高レベルの内部脅威セキュリティー・システムを用いて、極めて安全かつ隔離された方法で行わなければならない。不可欠なのは協力である。いかなる国も、重要な技術を独占することなどありえない。第二次世界大戦中に情報共有がいかに急場を救うのに役立ったかについては、既述したとおりである。これらの発展を支援するため、ファイブ・アイズは共同実施に必要な計画と訓練をともに進展させなければならない。要するに、ファイブ・アイズがインテリジェンスに投資することは理にかなっていると証明するには、これらの発展が意思決定に影響を与えるということを示さなければならないということである。

極めて重要なのは、ファイブ・アイズ情報コミュニティー内の教育である。そのためには、科学技術部門が工作担当要員と協力して最も効果的なプログラムを追求するだけでなく、米英加豪ニュージーランドの要員が共通の傘のもとで訓練を共有できるよう、訓練課程が横断的に組まれるようにしなければならない。過去の経験から、大きな成果を生むのはファイブ・アイズ情報コミュニティー間の仲間意識とアイデアの融合であることが判明している。文官は軍人と交流するよう推奨される。新たな技術や情報源、情報収集手段、分析法を開発、考案するとともに、脅威やニーズ、解決策に相互に触れることができるようにするためである。ファイブ・アイズが全体としてできることは、このプロセスから新たなインテリジェンス・ドクトリンと行動計画を策定し、既存の合意への追加として政策合意にコミットし、高度な安全を維持することである。以上は、例のごとく先見性のある優れたリーダーシップを基盤としている。歴史的に見て、投資と世界的な情報源、収集手段の面で主導権を握っているのは米国である。しかし、前記の内容を成功させるには、厳格に隔離化されたインテリジェンス・パラメーターの中で、米国がオープンに情報を共有する必要がある。これと並行して、ファイブ・アイズの各軍事学校や軍大学も、情報提供や訓練・教育の両面で、このプロセスに関与する必要がある。これら五つのコミュニティーの間では、より多くの対話が必要である。情報訓練学校と軍大学は、相乗効果をさらに高める必要がある。われわれは第二次世界大戦以降、人材交流プログラムほど、これを促進するものはないということを学んできた。それによって、アイデアや情報が交換され、発展するのみならず、人材の将来的キャリアの基礎となりうる個人的関係のほとんどが築かれるのである。その恩恵は、危機に際しては計り知れない。冷戦の最中、私は盗聴防止機能付き電話でファイブ・アイズ各国の担当者に頻繁に架電し、毎日のようにオフィスを離れ、在ロンドンの大使館やさまざまな情報交換拠点にいる情報要員を訪ねたものだった。われわれは絶対に諦めなかった。二〇一四年六月のテキサス大学二〇一四年度卒業式において、元海軍特殊戦司令官で特殊作戦コマンド司令官でもあったウィリアム・マクレイヴン海軍大将が語った言葉を借りれば、「われわれは絶対に鐘を鳴らさなかった！」〔シールズの訓練場には鐘があり、これを鳴らすことは訓練の放棄、すなわち諦めることを意味する〕。われわれは、ファイブ・アイズの協力の精神でともに立ち向かったのであり、常に見解を一にするとは限らなかったかもしれないにせよ、全面協力の精神で協働することを決して止めなかった。

ロシアは、ソーシャル・メディア上で偽情報を駆使しながら西側メディアを攻撃し、知的エリートから低学歴層まで、社会のあらゆる階層に疑念と不和を拡散してきた。この分断戦略は、全体的な効果を測定するのは難しいとはいえ、インテリジェンス上の目的は明確である。すなわち、主な民主主義国同士とその国内に政治・社会的分断を創出することである。偽情報は、欺瞞の種々な方法の中でも手ごわい武器である。偽情報を使った恐怖戦術は、安定的かつ公正な考えを持つ人々を混乱させ、騙す。クレムリンはこうした戦術を直接的に推進してきた。その目的は、さまざまな出来事や問題、政策についての世論を形成することである。例として挙げられるのは、二〇一六年の米大統領選挙を始め、ブレグジット、カショギ氏殺害、ロシアのミサイルによるMH17便撃墜、英国のソールズベリーにおけるスクリパリ毒殺未遂、シリアのアサド政権による化学兵器攻撃、ロシアによるウクライナ東部への事実上の侵攻とクリミアの不法併合その他、ソーシャル・メディアによる数多くの偽情報キャンペーンである。ファイブ・アイズには、こうした攻撃に対抗すると同時に、それらをロシア政権に不利になるように仕向ける非凡な才能がある。機密解除になっている一例として、ファイブ・アイズにはこうした攻撃に対してAIを使って対抗できるだけの途方もない潜在能力がある。対抗勢力はファイブ・アイズと同様にAIを使うだろう。後者は常に何歩も先んじていなければならない。米国の「プロジェクト・メイヴン」は、二カ月で契約され、六カ月後にはその能力を提供した。[2]「メイヴン」（「アルゴリズム戦における機能横断型チーム」としても知られる）は、高度で安全なAIアルゴリズムを使用し、複数の情報源と収集手段から得られた重要なデータをリアルタイムで分析するものである。ウラジーミル・プーチンはAIの価値を十分に理解しており、二〇一七年の演説では、「ＡＩには巨大なチャンスがあるが、予測困難な脅威もある。この分野でリードする者が世界の覇者となるだろう」と述べている。[3] プーチンの高等研究財団（ＤＡＲＰＡに類似）が「メイヴン」と同等のものを求め、テロリストがソーシャル・ネットワーク・マッピングやＡＩ対応ドローン、ソーシャル・エンジニアリング攻撃を利用しながら、健全な国民のリクルートと弱体化を行う中にあって、ファイブ・アイズは常に先を行く必要がある。英米とファイブ・アイズ・コミュニティー内の対テロ情報部門は、テロリストのこうした活動をリアルタイムで特定し、世界中のウェブから排除するため、共同リソースを集中させる必要がある。過激化と過激主義は、減少するどころか拡大の一途をたどっている。脅威を先取りし、脅威が影響を及ぼす前にそれを弱体化させるには、ファイブ・アイズ全体が現在の官民技術パートナーシップを拡大する必要がある。国際的な人質事件や誘拐事件についても同様であり、人質を取り、誘拐を行う犯罪組織や政治的影響を受けた組織を探知、特定、追跡、排除するには、英米のインテリジェンスがＡＩベースのシステムやテクノロジーを駆使すればよいのである。

軍事面では、ＡＩベースの技術やさまざまな秘密の先進的センサーや誘導システムを用いれば、ファイブ・アイズ諸国やその主要同盟国は、標的のテロリストに対し、リアルタイムの状況下で自律型致死兵器を使用することが可能になるだろう。それは、リーパーやグローバル・ホークといった種々のＵＡＶに搭載されるヘルファイア・ミサイルのような、以前のシステムでは不可能な方法である。テロ対策における方法論を変えるのは、目立たない大量のインテリジェンス・データを処理する能力と、通常の人間の操作速度を超えてリアルタイムで正確に判断を下す能力だろう。二〇一八年九月に発表された米国の国家サイバー戦略と米国防総省のサイバー戦略は、国土防衛を呼び掛けており、その目標として、米国の繁栄を守り、悪意あるアクターを抑止、検知、処罰し、同盟国とともに「オープンで相互運用性が高く、信頼でき、安全なインターネット」を推進しつつ、米国の宇宙アセットを保護することを挙げている。ロシアと中国は明確に敵対国として認識されており、中国は「米国の圧倒的な軍事的優位性を蝕み、米国の公共・民間部門から機微情報を執拗に窃取している」。サイバースペースには、公的なものや私的なもの、軍事・政治的なものがあるが、一つの競合環境であり、ファイブ・アイズはその中で一歩先どころか、何歩も先を行く必要がある。そうすれば、先に引用したようなハイレベルの政策文書の中に、あまり知識のない素人にも多少は分かりやすい目標が具体的に示されるようになる。ファイブ・アイズの協力は最重要である。米国のみではできないし、極めて喜ばしいことに、国防総省は、「同盟国やパートナー国の能力を強化するとともに、国防総省の能力を向上させ、パートナー国独自の技能、リソース、能力、視点を活用する」という目標を掲げている。ファイブ・アイズ・コミュニティーは、ある意味ではこれを米国の庇護と見なすかもしれない。しかし、これまでの絆が強固だった点に鑑みると、ファイブ・アイズの沿革史についてほとんど、あるいはまったく知らない米国防総省の若い世代には、ファイブ・アイズ・コミュニティーへの手ほどきが必要となろう。

解決の鍵は、英米のインテリジェンスが脈々と積み上げてきた欺瞞に関する膨大な経験基盤にある。欺瞞が第二次世界大戦の勝利を手助けしたのであり、戦争を短縮したことは間違いない。第二次世界大戦における英国のインテリジェンスに関する公式史家であるサー・ハリー・ヒンズリーの評価によれば、エニグマとマジックの威力が統合されたことで、第二次世界大戦が二年間も短縮できた可能性があるという。ファイブ・アイズが協力すれば、サイバースペースには無数の対抗手段がある。それは、ファイブ・アイズと同等レベルの脅威源や、低レベルのテロリスト集団や犯罪ハッカーとその雇い主をも出し抜き、圧倒する方法である。当然のことながら、ここで機密情報を開示することはできない。ここでは、米英とほかのファイブ・アイズ三カ国には、前述の脅威のいずれをも出し抜く莫大なリソースと来歴があると述べるに留めておこう。

主要な紛争地域に到達し、そこに首尾よく留まり、さまざまな任務を遂行することは、一〇年前の二〇一〇年においてさえ、容易なことではなかった。米国は、例えば太平洋、特に南シナ海とその隣接海域で永続的な前方プレゼンスを維持するため、多様な任務遂行用の武器と全般的な戦力構造を擁している。それら任務は、種々の脅威シナリオが生じた場合に備えて、国家戦略計画に定められているものである。ところが、情報が示すところによれば、軍事的敵対国は米国のプレゼンスと介入を阻止、妨害し、最悪の場合は物理的《キネティック》に挑戦するおそれがある。ますます複雑化するこうした環境においては、「極めつけの欺瞞」すなわち「ビッグD」（Dは欺瞞を意味するdeceptionのイニシャル）が不可欠となる。脅威源には、脅威源自体が知らないことを知らせてはならず、矛盾する情報の数々を信じ込ませる一方、最も巧妙かつ非常識な手段を用いて拒み、欺き、妨害しなければならない。脅威源には、ファイブ・アイズが何をしているのかについて完全に秘匿しなくてはならないが、状況が悪化するにつれて脅威が拡大するおそれがある。究極的な脅威源に対しては、さまざまな「特効薬」を温存しておき、必要とされるまで極秘にしておく必要がある。この点で優れた模範となるのが、ウィンストン・チャーチルやフランクリン・ローズヴェルト、そして彼らの主たる軍司令官である。彼らは、極秘の欺瞞計画や欺瞞技術を温存・保護し、頃合いがよくなったときに初めてそれらを用いたのである。

ファイブ・アイズには、頭脳や技術、文化的・社会的な結束力に加え、数十年来の拘束力ある協定があるため、ファイブ・アイズと違って結束力のない複数の敵対国に立ち向かうことができる。「ビッグD」と並行して、別の技術的進歩もある。すなわち、陸上と海上、水中と空中におけるロボット操作システム、無人システム、搭載されたデータ処理システムによって改良された組込式センサーやモバイル・センサー、さらには、飽和状態の情報にオペレーターが圧倒されないよう、意思決定機能を支援するＡＩの優位性などである。意思決定に資する重要情報をファイブ・アイズが司令官に与えることができるのは、ＡＩ重視型の宇宙ベース・システムが進歩したからである。同システムは、敵対的環境における回復機能を提供し、それによってファイブ・アイズの宇宙ベース通信が安全かつ無傷に保たれる。これら全てを、高エネルギー・レーザーや極超音速機・兵器、それらを運搬する極超音速推進システムにおける進歩と一体化させる必要がある。ファイブ・アイズはやがて、一〇年も前には考えられなかったような方法で、ほとんどの脅威に挑めるようになるだろう。ジョナサン・ウォードが論文「海洋領域における中印競争」[4]の中で微に入り細を穿った分析をしている問題は、うまくいけば実現しないかもしれない。そうなるのは、前述の全てが、危機を誘発しかねない攻撃的行動に対する主要な抑止力として、敵対国にいっそう明確になった場合である。リチャード・ダンツィグ元米海軍長官が述べた「艦艇の追加取得よりも優先されるべきは、イノベーションの推進と殺傷力の向上だ」[5]という名言が実現するかもしれない。二〇一八年六月四日号の『タイム』誌は、当時のダン・コーツ国家情報長官とともに、情報関連のさまざまな側面について議論し、分析を行った。コーツは、米上院特別情報委員会の委員を務めたほか、二〇〇一年から二〇〇五年までは駐ドイツ大使を務めている。この記事からは、同人が確かな信任を得ていることがうかがい知れるものの、例えば核兵器開発をしないという合意をイランが遵守しているかといった問題などでは、米情報機関の情報評価の価値を上司たる大統領〔当時のトランプ大統領〕に納得させることができないかもしれないと注意を促している。

　このような環境において、ファイブ・アイズはインテリジェンスの信頼性を示す代弁者として一段と重要性を増している。そのためには、完璧かつ正確な情報源と収集手段に基づく、理路整然とした分析を堅持しなければならない。このような状況において、ファイブ・アイズとその政治的監督、リーダーシップは、新たな次元の役割を担うことになる。このことは、二〇一八年八月にコーツ長官が辞任したことで自明となった。その直後、スーザン・M・ゴードン副長官は、非政治志向の優れたインテリジェンスが国益に資することができるのは、政治的影響から独立している場合のみだと強調した。これは、政治的監督とはまったく異なる概念である。

この議論から発展したのは、ファイブ・アイズにとっての「大戦略」の必要性である。それは、インテリジェンスとは動的な活気あるプロセスであり、決して静的なものではないという一つの重要な概念に基づくものである。ファイブ・アイズの全ての情報部門・機関の全幹部が一堂に会する「サミット」を持ち回りで二年に一回、五カ国の首都で開催してもよいだろう。その間の二年間には、多数の種々の専門家からなる情報コミュニティーの作業部会や円卓会議を開催し、時事問題や将来予測される問題に取り組み、サミットで解決すべき最重要問題を発表することもできる。われわれが対処してきたあらゆる脅威や、予見も予測もできないような多くの脅威の性質からすれば、必要なのは意思の疎通であり、そのような時代において不可欠なのが会議の定期開催である。こうしたサミットにおいては、脅威について見解を一にし、解決策をまとめ、必要な計画と予算で共同技術や運用協力に着手することができる。サミット・メンバーは、技術革命の次の段階と、それが情報収集と分析に与える影響について見解をまとめるという一つの重要な目的をもって、国の最優秀の顧問を参加させることもできる。セキュリティーの観点からすると、ファイブ・アイズ・サミットは特別なプログラムを隔離し、セキュリティー上のガイドラインを定める必要がある。より幅広なセキュリティーとの関連において重要なのは、ファイブ・アイズが内部脅威に対して統一的に取り組む方法について合意し、組織内の裏切り行為という最悪の事態を緩和することである。ファイブ・アイズは、内部の裏切り者を弱体化させるシステムや技術の共有を躊躇してはならない。うまく隔離すれば、一個の腐ったリンゴが樽全体を腐らせることはないだろう。とはいえ、一個の腐ったリンゴが甚大な損害をもたらすおそれはある。フィルビーが英国で、ウォーカーが米国で何をしたか、これまで見てきたとおりである。

こうしたサミットが直面しなければならない問題の一つは、いっそう戦略的色合いを帯びている。それは、財界と政府の結び付きである。サイバー脅威は社会と活動のあらゆるレベルに及んでいる上、商業上の重要知的財産と防衛・安全保障技術も攻撃を受けている。こうした状況で求められるのは、ファイブ・アイズが国民と企業を教育・養成し、蔓延する脅威に対抗するための新たなアプローチである。知的財産の窃取は、経済的・安全保障上の重大脅威である。このことは、サイバー上の脅威だけでなく、物理的セキュリティーや人的セキュリティーにも当てはまる。

サミットのプロセスの一部には、少なくとも世間一般の観点から軽視されている領域が含まれるはずである。それは経済情報である。われわれは、ほかのあらゆる「ＩＮＴｓ」（ＨＵＭＩＮＴ（ヒューミント）など、各種情報収集法）や、立ちはだかる多くの脅威に集中するあまり、世界のあまたの経済問題について忘れがちである。それは、脅威のシナリオへと変わりかねないものである。数十年にもわたって外交政策や商業政策を動かしてきた石油・ガス問題の影響についてはほとんど誰しもが知っているし、民主主義国の経済に流入する石油・ガスの保護がいかに重要であったかも知っている。こうしたことは今後も変わらないだろう。とはいえ、前述した経済問題と同じように世界に蔓延しているほかの問題が、将来的に切実な脅威となるかもしれない。水利権と水供給の問題は、ますます深刻になるおそれがある。重要鉱物は、国産品はおろか、自動車や航空機などの電子部品やシステム全体を構成しており、それを分析すると、国際経済の微妙なバランスが明らかになる。つまり、どの国がどの鉱物を保有し、その輸出先がどこなのか、ということだ。二一世紀における世界経済の中心を決めるのは、産業や製品に必要とされる鉱物の種類とその産出地、サプライチェーンかもしれない。

これらのサミットが成功し、ファイブ・アイズ・コミュニティー全体が当面成功するには、「ファイブ・アイズ戦略」とは何かに関する、明確かつ説得力ある声明が必要である。インテリジェンス上の大戦略で問題となるのは、これら全てのさまざまな主体が「何を」「いかに」行うかに関することではないし、彼らの優れた成果物に関することでもない。問題はごく単純であり、その時々に何かを行う「理由」である。「何を」「いかに」するかは、後からついてくる。「理由」を決定する最も重要な要素がある。それは、ファイブ・アイズそれぞれにとって重要な国益であり、それらが一体化した集団的利益である。これらの利益が「理由」の原動力となる。ファイブ・アイズ情報コミュニティー機構は、それら集団的利益によって行動しつつ、現在と将来にわたって現代社会に不可欠なセキュリティーを提供するのである。

世界情勢が多様な形で変化していくにつれ、重要国益も変化していくだろうが、重要国益とは何かに関する明確な定義がなければ、ファイブ・アイズが全体として有する情報活動上の偉大な歴史的伝統は、非常に心もとないものとなるだろう。ウィンストン・チャーチルとフランクリン・ローズヴェルトは一九四一年八月一〇日、ニューファンドランド沖のプラセンティア湾に停泊中のHMS『プリンス・オブ・ウェールズ』艦上で会談した。大統領はUSS『オーガスタ』でワシントンDCから出発していた。この会談で二人の偉人は一つの基本事項に合意した。それは、ナチズムを打倒するための大戦略であり、その前提となったのが、英米の死活的国益という、一つの重要な基本信条だった。ファイブ・アイズは、変化する世界情勢に絶えず対処し、政治指導者によって規定された重要国益に合わせて、情報活動や技術、情報源、収集法、分析を調整しなければならないのである。

ファイブ・アイズの歴史は、協力と献身に関する驚くべき歴史でもある。ファイブ・アイズの核心は実務レベル、すなわち、米英加豪ニュージーランドのインテリジェンス専門家にある。彼らはこの並外れたコミュニティーに多大な貢献をしてきた。これまでと同様、今後も大きな功績を残していくことだろう。私の役割は、大局の中にあっては微々たるものだったにせよ、五〇年にわたってこの偉大なコミュニティーに参加できたことは、大変光栄なことだった。とはいえ、この激動と困難の五〇年間をこのコミュニティーの中で生き、働いたわれわれ全員がそうであったように、個々の努力と献身、勤勉、犠牲の総和が、大きな変化をもたらしたのである。私が確信するに、この国際的な情報コミュニティーは、これら偉大な民主五カ国の中核にある強みと価値の反映であり、象徴でもあり、さらには、暗闇の中にあっても栄光の中にあっても決して諦めず、断固として一貫性と誠実さを保つ各国の能力の縮図でもある。

ファイブ・アイズの不朽の組織文化

今から振り返ってみれば、ファイブ・アイズ・コミュニティーの中で生じたことは、実に驚くべきことである。一九四五年以降の七五年間、さまざまな政権が現れては消えていったが、ファイブ・アイズは存在自体に深刻な脅威を受けることなく存続してきた。困難はあったものの、全体として見ると、過去も現在も大勢の個人を結び付けてきたのは揺るぎない職業上の誠実さであり、これが象徴しているのは、政治的変化よりもはるかに深い持続性のあるものである。ある意味でファイブ・アイズは、極めて不確実な世界において、各国の民主主義観と自由観の本質を支える価値観と献身の強さを明示してきたのである。

ファイブ・アイズの政治指導層の中では、例えば英国によるスエズ作戦や、米国によるヴェトナム戦争に関連した問題について、これまで政治的な見解の相違があったとはいえ、こうした問題が関係の基盤を損なうことはなかった。北朝鮮が一九五〇年六月二五日に韓国を侵略した際、ファイブ・アイズはともに立ち向かい、一九五三年七月二七日に休戦協定が結ばれて戦争が終結するまで、情報を共有しながらともに戦った。英国はマレーシアで対反乱作戦を成功させ、英連邦のファイブ・アイズ加盟国から最大限の支援を受けた。英国はヴェトナム戦争中、東アジアにおいて米国を秘密裏に支援した一方、米国は一九八二年のフォークランド紛争においては英国を急遽支援した。中東に対する外交政策をめぐり、米英にいかなる政治的不和があるにせよ、ほかのファイブ・アイズ三カ国は、国連を通じて国際的な政治役割を果たす傾向にあり、実務者レベルでの中核的関係に基づくインテリジェンス・プロセスも存続しているのである。

付録　著者が影響を受けた人物と恩師

サー・レジナルド・「ブリンカー」・ホール英海軍大将

「ツィンメルマン電報」は、英国のインテリジェンス史上、最大級の勝利だった。二〇一七年はその一〇〇周年祭だった――何よりも肝心なことは、一九一七年以降に生じた出来事の連続性を認識することである。インテリジェンス史上、最も有名なこの偉業を立案したのが、サー・レジナルド・「ブリンカー」・ホール英海軍大将だった。「ブリンカー」というあだ名は、顔が慢性的に痙攣することに因んだものだが、彼は抜け目なくそれを利用した。ホールが非凡だったのは、無線電信とその暗号学的基盤を早くも活用し、それが大成功を収めたからだった。当時のホールにはそのことが分からなかったが、彼と部下の行動がナチス時代の専制政治から文明世界を救う土台となったのはほぼ間違いなく、その前段階としてあったのが、情報協力と極秘情報の共有だった。ファイブ・アイズは、レジナルド・ブリンカー・ホール提督に負うところが大きい。彼が築いた基盤と、戦間期の諸能力――世界恐慌によって財政が悪化した割には維持された――がなければ、戦争を勝利に導くことになる極秘組織を、英国が一九三九年までにブレッチリー・パークに設立したとは考えにくい。それには米海軍情報部の全面的な協力もあった。

ブリンカー・ホールは英海軍情報局の初代局長ウィリアム・ヘンリー・ホールの息子であったため、一八八四年に英海軍に入隊したときからインテリジェンスは親譲りのものだった。海軍大佐になったブリンカー・ホールは、第一次世界大戦を通じてDNI〔海軍情報部長〕を務め、大活躍したことから、ツィンメルマン電報の後の一九一七年に海軍少将に昇進した。その後、一九二二年に海軍中将、一九二六年には海軍大将となった。

英海軍情報局（NID）は一八八七年に創設され、英帝国の貿易利益の防衛を主務としていた。一八八七年当時の幕僚はわずか一〇人で、予算は年間約五〇〇〇ポンドだった。英海軍指導部内の多数派はこのような幕僚部の設置に反対しており、フィッシャー海軍元帥のような高級将校は、幕僚部の設置は「立派な海軍将校を平凡な事務員に化けさせてしまう」と断言した。

ホールがDNIに就任し、一九一四年八月に宣戦が布告されると、偏見に無知が結び付いた多くの強硬姿勢に直面した。今日われわれが理解するような作戦情報は、原始的なものか、なきに等しいものだった。ホールは、海戦に革命をもたらすことになる、ある桁外れの一歩を踏み出した。それは、今から見れば当たり前のことのように思えるかもしれないが、一九一四年当時は五里霧中だった。彼は、無線電信と暗号無線を活用することで戦争の勝者になりうること、今風にいえば技術上のゲーム・チェンジャーになりうることに気付いた。また、サー・アルフレッド・ユーイングの業績を基盤として仕事を進めた。ユーイングはケンブリッジ大学の機械工学教授で、海軍教育局長として海軍本部に迎えられ、史上初の暗号解読チームを創設した。ホールの「40号室」は第一次世界大戦における海軍インテリジェンスの中枢となり、ユーイングが築いた基盤の上に一流の暗号解読者集団を作り上げた。ホールが直面した最大の問題は、海軍本部作戦部との連携だった。同部においては、新参の、主に文官の技術専門家が、無線傍受から得られる重要情報について作戦参謀に助言することに対し、組織的な偏見があった。ホールにとって、問題は明らかだった。作戦参謀は作戦データを40号室の文官暗号技術者と共有することを望まず、片や40号室は、英海軍の現作戦と計画中の作戦、そして何よりも敵国ドイツのことを考えれば、暗号情報を分析・解釈する重要な機会を奪われていたのである。かくして、そうした情報をうまく活用できなかったのであり、それが頂点に達したのがユトランド海戦だった。英海軍はユトランド海戦の勝利を望み、国民はそれを期待していたが、なぜ勝利がもたらされなかったかを理解する上で、このテーマはあまりに過小評価されていたのである。

ホールが一九一七年一月から三月にかけて行ったことは、世界中のあらゆる情報機関の歴史に永遠に残るであろうし、はるか後のファイブ・アイズ・インテリジェンスの青写真となるものだったが、それは何だったのだろうか。まず見るべきは、ホールと40号室チームが活動していた全体的な政治的・軍事的背景である。一九一七年一月時点では、米国は戦争に参加していなかった。ドイツは一九一七年二月一日から無制限潜水艦戦を再開*しようとしており、英国にとって最重要の国益たる海上貿易を攻撃することで同国経済を破綻させようとしていた。この事実が転換点となって、米大統領は国民に対し、連合国側に立って参戦するよう説得することができたのである。一九一七年当時の米国では、発言に遠慮のない気まぐれなアイルランド系とドイツ系の間で反英感情が高揚していたことを想起すれば、なおさらである。注目すべき第二の点は、ドイツ外相アルトゥール・ツィンメルマンが一九一七年一月一一日、在ベルリン米大使ジェームズ・W・ジェラードに一通の暗号電報を提示し、ジェラードが暗号のまま同電報を送信することに同意したことである。米大使館は五日後の一九一七年一月一六日にこの電報を送信した。

＊訳者注：確かにドイツは一九一五年二月に、交戦海域を航行する船舶を無警告で撃沈する戦法を採ったが、その際は中立国船などが攻撃対象から除外されており、「制限潜水艦戦」だった。したがって、一九一七年の無制限潜水艦戦は「再開」ではなく「開始」と捉えるのが正確。

なぜドイツ外務省は、わざわざ米大使館を使ってワシントンDC経由で在メキシコ・シティのドイツ大使ハインリヒ・フォン・エックハルトにメッセージ（ツィンメルマン電報）を送ったのだろうか。ホールとそのスタッフが早い段階から気付いていたのは、海底通信ケーブルが大きな情報源となりうることと、ケーブルを切断すれば、敵は重要な通信手段を奪われうることだった。一九一四年に戦争が勃発すると、英国はドイツの大西洋横断ケーブルを切断した。一九一四年当時、米国は中立を保っており、ヨーロッパから米国につながる大西洋横断ケーブルをドイツが限定的に使用することを許可していた。その主な理由は、ウッドロー・ウィルソン大統領が和平交渉を働き掛けており、ドイツ政府が米国と外交交渉を行えるよう望んでいたからである。ツィンメルマンの電報は、在メキシコ・シティのドイツ大使に、次のような内容をメキシコのカランサ大統領に伝えるよう指示するものだった。すなわち、仮に米国が対独戦に参戦すれば、ドイツは対米戦でメキシコを財政的に支援し、メキシコが米国との戦争で奪われた領土を取り戻す、というものである。これは、米政府とその国民に知られるところとなれば、衝撃極まりない内容だった

ホールの40号室は、米国のトラフィック（デンマークの米大使館からケーブルで送られてくるもの）を全て読み取っており、その中には、在ベルリン米大使館から転送されるドイツの暗号化トラフィックも、そうでないものも含まれていた。米国のケーブルは英国を経由しており、傍受地点はランズエンド近くのポースカーノにある中継局だった。ホールの文官暗号学者ナイジェル・ド・グレイとウィリアム・モントゴメリーは、一九一七年一月一七日に英国がツィンメルマン電報を傍受した翌日、見事にそれを解読した。なぜ、これほど迅速で効率的だったのだろうか。ホールとそのチームは、これ以前に二件の成功を大々的に収めていた。40号室はメソポタミア戦役中にドイツの外交暗号一三〇四〇を密かに入手したほか、ホールはロシアと非常に良好な関係を秘密裏に有していた結果、ドイツ海軍の重要暗号〇〇七五（〇〇七の部分は読者にもピンとくるだろう）を入手した。ロシアはこれを、難破したドイツ巡洋艦『マグデブルク』から入手

していた。ホールは、密かにロシアとの関係を温めていたのである。

ホールの才は、次に何をし、何をしなかったかで分かる。アメリカ人からしてみれば、これは全て米国を戦争に巻き込もうとする英国の狡猾な陰謀に思えるかもしれない。ツィンメルマン電報には、次の二件に関して明記されていた。すなわち、ドイツが一九一七年二月一日に無制限潜水艦戦を再開することと、ドイツを資金源としたドイツ・メキシコ軍事同盟が提案されたことである。ホールが必要としたのは作り話だった。その目的は、ドイツの暗号に関する自分の知識と、40号室が米国その他の通信内容を傍受していることを米国側に知られないようにすることである。同時に、ウッドロー・ウィルソンとその政権に対し、ツィンメルマン電報は英国が偽造したものではなく本物だと納得させる必要があった。ホールは、英外務省や海軍本部のスタッフに一度も相談せず、部下のみと行動した。そして「欺瞞計画」を策定した。これこそが、ホールとそのチームによるこの秀逸な工作の真髄だった。ホールは一つの重要な事実を知っていた。すなわち、在ワシントンDCのドイツ大使館は、電報を受け取るやメキシコ・シティのドイツ大使館にそれを伝送しなければならないということである。ホールには、彼らが民間の電信会社を使っていることが分かっていた。そこで、NIDのエージェントがメキシコの電信局員を買収して暗号文を差し出させ、それによってホールは、この電報がワシントンDCからメキシコの電信会社を通じて直接送られてきたものだと米側に知らせることができた。単純だが、見事な手口だった。ホールはこれと並行して、もう一つ特筆すべき行動を取った。タイミングを十分見計らって、ドイツが一九一七年二月一日に無制限潜水艦戦を発表するまで何もしなかったのである。その後の一九一七年二月三日、米国はドイツと国交を断絶した。ホールはその後、重要なことを二つした。まず、一九一七年二月五日に英外相に対し、自分がさまざまな行動を起こすまで対米外交活動を全て先延ばしにするように、とのみ強く要請した。

外務省の承認を受けたホールは、その後の一九一七年二月一九日、在ロンドン米大使館のエドワード・

ベル書記官と面会し、翌日にはウォルター・ハインズ・ペイジ駐英米大使と面会して電報を手渡した。その三日後、ペイジ大使はアーサー・バルフォア英外相と会見した。同外相は、ホールの強い勧告に基づき、窃取したメキシコの暗号文のコピーとツィンメルマン電報全文の英訳を米大使に渡した。これら文書についてワシントンで分析と議論が行われた後、ウィルソン大統領は確信した。同大統領が一九一七年二月二八日にこの電報を米国のマスコミに率先して公開すると、ドイツとメキシコ両国に対する米世論が激高した。ウィルソンとその最側近は、英国の「メキシコ暗号」と英国の暗号解読能力を守らなければならないことにも気付いた。ここに、後年の一九四二年の映画『カサブランカ』の最終場面で、リック・ブレインを演じるハンフリー・ボガートが、皮肉屋のフランス警察署長ルイ・ルノー役のクロード・レインズに言った言葉の基礎が築かれたのである。「ルイ、ここから美しい友情が始まるわけだな」。米国が英国の機密を保護することをもって、まさに特別な関係が始まったのである。

ホールと40号室のチームにとってさらに幸いだったのは、ドイツの資金援助は当てにならず、対米戦に勝利する可能性は低いと、メキシコのヴェヌスティアーノ・カランサ大統領が忠告されていたことだった。同大統領はさらに、ドイツの資金援助が実現したとしても、メキシコの武器購入先である南米の姉妹国、すなわちアルゼンチンとブラジル、チリは、メキシコがドイツと同盟を結ぶことや米国と戦争をすることを支持しないだろうと忠告されていた。それにもかかわらず、メキシコ政府は米国にとって極めて無念なことに、ドイツに対する禁輸措置を取らず、第一次世界大戦を通じてドイツとの取引を続けたのだった。とはいえ、メキシコは第二次世界大戦においては歴史を繰り返さず、一九四二年五月二二日に枢軸国に宣戦布告したのである。

最後のとどめを刺したのは、ほかならぬアルトゥール・ツィンメルマン本人だった。彼は一九一七年三月三日の記者会見において、電報の内容は事実だと軽率にも発表した。その後の一九一七年三月二九日には、ドイツ帝国議会において、米国がドイツに宣戦布告した場合にのみ、ドイツはメキシコに資金を提供するつもりだったと、愚直にも述べた。米議会は一九一七年四月六日にドイツに宣戦布告した。これは、ウィルソン大統領が一九一七年四月二日に求めていたものだった。

ホールと40号室のチームは勝利を収め、ホールはその直後に海軍少将に昇進した。

それから一〇三年後の二〇二〇年においては、ホールが収めた功績や、同人と米国側との関係の重要性を考える必要がある。在ロンドン米大使のウォルター・ハインズ・ペイジ（一八五五年八月一五日生、一九一八年一二月二一日没）は、ブリンカー・ホールを第一次世界大戦で最も影響力のあった、まさに天才的な人物と評した。ロンドンのウェストミンスター寺院には、ウォルター・ハインズ・ペイジを称える記念プレートがある。彼とホールは、機微情報の共有で英米両国を永遠に結び付ける特別な関係にあったのである。

サー・マイケル・ハワード

マイケル・ハワード（一九二二年生〔二〇一九年没〕）は、ウェリントン・カレッジとオックスフォードのクライスト・チャーチで学んだ後、コールドストリーム・ガーズ〔歩兵連隊〕でイタリア戦役に従軍し、初陣となった一九四四年のモンテ・カッシーノで勇敢に戦ったため、戦功十字章を受章した。また、キングス・カレッジ・ロンドンに戦争学部を創設し、地位の低い助講師ながら、卓越した研究と授業、精力的で粘り強い指導力によって、当時はまだ小規模な同学部を侮りがたい学部へと成長させた。私がキングス・カレッジに入学したのと時を同じくして、ハワードは同学を離れ、オックスフォード大学で戦史のチチェル講座教授職に就き、一九八〇年から一九八九年にかけては、ベストセラー *The Last Days of Hitler*〔邦題『ヒトラー最期の日』筑摩叢書〕の著者として知られるヒュー・トレヴァー＝ローパー教授（後のデーカー卿）の後任として、近代史の欽定教授という究極の栄誉に輝いた。さらに、一九八九年から一九九三年まで、イェール大学で「軍事・海軍史講座担当ロバート・A・ラヴェット教授」職を務めた後、現役の学者としての経歴を米国で終えた。バブレイク・スクールの学生だった私は、彼の *The Franco-Prussian War of 1870–71*（未邦訳『一八七〇～七一年の普仏戦争』）を読み、幼いながらも、細部はもとより精緻な分析と文体を高く評価していた。私がキングス・カレッジで研究を始めた頃、彼は後任と交代途上にあった。後任は、ケンブリッジのクライスト・カレッジとイェール大学で学んだサー・ローレンス・マーティン教授（一九二八年生〔二〇二二年没〕）だった。彼はキングスで一〇年間を過ごした後、一九七八年にニューカッスル大学の副学長に就任し、一九九一年には英国王立国際問題研究所（チャタムハウス）の所長に就任した。私はローレンス・マーティンと非常に気が合った。国防と情報に対する彼の「アメリカ的アプローチ」は私のお気に入りだったし、私の研究が具体化するにつれて、彼も私と同じように、周囲の人々も緊密に関わり合う必要があることをすぐに理解した。

ブライアン・ランフト

私が初めてブライアン・ランフト教授と接触したのは、グリニッジ王立海軍大学校だった。彼はそこで海軍史・国際問題部長を務めていた。ブライアンはマイケル・ハワードと同じく第二次世界大戦の退役軍人で、大戦が勃発する前にマンチェスター・グラマー・スクールとオックスフォードのバリオール・カレッジを卒業している。バリオールではデニス・ヒーリー（一九一七年生、二〇一五年没）と同期生だった。後者は、一九六四年から一九七〇年まで国防相、一九七四年から一九七九年まで財務相、一九八〇年から一九八三年まで労働党副党首を務めた人物である。ランフトと同様、ヒーリーも第二次世界大戦中の一九四〇年から一九四五年まで英陸軍に従軍し、北アフリカ戦役、イタリア戦役、アンツィオの戦いを経て王立工兵少佐の階級に達した。質素な出自のため、ブラッドフォード・グラマー・スクールから奨学金を得てバリオール・カレッジに入学した。オックスフォードでは、一九三七年から一九四〇年まで共産党員だったが、フランスがナチスの軍門に下ると離党した。ヒーリーはオックスフォードの優秀な学生であり、一九四〇年には「二科目最優等《ダブル・ファースト》」学位を取得した。バリオールでは、ブライアン・ランフトとともに、後の保守党首相エドワード・ヒースの生涯の友にして政治的ライバルでもあった。ちなみに、ヒーリーはヒースから学部生室長の地位を継いでいる。ブライアン・ランフトがオックスフォード大学で執筆した博士論文は、海上貿易の保護に関するもので、英国が貿易の防衛に注目した海洋戦略をいかに連綿と追求してきたか、その初期の起源を詳細にたどった素晴らしい研究だった。

ランフトは、ヒーリーが国防相在任中に英海軍の規模、構造、能力、配備を大幅に縮小する下準備をしたことから、同人と激しく衝突した。ヒーリーが空母更新計画を中止したことで、艦隊空母の最後の一隻が退役すると、英海軍の固定翼航空部隊が事実上の終焉を迎えた。海外基地は閉鎖され、英海軍は極東と地中海における永続的な前方展開から撤退し、「北東大西洋海軍」になる予定だった。ヒーリーが深刻な予算問題に直面していたとはいえ、ランフトにしてみれば、彼の政策は戦略的にアンバランスだった上に、ライン川駐留英軍によるヨーロッパ中央戦線へのコミットメントに過度に重点を置くものだった。多くの海軍専門家は、米陸空軍の大規模なコミットメントや、赤軍とワルシャワ条約機構の同盟国がFEBA（主戦闘地域の前縁）を越えようとした際に戦術核兵器を使用するNATOの能力（米国と同義）があれば、ライン川駐留英軍は不必要と主張した。ランフトはいくつかの論文の中で、ソ連の膨張主義と攻撃的行動は海上で顕著であり、ソ連指導部の支持を得たセルゲイ・ゴルシコフ提督（一九一〇年生、一九八八年没）は、ソ連の重要国益を追求する古典的な海洋戦略に従っていたと、雄弁に語っている。ランフトが全面的に正しかったことは時の経過とともに明らかになったが、ヒーリーが英海軍の戦力構造、ひいては展開力に与えた深刻なダメージを元に戻すには、時すでに遅すぎたのだった。

ブライアン・ランフトは、私の研究関心が一つの大きなテーマに偏っていることにすぐに気付いてくれた。今日から見れば不思議に思えるかもしれないが、それは一九六〇年代後半には未開拓だった。私はナチス時代について研究したほか、大きな関心があったのは海戦と、ヨーロッパと太平洋の洋上で連合軍が得た勝利にインテリジェンスがいかに重要な役割を果たしたかについてであり、これらから刺激を受け、活力を得ていた。ブライアン・ランフトは非常に親切で寛大な人物だった。

サー・ハリー・ヒンズリー

ヒンズリーは一九一八年一一月二六日、イングランド中西部のウォルソールに生まれ、一九九八年二月一六日、肺がんのためケンブリッジで死去した。七九歳だった。質素な家庭に生まれたものの、知的才能に恵まれていたのは明らかだった。階級社会と評されることが多かった一九三〇年代、労働者階級の子供にはチャンスがないという一般的な誤解に反して、若きハリーはウォルソールのクイーン・メアリー・グラマー・スクールに入学した。一九三七年には、優等生として奨学金を獲得し、ケンブリッジのセント・ジョンズ・カレッジで歴史学を専攻することになった。ケンブリッジ大学で優秀な学者になり、後の一九八五年には、英国学士院フェロー（FBA）に選出された。ナチス・ドイツが一九三九年九月一日にポーランドに侵攻し、九月三日にネヴィル・チェンバレンが宣戦を布告すると、ブレッチリー・パークの政府暗号学校はナチスの挑戦に応じるべく、最高の頭脳を求めた。ヒンズリーを面接したのは、ブレッチリー・パークの所長にして伝説的な英海軍中佐アレクサンダー・「アラステア」（「アレクサンドロス」が訛ったもの）・デニストン（一八八一年一二月一日生、一九六一年一月一日没）だった。ヒンズリーは、それから間もなく「ハット4」で働くことになった。これは、戦争を勝利に導いた暗号解読の代名詞となった場所であるが、そうなったのは、この数十年後の一九七〇年代後半から一九八〇年代初頭になってからである。ハット4は、重要な手掛かりを提供してナチスとその同盟国に対する作戦を成功に導き、特にUボートとの戦いで大成功を収めたほか、極秘の手段を通じて大西洋の戦いに勝利する手助けをした。ウィンストン・チャーチルは、米英間の海上貿易が維持されなければ、英国の戦争努力は苦痛の中で潰えかねないことを承知していた。戦時中の彼の演説は、この厳しい現実を反映したものである。ブレッチリーでは、特に米海軍情報局（ONI）との並行的な取組にヒンズリーが深く関わるようになった。デニストンはヒンズリーの知的才能を認めていたが、それはアラン・チューリングやゴードン・ウェルチマンといったブレッチリーの名士も同じだった。一九四三年後半、まだかなり若年だったヒンズリーは、ワシントンDCで米国と極秘シギント協定に関する交渉を行っていた。

戦争末期には、サー・エドワード・トラヴィス（KCMG〔聖マイケル・聖ジョージ勲章ナイト・コマンダー〕、CBE〔大英帝国勲章コマンダー〕、一八八八年九月二四日生、一九五六年四月二三日没）のもとで働いていた。同人は、第二次世界大戦中のブレッチリー・パークの運営責任者であり、後にブレッチリーの後継機関GCHQの責任者となった人物である。トラヴィスはブレッチリーの最重要人物だった。一九〇六年に英海軍に主計将校として入隊し、HMS『アイアン・デューク』で勤務した。一九一六年から一九一八年までは、有名な40号室でブリンカー・ホール海軍大佐のもとで働いた。一九二五年には、GC&CSでデニストンの副官になった。第二次世界大戦中は、ブレッチリー・パークで重要な役割を演じ、一九四三年の英米BRUSA協定とそれに続く一九四六年の極秘情報協定の調印に尽力した。これにより、戦後における特別な関係が強固となり、ファイブ・アイズ情報協定の創設と、史上最も長期にわたる情報協力への道が開かれた。トラヴィスは、一九四四年六月にナイトの爵位に叙されたが、その理由は穏便に伏せられた。書類上は、外交関連での功績によるものと装われたが、確かにそういう一面もあるにはあった。

ハリー・ヒンズリーは卓越した業績を残し、後の一九四六年には大英帝国勲章オフィサー（OBE）を受章

ハリー・ヒンズリー、サー・エドワード・トラヴィス及びジョン・ティトマン。1945年11月、ワシントンDCにて（出典：米国立公文書記録管理局）

した。また、ブレッチリー・パークで知り合った女性ヒラリー・ブレット＝スミスと結婚した。終戦前にケンブリッジ大学に戻り、一九四五年にはセント・ジョンズ・カレッジのフェローに選ばれた。私が彼と仕事を始めたのは一九六九年だったが、当時は国際関係論の教授に選出されたばかりだった。それより前の一九六二年に発表した主著 *Power and the Pursuit of Peace*[▼1]〈邦題『権力と平和の模索』（勁草書房）〉は国際的に高く評価され、彼の学問的名声が確たるものになった。

　彼が編纂した第二次世界大戦における英国のインテリジェンス正史は、歴史家、アナリスト、メディア、現在の情報機関とその職員、退役・現役軍人の世界観を劇的に変えた。一九八五年にナイト爵位に叙せられたのも当然である。一九八九年にケンブリッジのセント・ジョンズ・カレッジの学長を退任してからは充実した余生を送り、一九九八年二月に七九歳で亡くなった。一方の私は、一九七二年一二月六日にロンドン大学キングス・カレッジから博士号を授与されるという栄誉にあずかった。[▼2]

サー・ノーマン・「ネッド」・デニング海軍中将

私はさまざまな人々と頻繁に会う機会に恵まれたが、その中でも最も素晴らしい人物の一人がノーマン・「ネッド」・デニング退役海軍中将（一九〇四年生、一九七九年没）だった。同提督は、第二次世界大戦中は有名な「39号室」のメンバーであり、その後、海軍情報部長（一九六〇〜一九六四年）、国防参謀本部情報部次長（一九六四〜一九六七年）を歴任し、それ以前の一九五六年から一九五八年には、グリニッジ王立海軍大学校で高位職にあった。私はブライアン・ランフトを介してデニング提督に初めて会ったが、その時点で提督はすでに退役しており、有名な「国防・安全保障メディア諮問委員会」、あるいは「D通告委員会」としてよく知られる委員会の長を務めていた。この委員会は、英国のメディアが不用心なニュースメディアを通じて英国の機密をうっかり漏洩しないようにするための、重要な委員会だった。これが意味するところは、デニング提督は、フリート街の新聞編集者や独立系テレビ局やBBCの最高幹部に加え、国家安全保障に有害な情報を漏らすおそれのある情報源と、日々じかに仕事をする関係を有していたということである。私はデニング提督と頻繁に会った。デニング提督は、自身の驚くべき経験と記憶を惜しげもなく私に披露してくれた。その軍歴は、史上最大の戦争（第二次世界大戦）から冷戦にまで及んでいた。私は彼の話や洞察、逸話、そして何よりも彼の知恵を吸収した。われわれは一度に二時間ほど会い、その後に昼食をともにしたものだった。非常に光栄なことだった。

デニング提督は、控訴院記録長官《マスター・オブ・ザ・ロールズ》を務めたアルフレッド・トンプソン・「トム」・デニング控訴院判事（一八九九年生、一九九九年没、一九六二〜一九八二年在位）の弟でもある。マーガレット・サッチャーは、同判事を「おそらく現代で最も偉大な英国判事」と評した。デニング卿（兄）は、一九二一年にリンカーン法曹院に加入し、一九二三年六月に弁護士資格を得た。私は一九八〇年一一月に弁護士になり、リンカーン法曹院所属の法廷弁護士である。本書執筆時点でほぼ四〇年前のことだが、運命の巡り合わせというか皮肉というか、私はそのためにこの兄弟二人を知る機会に恵まれたのである。英国は、二〇世紀初頭から半ばまで階級社会だといわれたが、この二人はそうした見方を覆すように、質素な出自から英国で最高の公的地位に上り詰めたのである。

ジェームズ・マコーネル

私は、グリニッジ王立海軍大学校在学中の二年目に、同僚――制服組の教員と民間の学者――とともに、ある一人のアメリカ人を迎えた。彼は米国家安全保障局と、米海軍の重要なシンクタンクである海軍分析センター（略してCNA）からやってきた人物だった。ジェームズ・「ジェイミー」・マコーネルというその人物は、ソ連に関する非常に有能かつ定評のある情報分析官で、ソ連海軍関連のあらゆる事項のスペシャリストでもあった。ジェイミーはコロンビア大学でロシア語を専攻していた。彼はグリニッジで流暢なロシア語を話す唯一の人物だっただけでなく、ソ連の軍事・戦略思想の微妙なニュアンスをも読み取ることができた。しかも、ロシアのオープン・ソースに関する最高の専門家であり、それが何であるか、それをいかに入手するかについて、そして、とりわけシギントやヒューミントといった高度に機密化された情報源と比較しつつ、いかにオープン・ソースを解釈するかについて、熟知していた。彼は、ブライアン・ランフトのスタッフにとって最も歓迎すべき存在だった。私は彼と業務で親しくなっただけでなく、生涯の友にもなった。ジェイミー・マコーネルは、なぜ私が一九七六年にワシントンDCに赴任することになったのか、その理由と大いに関係があった。それによって私のキャリアは一変したのだ。ジェイミーからは、ソ連の情報源や収集手段について膨大な量を学んだ上、ロシア人の戦略的思考と、それがいかにソ連の建造プログラムや作戦展開、そして目標を追求するための海軍力の行使に発展していったかを理解した。彼はソ連の軍事文献と思想に没頭していた。私はこうしたこと全てに感化された。従来の常識を絶対的真理としては受け入れず、受け入れようともしない独立心旺盛な思想家から、学べることは何でも吸収した。

彼のこうした偉大な特質は、一九七〇年代初頭からソ連邦が崩壊するまでの数年間、米海軍と英国、その同盟国にとって大きな利益をもたらすことになった。やがて彼と周囲の人々は――私もその一人になったが――、米国のさまざまな情報評価に対し、正確さと根拠データの両方について異議を唱えるようになった。彼はすでにグリニッジ王立海軍大学校に身を置くつもりであり、在ロンドン米大使館内のＣＩＡ支局長付スタッフになったり、英国防省で国防情報部や海軍情報部の分析官として働いたりするつもりなどなかった。彼が求めていたのは知的独立であり、ソ連研究に確たる知的基盤を持つ英国コミュニティーを自由に渡り歩くことだった。これには国防・情報コミュニティーだけでなく、学界も含まれた。彼は、ソ連の行方に関する自身の独創的な考え方を私と共有してくれた。それは、ソ連の主たる海軍核抑止戦力であるＳＳＢＮ――一九七〇年代初頭の英米のポラリス型潜水艦に相当――の役割と任務、詳細な戦術的配備に関するものだった。彼は、ソ連海軍の戦略的思考に関する仮説を立て始めたが、それはやがて、信じられないほど正確なものとなった。彼はそれを「保留戦略」と名付けた。それによれば、ソ連のＳＳＢＮは核による最終戦争が始まった後の予備的な第二撃用の核戦力であり、ソ連はそれらを攻撃から守るために「砦」内に保持しようとするとのことだった。「砦」とは、北極の氷冠の下である。ソ連はポリニヤ――北極海の薄氷の覆い――の付近に場所を求めており、そこからなら潜水艦から弾道核ミサイルを発射でき、米国とその同盟国に対して第二撃を加えることができる。そのためにソ連は、潜水艦を氷で防護し、北極圏を重要な砦として利用する必要があるのであり、それ以外のノルウェー海北部とバレンツ海は防御可能域と定められる。彼によれば、これらの砦は、複数の戦術的アセットによって完全に守られることになるという。これは、単に革新的な考え方や評価というだけでなく、従来の報告書や分析、そして米国の国家情報評価（ＮＩＥ）のほとんどに異を唱えるものだった。こうした見解の相違は、従来の情報源と収集手段、そこから導き出された分析成果と、これらのデータ・ソースとソ連のオープン・ソースを融合させたマコーネルのアプローチから生まれたものだった。ソ連のオープン・ソースは西側の情報源が容易に入手できるものではなく、密かに得られることが多かった。それらはソ連では一般に供されることはあまりなく、機密指定こそされていないものの、配布は制限されていた。こうした目立たないオープン・ソースに加え、ソ連の科学者や技術者が専門家のコミュニティー内で発表した技術論文もあった。これらも機密指定はされていないものの、入手は制限されていた。マコーネルはこれらの情報源を大いに活用し、分析の効果を上げたのである。これらの情報源は信頼性が高く、英米の極秘情報源と並べて読めば、ソ連の意図について新たな見解が生まれえた。私は彼の成果に夢中になったが、彼以外のわれわれはせいぜい片言のロシア語を話すことができる程度だった。マコーネルは群を抜いており、英国は彼がグリニッジ王立海軍大学校にいた時期から恩恵を受けただけでなく、彼がそこにいたおかげで、主要な人員が彼の方法論と成果に精通するようになり、その後数十年にわたって彼から多くを学んだのである。

アラステア・バカン教授

私は一九七〇年代初頭に、ある通知を受けたことをよく覚えている。英国の海兵隊将校一人、陸軍将校二人、空軍将校二人とともに、オックスフォード大学での特別課程に選抜されて参加することになったのである。それは、「国際関係学モンタギュー・バートン教授」職にあったアラステア・バカン教授（一九一八年九月生、一九七六年二月没、有名な作家にして元カナダ総督ジョン・バカンの息子）が企画し、指導するものだった。彼は、オックスフォード大学の前に国際戦略研究所長や帝国国防大学長を務めた。また、第二次世界大戦中はカナダ陸軍で戦った経験がある。前述の課程は厳しく、刺激的だった。インテリジェンスの経歴を全うしたのは私一人だったが、築いた関係は揺るぎなく、一九六〇年代にアラステア・バカンを始めとする恩師から学んだことは、無意識かつ潜在的に本書の執筆に生かされている。

デイヴィッド・カーン

私は、インテリジェンスや学問上の付き合いを通じて、米国人のデイヴィッド・カーン（一九三〇年生）と親交があった。カーンが著した *The Codebreakers–The Story of Secret Writing*〔邦題『暗号戦争』（早川書房）〕は、古代エジプトから一九六七年の出版時点までの暗号の歴史について見事に書き表しており、分析も素晴らしい。私は博士課程でデイヴィッド・カーンの著作を研究していたので、彼が研究員としてオックスフォードのセント・アントニーズ・カレッジにやってきた折には面会するつもりだった。デイヴィッド・カーンは一九七四年、近代史の欽定教授ヒュー・トレヴァー＝ローパーの指導のもと、ドイツ近代史についてオックスフォードから博士号を授与された。当然のことながら、私は彼と知り合いになりたくて仕方なかった。前述したオックスフォードの著名人を何度も訪ねているうちに、オックスフォードに彼を訪ねるようになった。私は彼が本を出版するに当たって経験した困難に興味をそそられた。彼がオープン・ソースを使ったにもかかわらず、さまざまな部分を削除するよう米国のＮＳＡが出版社に要求したのである。私は、彼の暗号研究と、彼がいかにあれほど膨大なオープン・ソースを苦労して集めることができたかについて、多くの洞察を得た。私はデイヴィッド・カーンを高く評価しているし、その業績は卓越していると思う。彼は後年、自身の重要な研究論文や個人文書を全てＮＳＡの文書館に寄贈した。米政府とかつて不和になったことからすれば、デイヴィッド・カーンは暗号術と暗号学の恩人にして名高い歴史家となったのであり、ＮＳＡコミュニティーは、彼の成果をわがものとしたのである。

ピーター・ジェイ

ピーター・ジェイ（一九三七年生）は英海軍で将校として勤務し、財務省職員として働いた後、ジャーナリズムに転じ、『タイムズ』紙の経済学編集長を一〇年間務めた。また、オックスフォードのクライスト・チャーチで政治経済学博士号を首席《ファースト》で取得し、オックスフォード・ユニオンの会長も務めた。ピーター・ジェイはまた、労働党の政治家ダグラス・ジェイ（後のジェイ男爵）の息子でもある。

ピーターは極めて有能で、人気もある講師だった。自らの科目を知悉しており、極めて明晰にユーモアを交えて解説した。英国経済や世界経済に関する質問への返答も見事だった。ある日、私はグリニッジ王立海軍大学校長室に呼び出された。校長の「テディ」・エリス海軍少将は愉快な人物で、退役前の最後のポストに就いていた。私は彼の息子をよく知っていたが、この息子も私と年功的に近い英海軍士官だった。提督から、頼みごとがあると言われた。当然、私は興味をそそられた。提督は、命令することはできないと言ったものの、私が同意することを望んでいるのは明らかだった。提督は、来講したピーター・ジェイと私が顔見知りであることは知っているとのことだったが、問題は彼がジェームズ・キャラハン（後の英首相）の義理の息子であることだと言った。提督の説明によると、ピーター・ジェイは帆船で大西洋を横断し、渡米する計画を立てているらしかった。当時は全地球測位技術（GPS）もなく、帆船にはデッカ航法装置もLORANも搭載されていなかった。LORANとは、LORAN送信機の範囲内であれば、船が無線方位を使って電子的に位置をプロットできるシステムである。ピーター・ジェイは学校長に、天文航法をぜひ教えてほしく、それに適任の人物を探してもらえないかと伝えていたのだった。結局のところ、大学のスタッフの中で航法教官は私だけだった。「君が指導してやってくれんかね」。「はい提督、喜んで」という言葉が口を突いて出た。提督は喜び、私は点を稼いで彼の部屋を後にした。私は要望に従ったままだが、この触れ合いを大いに楽しんだことにも偽りはなかった。そして、並外れて頭の回転が速いピーター・ジェイに、大西洋を安全に航海するために必要な技術を教えてやったのだった。

私は、やがては駐米大使になる人物を養成していたこと、そして彼の義父が首相になることに、ほとんど気付いていなかった。数年後、在ワシントンDC英大使館で、このことが私にとってちょっとした問題となり、上司に説明することになった。それは、ピーター・ジェイ新大使との関係だった。新大使は、大勢に愛された著名なキャリア外交官サー・ピーター・ラムズボサム（一九七四〜一九七七年まで大使）の後を継いだが、彼もアメリカ人に大変尊敬され、大使館スタッフ全員のお気に入りだった。一九七九年に首相に就任したマーガレット・サッチャーは、ピーター・ジェイの在ワシントンDC英大使館勤務の任を直ちに解き、キャリア外交官のサー・ニコラス・ヘンダーソンを後任とした。

サー・ニコラス・ハント海軍大将およびサー・ジェームズ・エベール海軍大将

海上での数年間、私は二人の英海軍高級将校から自分のキャリアと考え方に多大な影響を受けることになった。彼らの指導力と優れた知性を大いに尊敬していた。やがて二人とも四つ星将官となり、その貢献によりナイトの称号を授かることになった。一人目は、HMS『イントレピッド』で私の艦長だったニコラス・ハント海軍大佐（一九三〇年生、二〇一三年没、一九八五年から一九八七年まで艦隊司令長官および連合国海峡・東部大西洋司令長官）である。ハントは、このとき私が知っていた若い息子の父親であり、息子とは、二〇一九年に辞任するまで、保健相、その後に外相となったジェレミー・ハント下院議員（一九六六年生）である。

私がHMS『イントレピッド』でハント大佐とともに勤務していた頃、第二次世界大戦に参戦したジェームズ・エベール海軍少将は、空母・揚陸艦担当将官を務めていた（一九二七年生、二〇一八年没、一九七九年から一九八一年まで艦隊司令長官、一九八一年から一九八二年まで海軍本国司令部長官、引退後の一九八四年から一九九〇年まで王立国際問題研究所長）。

私はこの二人の士官から、考え方だけでなく、指導力を発揮するための技能にも影響を受けた。私はこれ以降の海軍キャリアにおいて、両者と絶えず連絡を取ることになった（ハント提督の場合は、一九八三年に私が米国に永住してから）。両者ともに思想家であり、私自身の海軍的思考、戦略的思考を育んでくれた。私のキャリア形成に関心を抱いてくれた二人には非常に感謝している。彼らは素晴らしい模範を示してくれたのである。

ダニエル・パトリック・オコンネル

一九七三年は、グリニッジ王立海軍大学校の創立一〇〇周年に当たった（同校は、英国の高等軍事教育がオックスフォードシャーのウォッチフィールドにある統合軍指揮幕僚大学に一本化されたため、一九九八年に閉校した）。この歴史的な場所は現在、旧王立海軍大学グリニッジ財団によって管理されている。私はこの記念すべき年にスタッフとして参加する機会に恵まれ、エリザベス女王その他の高級署名者の訪問を受けた後に、夕食会をともにした。われわれが開催した重要なシンポジウム兼会議は、「海洋法」に関連したおそらく史上初の大規模会合だった。私は、少なくとも年齢的にはスタッフの中で下だったため、学長から会議のロジ担当を命じられた。そのおかげで、来賓講演者と会議出席者の全員と接することができた。その中でもひときわ傑出した人物がいた。オークランド生まれのニュージーランド人、ダニエル・パトリック・オコンネル教授（一九二四年生、一九七九年没）である。彼は、一九七二年から一九七九年にオックスフォードで死去するまで、オックスフォード大学で国際公法チチェリ講座教授を務めたほか、私が今も海洋法に関する一流の著作と考える *The Influence of Law on Sea Power and The International Law of the Sea*〔未邦訳『シー・パワーに対する法の影響力と国際海洋法』〕（著者の死後に出版）[▼3]の著者である。本書は国際法に関する決定版である。国連海洋法条約（略称UNCLOS）は、オコンネルの代表作と会議記録の出版や、英政府と海軍のルートを通じて大きな推進力を得たことで、一九八二年一二月一〇日に一五七カ国によって署名され、一九九四年一一月一六日に発効した。私は、ロジを担当したことでオコンネル教授と交流するようになった。彼は、海洋法とインテリジェンスが重なる部分に関するわれわれの統合構想に大きな関心を抱くようになった。彼が想定していた海洋法とは、国際秩序を維持するためのものであり、単に公海上におけるだけでなく、国際平和と秩序にもより広範に影響するものだった。私はその後、何度かオックスフォードを訪れ、こうした考えを発展させた。オコンネル教授を訪ねたことで、バカン教授やトレヴァー・ローパー教授とも親密な関係を築くことができた。法律とインテリジェンス、現代史が融合し、冷戦の見通しと、ソ連とワルシャワ条約同盟国への対処とにそれが結び付くさまを目撃するのは、啓発されるところが大きな知的体験だった。

オコンネル教授を通じて海洋法に関わったことで、私はより広く詳しく法的問題に目を向けるようになった。このことは後年、私が国際テロリズムと海の役割、銃の密輸、人身売買、世界の海を介した麻薬の国際取引、違法な武器輸送などに取り組む際に、大いに役立つことになった。今日、中国が南シナ海において侵犯行為を繰り返し、ハーグの国際仲裁裁判所が中国に対して裁定を下したことで、私が関心を向ける対象は単にインテリジェンス面だけでなく、交錯する法的側面にも及んでいる。海洋法という側面に深く関与したことで、グリニッジ王立海軍大学校の次の赴任先として海上勤務に就いていた一九七五年七月二九日、私は四つある法曹院の一つ、リンカーン法曹院への加入を許可され、やがて英国の法廷弁護士となった。

サー・ハーバート・リッチモンド海軍大将

グリニッジ王立海軍大学校の学術スタッフには、内輪の会食クラブがあった。これに参加できるのは、海軍の戦略や計画、インテリジェンス、作戦、これら全ての重要性を知らしめる目下のあらゆる国際関係や政治といった、重要分野において定評のある研究者だけだった。私が加入の栄誉にあずかったこの「ハーバート・リッチモンド会食クラブ」は少数精鋭で、その名称はサー・ハーバート・リッチモンド海軍大将（一八七一年生、一九四六年没）にちなんだものだった。同大将は一九一二年一〇月、「海軍専門職のより高次の見地に関連する知識の向上と軍（英海軍）内への普及を促進する」という目標を掲げて、自ら中心となって『海軍時評』誌を創刊した。本誌は今日に至るまで、質の高い論考や論説を提供する重要な情報源となっており、その範囲は、海洋戦略や作戦に関連するあらゆる事柄を始め、政治・経済・社会・外交・歴史的要素と関係のある無数の事項にまで及んでいる。リッチモンドは、海上指揮官として大きな功績を残しただけでなく、卓越した知識人でもあり、四つ星将官を退いた後の一九三四年から一九三六年まで、「英帝国・海軍史ヴィア・ハームズワース教授」職に就き、一九三四年から一九四六年まではケンブリッジ大学ダウニング・カレッジの学長を務めた。彼は、「同世代でおそらく最優秀の海軍士官」と評されているほか、一流の海軍史家として「英国のマハン」とも称された。一九二〇年から一九二二年にかけては、グリニッジ王立海軍大学校上級士官課程を担当し、その後校長を務めた。英海軍を退役した後は、台頭しつつある日本の脅威の影響と、自らの目に映る日本の膨張主義に対抗するために英政府は何をなすべきかについて、非常に早い時期から先を見通していた。

サー・ロイ・「ガス」・ハリデー海軍中将

私は一九七〇年代半ばにワシントンDCで勤務していたが、その頃の私の報告経路は、ペンタゴンの海軍作戦部長室のOp－96を経由して、英海軍武官のロイ・「ガス」・ハリデー海軍少将（一九二三年生、二〇〇七年没）につながっていた。ハリデー提督は、殊勲十字章（DSC）を受章した第二次世界大戦の功労者であり、英太平洋艦隊のHMS『イラストリアス』及びHMS『ヴィクトリアス』から、パイロットとして日本軍を相手に出撃した。撃墜されると、HMS『ウェルプ』に救助された。その副長、ギリシャ出身の王子フィリップ海軍大尉（後のエリザベス女王の夫）は、ハリデーに予備の軍服を貸し、後にフリーマントルで「岸への乗り上げ」を二人で祝った。HMS『ヴィクトリアス』に再乗艦したハリデーは、一九四五年三月から五月にかけて行われた先島諸島の飛行場空襲に参加した。また、勇敢に尽力したことでDSCを授与され、「メリディアン」作戦での飛行に対しては、殊勲報告書にもその名が載った。日本軍の降伏後に彼が知ったのは憎むべき戦争犯罪だった。同僚士官のケン・バレンストンがパレンバン上空で撃墜されて日本軍に捕らえられ、日本軍降伏の二日後に悪名高いチャンギ捕虜収容所で斬首されたのである。ハリデーは戦後、卓越したキャリアを積んだ後、一九七三年に海軍代将として海軍情報担当首席《Head of Naval Intelligence》に任命され（一九六七年のデニス・ヒーリー国防相による中央集権化の一環として、DNI（海軍情報部長《Director of Naval Intelligence》）職は廃止された）、一九七五年には海軍少将に昇進すると同時に、在ワシントンDC英大使館付海軍武官兼幕僚長に任命された。一九七八年には国防参謀次長（情報担当）となり、一九八一年に英海軍を退役すると、同年から一九八四年まで国防省情報局長に就任した。私は、ハリデー提督のさまざまな職務や役職に仕える機会に恵まれた上、ワシントンDC滞在中もその後も、私自身の関心事やキャリア形成において、提督から貴重な支援をいただいた。

カーライル・「カール」・トロスト海軍大将

私が一九七〇年代半ばにワシントンDCに駐在していた折に、米海軍側の上司だったのがOp－96所属のカーライル・トロスト海軍少将（一九三〇年四月二四日生）だった。彼はいつもカールと呼ばれてきた。イリノイ州出身のトロスト提督は、一九五三年に米海軍兵学校を首席で卒業した。潜水艦乗りになり、抜群の軍歴を送った。それは、輝かしいという表現の方がはるかにふさわしいだろう。一九八六年五月には、

USS『ベインブリッジ』(CGN 25)(出典：ウィキメディア・コモンズ、米海軍)

ロナルド・レーガン大統領から、ジェームズ・ワトキンス海軍大将の後任として海軍作戦部長（CNO）に指名され、一九八六年七月から一九九〇年六月までその職にあった。したがって、やがてCNOとなる将校を米海軍の直属の上司に持つことができたことは、私にとって信じられないほど幸運なことだった。ハリデー提督とトロスト提督の間に、これほど優れた軍歴を持つ、これほど傑出した指導者が後にも先にもいたとは、誰が予想できただろうか。

サミュエル・L・グレイヴリー・ジュニア海軍中将

一九七〇年代半ばにワシントンDCに赴任した私の勤務の最後を飾ったのは、米太平洋艦隊に所属する第3艦隊の原子力巡洋艦USS『ベインブリッジ』(CGN25)での海上勤務だった。その折、サンディエゴから出航し、太平洋における「ヴァーシティ・スプリント」演習に参加した。米海軍の能力がいかに強大なものであるか、この演習は私にとって誠に瞠目すべきものだった。『ベインブリッジ』は、最先端の海軍戦術情報システム（NTDS）を搭載したばかりだった。私は『ベ

サミュエル・グレイヴリー米海軍中将（出典：アーリントン国立墓地）

インブリッジ』で膨大な実地経験を積んだ。

　第3艦隊司令官サミュエル・L・グレイヴリー・ジュニア海軍中将（一九二二年生、二〇〇四年没）は、実に素晴らしい傑出した人物にして指導者でもあった。私は『ベインブリッジ』乗艦中に彼と知己になった。彼は将校として戦闘艦に乗り組んだ初のアフリカ系米国人であり、米海軍の艦艇を指揮したのも、海軍将官になったのも、さらには、序数艦隊を指揮したのも初のアフリカ系だった。彼とはさまざまな話題について意見交換したが、当然のことながら、とりわけ集中したのが、当時進行中だった「シーウォー'85」プロジェクトや、ソ連のインテリジェンス関連事項、米英海軍の比較対照についてだった。艦隊の陣形をさまざまに変換する際は、彼から『ベインブリッジ』の艦橋張り出し部《ブリッジ・ウィング》によく招かれたものだった。「ヴァーシティ・スプリント」演習期間中に『ベインブリッジ』が見せつけたのは、NTDSがテリア・ミサイル・

システムと組み合わされるといかに強力なツールとなるか、だった。私はヘリコプターでほかの艦艇数隻に移乗し、短期乗艦した。それには戦闘航空母艦も含まれた。楽しく素晴らしい学習体験であり、私なりにささやかな貢献ができたなら嬉しく思う。

グレイヴリー提督とは、私が英国に戻ってからも私信で連絡を取り合っていた。彼は一九八〇年に退役し、局長を務めていた国防通信局で退任式があったが、私はそれに出席することができず、非常に申し訳なく思った。ロンドンに戻った私の都合がつかなかったのだ。彼は今日に至るまで、私が知り合う機会に恵まれた最も立派な人々の一人である。

参考文献

Abshagen, K. H. *Canaris*. Translated by A. H. Brodrick. London: Hutchinson, 1956.

Admiralty British. Fuhrer Conference on Naval Affairs. Admiralty 1947. London: Her Majesty's Stationery Office.

Aid, M. *Secret Sentry: The Untold History of the National Security Agency*. New York: Bloomsbury, 2009.

Aldrich, R. J. Editor. *British Intelligence, Strategy, and the Cold War. 1945–1951*. London: Routledge, 1992.

Aldrich, R. J. Editor. *Espionage, Security, and Intelligence in Britain, 1945–1970*. Manchester: Manchester University Press, 1998.

Aldrich R. J. *Intelligence and the war against Japan: Britain, America and the Politics of Secret Service*. Cambridge: Cambridge University Press, 1999.〔リチャード・オルドリッチ『日・米・英「諜報機関」の太平洋戦争――初めて明らかになった極東支配をめぐる「秘密工作活動」』、会田弘継訳、光文社、2003年〕

Aldrich R. J. *The Hidden Hand: Britain, America, and Cold War Secret Intelligence*. London: John Murray, 2001.

Aldrich R. J., G. Rawnsley and M. Y. Rawnsley, eds. *The Clandestine Cold War in Asia 1945–1965*. London: Frank Cass, 1999.

Aldrich R. J. and M. F Hopkins, eds. *Intelligence, Defense, and Diplomacy: British Policy in the Post War World*. London: Frank Cass, 1994.

Aldrich, Richard J. *GCHQ The Uncensored Story of Britain's Most Secret Intelligence Agency*. London: Harper Press, 2010.

Alsop, Stewart and Braden, Thomas. *Sub Rosa. The OSS and American Espionage*. New York: Reynal and Hitchcock, 1946.

Andrew, C. M. *Secret Service: The Making of the British Intelligence Community*. London: Heinemann, 1985.

Andrew, C. M. *For the President's Eyes Only: Secret Intelligence and the American Presidency from Washington to Bush*. London: Harper Collins, 1995.

Andrew, C. M. *Defense of the Realm. The Official History of the Security Service*. London: Allen Lane, 2009.

Andrew, C. M. and D. Dilks, eds. *The Missing Dimension: Governments and Intelligence Communities in the Twentieth Century*. London: Macmillan, 1982.

Andrew, C. M. and O. Gordievsky. *KGB: The Inside Story*. London: Hodder and Stoughton, 1990.〔クリストファー・アンドルー、オレク・ゴルジエフスキー『KGBの内幕――レーニンからゴルバチョフまでの対外工作の歴史』、福島正光訳、文藝春秋、1993年〕

Andrew, C. M. and V. Mitrokhin. *The Sword and the Shield: The Mitrokhin Archive and the Secret History of the KGB*. New York: Basic Books, 1999.

Arnold, H. *Global Mission. Chief of the Army Air Forces 1938–1946*. New York: Harper, 1949.

Assman, K. *Deutsche Seestrategie in Zwei Welkriegen*. Vowinckel. Heidelberg: Heidelberg Press, 1959.
Aston, Sir George. *Secret Service*. London: Faber and Faber, 1939.
Bamford, J. *The Puzzle Palace: America's National Security Agency and its Special Relationship with GCHQ*. London: Sidgwick and Jackson, 1983.
Bamford, J. *Body of Secrets: How NSA and Britain's GCHQ Eavesdrop on the World*. New York: Doubleday, 2001.
Bamford, J. *The Shadow Factory: The Ultra-Secret NSA from 9/11 to Eavesdropping on America*. New York: Doubleday, 2008.
Barrass, Gordon S. *The Great Cold War: A Journey Through the Hall of Mirrors*. Stanford, California: Stanford University, 2009.
Barry and Creasy. "Attacks on the Tirpitz by Midget Submarines. September 1943." *London Gazette*, July 3, 1947.
Beardon, Milton, and James Risen. *The Main Enemy: The Inside Story of the CIA's Final Showdown with the KGB*. London: Penguin Random House, 2003.〔ミルト・ベアデン、ジェームズ・ライゼン『ザ・メイン・エネミー——CIA対KGB最後の死闘』上・下、安原和見・花田知恵訳、ランダムハウス講談社、2003年〕
Bedell Smith, W. *Eisenhower's Six Great Decisions*. London: Longmans, 1956.
Bennett, G. *Churchill's Man of Mystery: Desmond Morton and the World of Intelligence*. London: Routledge, 2007.
Bennett, R. *Ultra in the West: The Normandy Campaign of 1944–1945*. London: Hutchinson, 1979.
Blackburn, D. and W. Caddell. *Secret Service in South Africa*. London: Cassell and Company London, 1911.
Belot, R. *The Struggle for the Mediterranean 1939–1945*. Oxford: Oxford University Press, 1951.
Benjamin, R. *Five Lives in One. An Insider's View of the Defence and Intelligence World*. Tunbridge Wells: Parapress, 1996.
Benson, R. L. and R. Warner. *Venona: Soviet Espionage and the American Response, 1939–1957. Menlo Park*. California: Aegean Park Press, 1997.
Bilton, M. and P. Kosminksy. *Speaking Out: Untold Stories from the Falklands War*. Grafton: Grafton, 1987.
Booth, K. *Navies and Foreign Policy*. New York: Croom Helm, 1977.
Borovik, Genrikh. *The Philby Files: The Secret Life of Master Spy Kim Philby–KGB Archives Revealed*. London: Little Brown, 1994.
Brodie, Bernard. *Strategy in the Missile Age*. Princeton: Princeton University Press, 1959.
Brodie, Bernard. *The Future of Deterrence in U.S. Strategy*. California: University of California Press, 1968.
Brodie, Bernard. *War and Politics*. London: Macmillan, 1973.
Buchan, Alastair. *War in Modern Society*. Oxford: Oxford University, 1966.
Buchan, Alastair. *The End of the Postwar Era: A New Balance of World Power*. Oxford: Oxford University, 1974.
Cable, James. *Britain's Naval Future*. Annapolis, Maryland: US Naval Institute Press, 1983.
Calvocoressi, P. *Top Secret Ultra*. London: Cassell and Company London, 1980.

Carrington, Lord. *Reflect on Things Past. The Memoirs of Lord Carrington*. London: Collins, 1988.
Carl, Leo D. *The International Dictionary of Intelligence*. Virginia: McLean, 1990.
Carter, Miranda. *Anthony Blunt: His Lives*. London: Farrar, Straus, & Giroux, 2001.〔ミランダ・カーター『アントニー・ブラント伝』、桑子利男訳、中央公論新社、2016年〕
Cater, D. *The Fourth Branch of Government*. Boston: Houghton Mifflin, 1959.
Cavendish, A. *Inside Intelligence*. London: Harper Collins, 1990.
Cherkashin, A. *Spy Handler. Memoirs of a KGB Officer*. New York: Basic Books, 2005.
China. The State Council Information Office of the People's Republic of China: In the New Era. July 2019. これはオープン・ソースの中国政府公式刊行物および政策声明である。
Clayton, A. *The Enemy is Listening: The Story of the Y Service*. London: Hutchinson, 1980.
Cockburn, Andrew and Leslie: *Dangerous Liaison. The Inside Story of the US-Israeli Covert Relationship*. Place: HarperCollins, 1991.
Cocker, M. P. *Royal Navy Submarines 1901–1982*. London: Frederick Warre Publications, 1982.
Cole, D. J. *Geoffrey Prime: The Imperfect Spy*. London: Robert Hale, 1998.
Colvin, I. *Chief of Intelligence*. London: Gollanz, 1951.
Colomb J. C. R. "Naval Intelligence and the Protection of Shipping in War," *RUSI Journal*, vol. 25 (1882): 553–590.
Compton-Hall, Richard. *Subs versus Subs. The Tactical Technology of Underwater Warfare*. London: David and Charles Publishers, 1988.
Copeland, B. J. *Colossus: The Secrets of Bletchley Park's Code-Breaking Computers*. Oxford: Oxford University Press, 2006.
Corera, Gordon. *MI6: Life and Death in the British Secret Service*. London: HarperCollins, 2012.
Dalein, D. J. *Soviet Espionage*. Oxford: Oxford University Press, 1955.
Deacon, R. *A History of the British Secret Service*. London: Muller, 1969.
De Silva, P. *Sub Rosa: The CIA and the Use of Intelligence*. New York: Times Books, 1978.
Dismukes, B. and McConnell J. *Soviet Naval Diplomacy*. New York: Pergamon Press, 1979.
Driberg, T. *Guy Burgess*. London: Weidenfeld and Nicholson, 1956.
Dulles, Allen. *The Craft of Intelligence*. New York: Harper and Row, 1963.〔アレン・ダレス『諜報の技術——CIA長官回顧録』、鹿島守之助訳、中央公論新社、2022年〕
Dumbrell, J. *Special Relationship: Anglo-American Relations from the Cold War to Iraq*. London: Palgrave, 2006.
Earley, Peter. *Confessions of a Spy: The Real Story of Aldrich Ames*. New York: Putnam & Son, 1997.
Elliott, G. and H. Shukman. *Secret Classrooms. An untold story of the Cold War*. London: St. Ermin's Press, 2002.
Everitt, Nicholas. *British Secret Service during the Great War*. London: Hutchinson, 1920.
Ewing, A. W. *The Man of Room 40. The Life of Sir Alfred Ewing*. London: Hutchinson, 1939.
Fahey, J. A. *Licensed to Spy*. Annapolis, Maryland: US Naval Institute Press, 2002.
Falconer, D. *First into Action: A Dramatic Personal Account of Life in the SBS*. London: Little Brown, 2001.
Fanell, James. "China's Worldwide Military Expansion." Testimony and Statement for the Record. US House of Representatives Permanent Select Committee on Intelligence. Hearing, May 15, 2018.

Rayburn Building, Washington DC.
Fishman, Charles. *One Giant Leap. The Impossible Mission that Flew us to the Moon*. New York: Simon and Schuster, 2019.
Fitzgerald, P. and M. Leopold. *Strangers on the Line: A Secret History of Phone-Tapping*. London: Bodley Head, 1987.
Freedman, Sir Lawrence. *Strategy*. Oxford: Oxford University Press, 2013.
Freedman, Sir Lawrence. *Official History of the Falklands Campaign. Volumes 1 and 2*. London: Routledge, 2005.
Freedman, Sir Lawrence and Gamba-Stonehouse, V. *Signals of War: The Falklands Conflict of 1982*. Princeton: Princeton University Press, 1991.
Freedman, Sir Lawrence. *A Choice of Enemies: America Confronts the Middle East*. Oxford: Oxford University Press, 2008.
Friedman, Norman. *Submarine Design and Development. Conway Maritime Press*. London: Conway, 1984.
Friedman, Norman. *The Fifty-Year Conflict: Conflict and Strategy in the Cold War*. Annapolis. Maryland: Naval Institute Press, 2007.
Foote, A. *Handbook for Spies*. London: Museum Press, 1949.
Foot, M. R. D. *SOE in France*. London: Her Majesty's Stationery Office, 1964.
Friedman, W. F. and C. J. Mendelsohn. *The Zimmermann Telegram of January 16, 1917 and its cryptographic background*. US War department, Office of the Chief Signal Officer. Washington DC: US Government Printing Office, 1938.
Frost, M. *Spyworld: Inside the Canadian and American Intelligence Establishments*. Toronto: Doubleday, 1994.
Fuchida, Mitsuo and Okumiya Masutake. Edited by Roger Pineau and Clarke Kawakami. *Midway, The Battle that Doomed Japan. The Japanese Navy's Story*. Annapolis, Maryland: Blue Jacket, 1955.
Gaddis, John Lewis. *The Cold War*. London: 2007.〔J・L・ガディス『冷戦——その歴史と問題点』、河合秀和・鈴木健人訳、彩流社、2007年〕
Ganguly, Sumit and Chris Mason. "An Unnatural Partnership? The Future of US-India Strategic Cooperation. Strategic Studies Institute." US Army War College. May 2019.
Gates, Robert. *From the Shadows: The Ultimate Insider's Story of Five Presidents and How They Won the Cold War*. New York: Simon & Schuster, 2006.
George, James, ed. *The Soviet and Other Communist Navies*. Annapolis, Maryland: US Naval Institute Press, 1986.
Godfrey, Vice Admiral John. *Naval Memoirs*. London: National Maritime Museum Greenwich, 1965.
Goodman, M. S. *Spying on the Nuclear Bear: Anglo-American Intelligence and the Soviet Bomb*. Stanford, California: Stanford University Press, 2007.
Gordievsky, Oleg. *Next Stop Execution: The Autobiography of Oleg Gordievsky*. London: Whole Story, 1995.
Graham, G. S. *The Politics of Naval Supremacy*. Cambridge: Cambridge University Press, 1965.
Grant, R. M. *U-Boat Intelligence, 1914–1918*. Connecticut: Hamden, 1969.
Grayson, W. C. *Chicksands. A Millennium History*. London: Shefford Press, 1992.

Grimes, Sandra, and Jeanne Vertefeuille. *Circle of Treason: A CIA Account of Traitor Aldrich Ames and the Men He Betrayed*. Annapolis, Maryland: Naval Institute Press, 2012.

Halevy, Efraim. *Man in the Shadows. Inside the Middle East Crisis with a man who led the Mossad.* London Weidenfeld and Nicholson, 2006.〔エフライム・ハレヴィ『イスラエル秘密外交――モサドを率いた男の告白』、河野純治訳、新潮社、2016年〕

Harper, Stephen. *Capturing Enigma. How HMS Petard Seized the German Naval Codes*. London: The History Press, 2008.

Hastings, Max with Simon Jenkins. *The Battle for the Falklands*. New York: W.W. Norton and Company, 1983.

Healey, D. *The Time of My Life*. London: Michael Joseph, 1989.

Helms, Richard. *A Look over My Shoulder: A Life in the Central Intelligence Agency*. New York: Random House, 2003.

Hendrick, B. J. *The Life and Letters of Walter H. Page*. Garden City, New York: Yale University Press, 1922.

Herman, M. *Intelligence Power in Peace and War*. Cambridge: Cambridge University Press, 1992.

Herman, M. *Intelligence Services in the Information Age*. London: Cassell and Company London, 2001.

Higham, R. *Armed Forces in Peacetime. Britain 1918–1940. A Case Study*. London: Foulis Press, 1963.

Hill, Rear Admiral J. R. *Anti-Submarine Warfare*. United States Naval Institute Press. Annapolis, Maryland. 1985.

Hill, Rear Admiral J. R., ed. *Oxford Illustrated History of the Royal Navy*. Oxford: Oxford University Press, 1995.

Hill, Rear Admiral J. R *Lewin of Greenwich. The Authorized Biography of Admiral of the Fleet Lord Lewin*. London: Cassell and Company London, 2000.

Hillsman, Roger. *Strategic Intelligence and National Decisions*. Cambridge: Cambridge University Press, 1956.

Hinsley, F. H. *British Intelligence in the Second World War*. London: Her Majesty's Stationery Office, 1979–1990.

Hinsley, F. H. *Hitler's Strategy*. Cambridge: Cambridge University Press, 1951.

Hinsley, F. H. and A. Stripp, eds. *Code-Breakers: The Inside Story of Bletchley Park*. Oxford: Oxford University Press, 1993.

Hoffman, David E. *The Billion Dollar Spy: A True Story of Cold War Espionage and Betrayal*. New York: Penguin Random House, 2015.

Hollander, Paul. *Political Will and Personal Belief: The Decline and Fall of Soviet Communism*. New Haven, Connecticut: Yale University Press, 1999.

Howard, Sir Michael. *Captain Professor: A Life in War and Peace*. New York: Continuum Press, 2006.

Howard, Sir Michael. *Liberation or Catastrophe: Reflections on the History of the 20th Century*. London: A and C Black, 2007.

Howe, Geoffrey. *Conflict of Loyalty*. London: Macmillan, 1994.

Hunt, Sir David. *A Don at War*. London: HarperCollins, 1966.

International Institute for Strategic Studies (IISS). *The Military Balance Collection*. London: IISS,

2020.
Ireland, Bernard. With Eric Grove. *War at Sea 1897–1997.* London: Harper Collins and Janes, 1997.
James, Admiral Sir William. "The Eyes of the Navy. Room 40." *Edinburgh University Journal*, no. 22 (Spring 1965): 50–54.
Janes Fighting Ships. London: Janes Publishing, 1960–2015.
Jeffery, Keith. *MI6: The History of the Secret Intelligence Service, 1909–1949.* London: Penguin Random House, 2010.〔キース・ジェフリー『MI6秘録――イギリス秘密情報部1909-1949』上・下、高山祥子訳、筑摩書房、2013年〕
Jenkins, R. *Life at the Centre*. London: Macmillan, 1991.
Johnson, Adrian L., ed. *Wars in Peace.* London: Royal United Service Institution, 2014.
Johnson, T. R. *American Cryptology during the Cold War, 1945–1989.* Volumes 1–4. United States National Security Agency. Declassified in 2009.
Jones, Nate, ed. *Able Archer '83: The Secret History of the NATO Exercise that Almost Triggered Nuclear War*. New York: The New Press, 2016.
Jones, R. V. *Most Secret War*. London: Hamish Hamilton Limited, 1978.
Kagan, Neil and Stephen G. Hyslop. *The Secret History of World War 2.* Washington DC: National Geographic.
Kahn, David. *The Codebreakers*. London: Weidenfeld & Nicholson, 1966.〔デイヴィッド・カーン『暗号戦争』、秦郁彦・関野英夫訳、早川書房、1978年〕
Kalugin, O. and F. Montaigne. *The First Directorate: My First 32 years in intelligence and espionage against the West–the ultimate memoirs of a Master Spy*. New York: St. Martin's Press, 1994.
Kendall, W. "The Functions of Intelligence." *World Politics*, no. 4, vol. 1 (July 1949): 542–552.
Keegan, John. *Intelligence in War*. New York: Vintage Books & Random House, 2002.〔ジョン・キーガン『情報と戦争――古代からナポレオン戦争、南北戦争、二度の世界大戦、現代まで』、並木均訳、中央公論新社、2018年〕
Kendall, Bridget. *The Cold War: A New Oral History of Life Between East and West*. London: Penguin Books, 2018.
Kent, S. *Strategic Intelligence for American World Policy*. Oxford: Oxford University Press, 1949.〔シャーマン・ケント『シャーマン・ケント戦略インテリジェンス論』、並木均監訳、熊谷直樹訳、原書房、2015年〕
Korbel, J. *The Communist Subversion of Czechoslovakia, 1938–1948.* Oxford: Oxford University Press, 1959.〔ヨセフ・コルベル『平和共存とチェコ共産革命』、小林昭訳、日刊労働通信社、1960年〕
Kot, S. *Conversations with the Kremlin and Dispatches from Russia*. Oxford: Oxford University Press, 1963.
Krupakar, Jayanna. "Chinese Naval Base in the Indian Ocean. Signs of a Maritime Grand Strategy." *Strategic Analysis*, no. 3, vol. 41 (2017): 207–222.
Lamphere, R. J. and T. Shachtman. *The FBI-KGB war: A Special Agent's Story*. London: W. H. Allen, 1986.
Lewis, Norman. *The Honoured Society*. London: Collins, 1964.〔ノーマン・ルイス『マフィアの誕生――掟と復讐』、大庭忠男訳、早川書房、1972年〕
Liddell-Hart, Sir B. H. *Strategy–the Indirect Approach*. London: Faber & Faber, 1954.

Liddell-Hart, Sir B. H. *The Other Side of the Hill*. London: Cassell, 1951.
Liddell-Hart, Sir B. H. *Memoirs in Two Volumes*. London: Cassell, 1965.
Liddell-Hart, Sir B. H. *The Real War, 1914–1918*. Boston: Little Brown & Company, 1930.
Lockhart, Sir Robert Bruce. *Memories of a British Agent*. London: Putnam, 1932.
Lockhart, Robin. *The Ace of Spies*. London: Hodder & Stoughton, 1967.
Lyubimov, Mikhail. *Notes of a Ne'er-Do-Well Rezident or Will-o'-the-Wisp*. Moscow: 1995.
Lyubimov, Mikhail. *Spies I Love and Hate*. Moscow: AST Olimp, 1997.
Macintyre, Ben. *The Spy and the Traitor*. London: Crown Publishing Group, 2018.〔ベン・マッキンタイアー『KGBの男——冷戦史上最大の二重スパイ』、小林朋則訳、中央公論新社、2020年〕
Marder, A. J. *From the Dreadnought to Scapa Flow*. 5 Volumes. Oxford: Oxford University Press, 1940.
Marder, A. J. *The Anatomy of British Sea Power*. New York: Alfred Knopf, 1940.
Martin, Sir Laurence. *Arms and Strategy*. London: Weidenfeld & Nicholson, 1973.
Mathams, R. H. *Sub-Rosa: Memoirs of an Australian Intelligence Analyst*. Sydney: Allen & Unwin, 1982.
McGehee, R. W. *Deadly Deceit: My 25 Years in the CIA*. New York: Sheridan Square, 1983.
McKay, Sinclair. *The Secret Life of Bletchley Park*. London: Aurum Press Limited, 2010.
McKay, Sinclair. *The Lost World of Bletchley Park*. London: Aurum Press Limited, 2013.
McKay, Sinclair. *The Secret Listeners*. London: Aurum Press Limited, 2013.
McKnight, D. *Australia's Spies and Their Secrets*. London: University College London Press, 1994.
McLachlan, Donald. *Room 39. Naval Intelligence in Action, 1939–1945*. London: Weidenfeld & Nicholson, 1968.
Mikesh, R. C. B-57: *Canberra at War*. London: Ian Allan, 1980.
Mitchell, M. and T. Mitchell. *The Spy Who Tried to Stop a War: Katharine Gun and the Secret Plot to Sanction the Iraq Invasion*. London: Polipoint Press, 2008.
Monat, P. *Spy in the US*. New York: Harper & Row, 1961.
Montagu, E. E. S. *The Man Who Never Was*. London: Evans Brothers, 1953.〔ユーウィン・モンタギュー『放流死体——謀略戦記』、北村栄三訳、鱒書房、1957年〕
Montgomery Hyde, H. *George Blake: Superspy*. London: Futura, 1987.
Moore, Charles. *Margaret Thatcher: The Authorized Biography. Volume 2. Everything She Wants*. London: Allen Lane, 2015.
Moorehead, A. *The Traitors*. London: Hamish Hamilton, 1952.
Morley, Jefferson. *The Ghost: The Secret Life of CIA Spymaster James Jesus Angleton*. London: St. Martin's Press, 2017.
Murphy, D. E., S. A. Kondrashev and G. Bailey. *Battleground Berlin: CIA vs. KGB in the Cold War*. New Haven: Yale University Press, 1997.
Nicolai, Colonel W. *The German Secret Service*. Translated by G. Renwick. Frankfurt am Main: Fischer, 2007.
Nott, J. *Here Today Gone Tomorrow: Recollections of an Errant Politician*. London: Politico's, 2002.
Oberdorfer, Don. *From the Cold War to a New Era: The United States and the Soviet Union, 1983–1991*. Baltimore, Maryland: John Hopkins University Press, 1998.
Orlov, Alexander. *Handbook of Intelligence and Guerrilla Warfare*. London: Cresset Press, 1963.

Packard, W. *A Century of Naval Intelligence*. Washington DC: Office of Naval Intelligence, 1996.
Parrish, T. *The Ultra Americans: The US Role in Breaking Nazi Codes*. New York: Stein and Day, 1986.
Parker, Philip, Editor. *The Cold War Spy Pocket Manual*. Oxford: Pool of London Press, 2015.
Paterson, M. *Voices of the Codebreakers: Personal Accounts of the Secret Heroes of World War Two*. Newton Abbot: David and Charles, 2007.
Pavlov, V. *Memoirs of a Spymaster: My Fifty Years in the KGB*. New York: Carroll and Graf., 1994.
Pawle, G. *The Secret War*. London: Harrap, 1972.
Pearson, John. *The Life of Ian Fleming*. London: Jonathan Cape, 1966.
Petter, G. S. *The Future of American Secret Intelligence*. Washington DC: Hoover Press, 1946.
Petrov, Vladimir and Evdokia. *Empires of Fear*. London: Andre Deutsch, 1956.
Philby, Kim. *My Silent War*. New York: Grove Press, 1968.〔キム・フィルビー『プロフェッショナル・スパイ——英国諜報部員の手記』、笠原佳雄訳、徳間書店、1969年〕
Pincher, C. *Too Secret Too Long*. London: Sidgwick and Jackson, 1984.
Pincher, C. *Traitors: Labyrinths of Treason*. London: Sidgwick and Jackson, 1987.
Pincher, Chapman. *Treachery: Betrayals, Blunders, and Cover Ups: Six Decades of Espionage*. Edinburgh: Mainstream Publishing, 2012.
Polmar, Norman. *The Ships and Aircraft of the US Fleet*. Volumes. Annapolis, Maryland: United States Naval Institute Press, 1984.
Powers, T. *The Man who Kept the Secrets: Richard Helms and the CIA*. London: Weidenfeld and Nicholson, 1979.
Pratt, F. *Secret and Urgent. The Story of Codes and Ciphers*. London: Robert Hale, 1939.
Primakov, Yevgeny. *Russian Crossroads: Toward the New Millennium*. New Haven, Connecticut: Yale University Press, 2004.
Prime, R. *Time of Trial: The Personal Story Behind the Cheltenham Spy Scandal*. London: Hodder & Stoughton, 1984.
Raeder, E. *Struggle for the Sea*. Translated by Edward Fitzgerald. London: Kimber, 1959.
Ramsay, Sir Bertram Home. "The Evacuation from Dunkirk, May–June 1940," *The London Gazette*, July 17, 1947.
Ramsay, Sir Bertram Home. "Assault Phases of the Normandy Landings, June 1944," *The London Gazette*, October 30, 1947.
Ranft, Bryan, ed. *Technical Change and British Naval Policy 1860–1939*. London: Hodder and Stoughton, 1977.
Ranelagh, J. *The Agency: The Rise and Decline of the CIA*. New York: Simon and Shuster, 1986.
Ranft, Bryan. "The Naval Defense of British Sea-Borne Trade, 1860–1905." D.Phil thesis, Balliol College, Oxford University, 1967.
Ransom, H. H. *Central Intelligence and the National Security*. Oxford: Oxford University Press, 1958.
Ratcliffe, P. *Eye of the Storm: Twenty-Five Years in Action with the SAS*. London: Michael O'Mara, 2000.
Rej, Abhijnan. "How India's Defense Policy Complicates US-India Military Cooperation." US Army War College. February 26, 2019. https://warroom.armywarcollege.edu/articles/indias-defense-policy-and-us/
Richelson, J. *A Century of Spies: Intelligence in the Twentieth Century*. Oxford: Oxford University Press, 1995.〔ジェフリー・T・リチェルソン『トップシークレット——20世紀を動かしたスパイ100年正

史』上・下、川合渙一訳、太陽出版、2004年〕
Richelson, J. *The US Intelligence Community*. New York: Ballinger, 1989.
Richelson, J. *The Wizards of Langley: Inside the CIA's Directorate of Science and Technology*. Boulder, Colorado: Westview Press, 2001.
Richelson, J. and D. Ball. *Ties that Bind: Intelligence Cooperation Between the UKUSA Countries*. Boston: Allen and Unwin, 1985.
Report of the Security Commission, May 1983. Cmnd 8876. Her Majesty's Stationery Office, 1983.
Report of the Security Commission, October 1986. Cmnd 9923. Her Majesty's Stationery Office, 1986.
Rintelen, Captain Franz Von. *The Dark Invader*. London: Peter Davis, 1933.
Roberts, Captain Jerry. *Lorenz. Breaking Hitler's Top Secret Code at Bletchley Park*. Cheltenham: The History Press, 2017.
Roskill, S. W. *The War at Sea. 1939–1945*. Three Volumes. London: Her Majesty's Stationery Office, 1954–1961.
Roskill, S. W. *Hankey, Man of Secrets*. London: Collins, 1969.
Rowan, R. W. *The Story of Secret Service*. London: Miles, 1938.
Ruge, F. *Sea Warfare 1939–1945. A German Viewpoint*. Translated by M. G. Saunders. London: Cassell, 1957.
Ryan, C. *The Longest Day, June 6, 1944*. New York: Simon & Schuster, 1960.
Sainsbury, A. B. *The Royal Navy Day by Day*. London: Ian Allen Publications, 1993.
Saran, Samir & Verma Richard Rahul. "Strategic Convergence: The United States and India as Major Defense Partners." Observer Research Foundation (ORF), June 25, 2019.
Scott, James. *The Attack on the Liberty. The Untold Story of Israel's Deadly 1967 Assault on a US Spy Ship*. New York: Simon & Schuster, 2009.
Schelling, W. R. *Strategy, Politics, and Defense Budgets*. New York: Columbia University Press, 1962.
Schull, J. *The Far Distant Ships. An Official Account of Canadian Naval Operations in the Second World War*. Ottawa: Ministry of National Defence, 1962.
Schurman, D. M. *The Education of a Navy: The Development of British Naval Strategic Thought, 1867–1914*. Oxford: Oxford University Press, 1966.
Sebag Montefiore, Simon. *Stalin: The Court of the Red Tsar*. London: Vintage, 2003.〔サイモン・セバーグ・モンテフィオーリ『スターリン——赤い皇帝と廷臣たち』上・下、染谷徹訳、白水社、2010年〕
Showell, Jak P. Mallmann. *German Naval Code Breakers*. London: Ian Allan Publishing, 2003.
Sides, Hampton. *On Desperate Ground. The Marines at the Reservoir. The Korean War's Greatest Battle*. New York: Doubleday, 2018.
Sillitoe, Sir Percy. "My Answer to Critics of MI5." *The Sunday Times*, November 22, 1953.
Singh, Zorawar Daulet. "Foreign Policy and Sea Power. India's Maritime Role." Center for Policy Research, Delhi. *Journal of Defense Studies*, no. 4, (2017).
Smith, B. F. *The Ultra-Magic Deals and the Most Secret Special Relationship 1940–1946*. Shrewsbury: Airlife Publishing, 1993.
Smith, B. F. *Sharing Secrets with Stalin: How the Allies Traded Intelligence, 1941–1945*. Kansas: University of Kansas Press, 1996.

Smith, M. *New Cloak. Old Dagger: How Britain's spies came in from the cold*. London: Victor Gollanz, 1996.

Smith, M. *Station X: The Code-Breakers of Bletchley Park*. London: Channel Four Books, 1998.

Smith, M. *The Emperor's Codes: Bletchley Park and the Breaking of Japan's Secret Ciphers*. London: Bantam, 2000.

Smith, M. *The Spying Game: A Secret History of British Espionage*. London: Politico's, 2003.

Smith, M. *Killer Elite: The Inside Story of America's Most Secret Operations Team*. New York: St. Martin's Press, 2007.

Smith, M. and R. Erskine, eds. *Action this Day: Bletchley Park from the breaking of the Enigma Code to the Birth of the Modern Computer*. London: Bantam, 2001.

Sontag, S. and Drew, C. *Blind Man's Bluff: The Untold Story of American Submarine Espionage*. New York: Public Affairs, 1998.

Stafford, D. *Spies Beneath Berlin*. Second Edition. London: John Murray, 2002.

Stein, H., ed. *American Civil-Military Decisions*. Birmingham, Alabama: University of Alabama Press, 1963.

Steinhauer, G. and Felsted, S. T. *The Kaiser's Master Spy*. London: John Lane, Bodley Head, 1930.

Strip, A. J. *Code Breakers in the Far East*. London: Frank Cass, 1989.

Strong, Major General Sir Kenneth. *Intelligence at the Top*. London: Cassell, 1968.

Sudoplatov, P. *Special Tasks: The Memoirs of an Unwanted Witness–a Soviet Spymaster*. London: Little Brown, 1994.

Sunday Express Magazine, London. *War in the Falklands: The Campaign in Pictures*. London: Weidenfeld & Nicholson Ltd, 1982.

Svendsen, A. *Intelligence Cooperation and the War on terror: Anglo-American Security Relations after 911*. London: Routledge, 2009.

Thakur, Arvind and Michael Padgett. "Time is Now to Advance US-India Defense Cooperation," *National Defense*, May 31, 2018.

Thatcher, M. *The Downing Street Years*. London: HarperCollins, 1993.〔マーガレット・サッチャー『サッチャー回顧録——ダウニング街の日々』上・下、石塚雅彦訳、日本経済新聞社、1993年〕

Thomas, R. *Espionage and Secrecy: The Official Secrets Act 1911–1989 of the United Kingdom*. London: Routledge, 1991.

Thompson, Julian. *No Picnic. 3 Commando Brigade in the South Atlantic 1982*. New York: Hippocrene Books, 1985.

Thompson, Tommy. "The Kremlinologist. Briefing Book Number 648." George Washington University, November 2018.

Thomson, Sir Basil. *The Story of Scotland Yard*. London: Grayson & Grayson, 1935.

Trento, Joseph J. *The Secret History of the CIA*. Roseville, California: Prima Publishing, 2001.

Tuchman, Barbara W. *The Zimmermann Telegram*. New York: Viking Press, 1958.〔バーバラ・タックマン『決定的瞬間——暗号が世界を変えた』、町野武訳、みすず書房、1968年〕

Toynbee, A., ed. *Survey of International Relations, 1939–1946*. Oxford: Oxford University Press, 1952.

United States Department of Defense. "Preparedness, Partnerships, and Promoting a Networked

Region." Indo-Pacific Strategy Report. Washington DC, June 1, 2019.
United States Department of Defense. Soviet Military Power. An annual publication from September 1981 to September 1990. 同シリーズは、ワシントンDC20402所在の米政府印刷局文書監督官から入手可能であり、機密解除された以下のソ連関連詳説を含む：ソ連の政策と世界的野心；核攻撃用の戦力；戦略防衛と宇宙作戦；戦域作戦用の戦力；即応性、機動性および持続可能性；研究、開発、生産；政治・軍事・地域政策；米国の対応。
United States Department of State. "Intelligence: A Bibliography of its Functions, Methods, and Techniques." Part 1. December 1948. Part 2. April 1949.
Urban, M. *UK Eyes Alpha: The Inside Story of British Intelligence*. London: Faber and Faber, 1996.
Vickers, Philip. *A Clear Case of Genius. Room 40's Code-breaking Pioneer. Autobiography of Admiral Sir Reginald Hall*. Cheltenham: The History Press, 2017.
Vincent. J. *The Culture of Secrecy: Britain 1832–1988*. Oxford: Oxford University Press, 1998.
Waters, D. W. *A Study of the Philosophy and Conduct of Maritime War, 1815–1945*. Parts 1 and 2. Published privately. Copies are in the UK Ministry of Defence Library (Navy), and the National Maritime Museum, London.
Weiner, Tim, David Johnston and Neil A. Lewis. *Betrayal: The Story of Aldrich Ames, an American Spy*. London: Penguin Random House, 1996.
Wells, Anthony. "The 1967 June War: Soviet Naval Diplomacy and the Sixth Fleet–A Reappraisal." Center for Naval Analyses, Professional Paper 204, 1977, Department of the Navy.
Wells, Anthony. "NATO and US Carrier Deployment Policies." Center for Naval Analyses, February 1977, Department of the Navy.
Wells, Anthony. "Sea War '85 Scenario." With Captain John L. Underwood, United States Navy. *Center for Naval Analyses*, April 1977, Department of the Navy.
Wells, Anthony. "NATO and Carrier Deployment Policies: Formation of a new Standing Naval Strike Force in NATO." Center for Naval Analyses, April 1977, Department of the Navy.
Wells, Anthony. "The Application of Drag Reduction and Boundary Layer Control Technologies in an Experimental Program." Report for the Chief Naval Architect, Vickers Shipbuilding and Engineering Ltd, January 1986.
Wells, Anthony. "Preliminary Overview of Soviet Merchant Ships in SSBN Operations and Soviet Merchant Ships and Submarine Masking." SSBN Security Program, Department of the Navy, 1986, US Navy Contract N00016-85-C-0204.
Wells, Anthony. "SSBN Port Egress and the Non-Commercial Activities of the Soviet Merchant Fleet: Concepts of Operation and War Orders for Current and Future Anti-SSBN Operations." SSBN Security program, 1986, Department of the Navy, US Navy Contract N136400.
Wells, Anthony. "Overview Study of the Maritime Aspects of the Nuclear Balance in the European Theater." US Department of Energy Study for the European Conflict Analysis Project, October 1986, US Department of Energy.
Wells, Anthony. "The Soviet Navy in the Arctic and North Atlantic." *National Defense*, February 1986.
Wells, Anthony. "Soviet Submarine Prospects 1985–2000," *The Submarine Review*, January 1986.
Wells, Anthony. "A New Defense Strategy for Britain." *Proceedings of the United States Naval Institute*,

March 1987.
Wells, Anthony. "Presence and Military Strategies of the USSR in the Arctic." Quebec Center for International Relations, Laval University Press, 1986.
Wells, Anthony. "Soviet Submarine Warfare Strategy Assessment and Future US Submarine and Anti-Submarine Warfare Technologies." Defense Advanced Research Projects Agency, March 1988, US Department of Defense.
Wells, Anthony. "Operational Factors Associated with the Software Nuclear Analysis for the UGM-109A Tomahawk Submarine-launched Land Attack Cruise Missile Combat Control System Mark 1." Department of the Navy, 1989.
Wells, Anthony. "Real Time Targeting: Myth or Reality." *Proceedings of the United States Naval Institute,* August 2001.
Wells, Anthony. "US Naval Power and the Pursuit of Peace in an Era of International Terrorism and Weapons of Mass Destruction." *The Submarine Review*, October 2002.
Wells, Anthony. "Limited Objective Experiment ZERO." The Naval Air Systems Command, July 2002, Department of the Navy.
Wells, Anthony. "Transformation–Some Insights and Observations for the Royal Navy from Across the Atlantic." *The Naval Review*, August 2003.
Wells, Anthony. "Distributed Data Analysis with Bayesian Networks: A Preliminary Study for the Non-Proliferation of Radioactive Devices." With Dr. Farid Dowla and Dr. G. Larson, December 2003, The Lawrence Livermore National Laboratory.
Wells, Anthony. "Fiber Reinforced Pumice Protective Barriers: To mitigate the effects of suicide and truck bombs." Final Report and recommendations. With Professor Vistasp Kharbari, Professor of Structural Engineering, University of California, San Diego, August 2006. For the Naval Air Systems Command, Department of the Navy. Washington DC.
Wells, Anthony. "Weapon Target Centric Model. Preliminary Modules and Applications. Two Volumes." Principal Executive Officer Submarines, August 2007, Naval Sea Systems Command, Department of the Navy.
Wells, Anthony. "They Did Not Die in Vain. USS Liberty Incident–Some Additional Perspectives." *Proceedings of the United States Naval Institute,* March 2005.
Wells, Anthony. "Royal Navy at the Crossroads: Turn the Strategic Tide. A Way to Implement a Lasting Vision." *The Naval Review*, November 2010.
Wells, Anthony. "The Royal Navy is Key to Britain's Security Strategy." *Proceedings of the United States Naval Institute*, December 2010.
Wells, Anthony. "The Survivability of the Royal Navy and a new Enlightened British Defense Strategy." *The Submarine Review*, January 2011.
Wells, Anthony. "A Strategy in East Asia that can Endure." *Proceedings of the United States Naval Institute*, May 2011. Reprinted in *The Naval Review*, August 2011, by kind permission of the United States Naval Institute.
Wells, Anthony. "Tactical Decision Aid: Multi intelligence capability for National, Theater, and Tactical Intelligence in real time across geographic pace and time." May 2012, Department of the Navy and US National Intelligence community.

Wells, Anthony. "Submarine Industrial Base Model: Key industrial base model for the US Virginia Class nuclear powered attack submarine." With Dr. Carol V. Evans. Principal Executive Officer Submarines, Naval Sea Systems Command, Department of the Navy.

Wells, Anthony. "The United States Navy, Jordan, and a Long-Term Israeli-Palestinian Security Agreement." *The Submarine Review*, Spring 2013.

Wells, Anthony. "Admiral Sir Herbert Richmond: What would he think, write and action today?" *The Naval Review Centenary Edition*, February 2013.

Wells, Anthony. "Jordan, Israel, and US Need to cooperate for Missile Defense." *United States Naval Institute News*, March 2013.

Wells, Anthony. "A Tribute to Admiral Sir John 'Sandy' Woodward." *United States Naval Institute News,* August 2013.

Wells, Anthony. "USS Liberty Document Center." Edited with Thomas Schaaf. A document web site produced by SiteWhirks, Warrenton, Virginia. September 2013. 同サイトは2018年4月に米国議会図書館に移管され、学者やアナリスト、歴史家のために永続的に維持されることになった。USSLibertyDocumentCenter.org.

Wells, Anthony. "The Future of ISIS: A Joint US–Russian Assessment." With Dr. Andrey Chuprygin. *The Naval Review*, May 2015.

Wells, Anthony. *A Tale of Two Navies. Geopolitics, Technology, and Strategy in the United States Navy and the Royal Navy, 1960–2015*. Annapolis, Maryland: United States Naval Institute Press, 2017.

Wells, Anthony & Phillips, James W, Captain US Navy (retired). "Put the Guns in a Box." *Proceedings of the United States Naval Institute*, Annapolis, Maryland, June 2018.

Wemyss, D. E. G. *Walker's Group in the Western Approaches*. Liverpool: Liverpool Post and Echo, 1948.

Werner, H. A. *Iron Coffin. A Personal Account of German U-boat Battles of World War Two*. London: Arthur Barker, 1969.

West, N. *A Matter of Trust: MI5 1945–1972*. London: Weidenfeld and Nicholson, 1982.

West, N. *GCHQ: The Secret Wireless War, 1900–1986*. London: Weidenfeld and Nicholson, 1986.

West, N. *The Secret War for the Falklands*. London: Little Brown, 1997.

West, N. *Venona*. London: HarperCollins, 1999.

West, N. *At Her Majesty's Secret Service: The Chiefs of Britain's Intelligence Agency, MI6*. London: Greenhill Books, 2006.

Westad, Odd Arne. *The Cold War: A World History*. Oxford: Oxford University Press, 2017.〔O・A・ウェスタッド『冷戦——ワールド・ヒストリー』上・下、山本健・小川浩之訳、岩波書店、2020年〕

Wheatley, R. *Operation Sea Lion. German Plans for the Invasion of England, 1939–1942*. Oxford: Clarendon Press, 1958.

Wilkinson, N. *Secrecy and the Media: The Official History of the UK's D-Notice System*. London: Routledge, 2009.

Wilmot, C. *The Struggle for Europe*. London: HarperCollins, 1952.

Wilson, H. *The Labour Government 1964–1970: A Personal Record*. London: Michael Joseph, 1971.

Winterbotham, F. *The Ultra Secret*. London: Weidenfeld & Nicholson, 1974.〔F・W・ウィンターボーザム『ウルトラ・シークレット——第二次大戦を変えた暗号解読』、平井イサク訳、早川書房、1976年〕

Wohlstetter, R. *Pearl Harbor, Warning and Decision*. London: Methuen, 1957.〔ロバータ・ウォルステッター『パールハーバー——警告と決定』、北川知子訳、日経BP、2019年ほか〕

Wolin, S. and R. M. Slusser. *The Soviet Secret Police*. London: Methuen, 1957.〔サイモン・ウオリン／ロバート・M・スラッサー編『ソ連秘密警察——その歴史的考察』、川上芳信訳、日本外政学会、1957年〕

Womack, Helen, ed. *Undercover Lives: Soviet Spies in the Cities of the World*. London: Orion Publishing Company, 1998.

Wood, D. and D. Dempster. *The Narrow Margin*. London: Hutchinson, 1961.

Woodward, Admiral Sir John "Sandy." *One Hundred Days. The Memoirs of the Falklands Battle Group Commander.* With Patrick Robinson. Annapolis, Maryland: United States Naval Institute Press, 1992.

Woodward, L. *My Life as a Spy*. London: Macmillan, 2005.

Wright, P, with Greengrass, Paul. *Spycatcher. The Candid Autobiography of a Senior Intelligence Officer*. New York: Viking, 1987.

Wylde, N., ed. *The Story of Brixmis, 1946–1990*. Arundel: Brixmis Association, 1993.

Young, J. and J. Kent. *International Relations Since 1945*. Oxford: Oxford University Press, 2004.

Young, J. W. *The Labour Governments, 1964–1970: International Policy*. Manchester: Manchester University Press, 2003.

Zimmerman, B. *France, 1944. The Fatal Decisions*. London: Michael Joseph, 1956.

原　注

第1章　英米の特別な関係の成立——一九六八～七四年

1　各巻は1979年、81年、84年、88年および90年に出版された。

2　旧王立海軍大学は今日では世界遺産となっている。同校舎はクリストファー・レンが設計し、1696年から1712年にかけて建造された。

第2章　ソ連からの挑戦——一九七四～七八年

1　この作業の成果物の一つとして機密解除されているのが、Bradford DismukesとJames McConnellが編集した*Soviet Naval Diplomacy* (New York, NY: Pergamon Press, 1979)である。

2　モーラー海軍大将とその傘下のUSSリバティ連合委員会が開始した同作業の詳細については、米議会図書館のウェブサイトusslibertydocumentcenter.org, September 2013にて閲覧可能。

3　詳細は米議会図書館のウェブサイトに掲載されているが、USS『リバティ』への攻撃に関するインテリジェンス面以外に関する最良の文献としては、James Scott著*The Attack on the Liberty. The Untold Story of Israel's Deadly 1967 Assault on a US Spy Ship* (New York, NY: Simon & Schuster, 2009)がまず間違いなく挙げられるだろう。

4　軍部隊の前方展開とは、当該部隊が敵と接触する初の部隊となる、あるいは戦闘への移行において前衛部隊となることが予想されるような配置のことである。

第4章　特別な関係の最盛期——一九八三～二〇〇一年

1　大統領令12333号。

2　数値の出典は全て*The World Factbook 2018* (Washington, D.C.: Central Intelligence Agency, 2018)。

第5章　二〇〇一年九月一一日とその余波

1　J. Risen and E. Lichtblau, "Bush Lets U.S. Spy on Callers Without Courts," *New York Times*, December 16, 2005.

2　J. Robertson, "Bush-Era Documents Show Official Misled Congress About NSA Spying" Bloomberg, April 25, 2015.

3　Anthony Wells, "Soviet Submarine Warfare Strategy Assessment and Future US Submarine and Anti-Submarine Warfare Technologies," Defense Advanced Research Projects Agency, March 1988, US Department of Defense.

第6章　インテリジェンスの役割、使命、活動——一九九〇～二〇一八年

1　米国はUNCLOSを慣習国際法として承認してはいるものの、現行の条約をこれまで批准していない点に留意のこと。

2　トランプ大統領の声明についてはネット上で閲覧可能：https://www.whitehouse.gov/briefings-statements/remarks-president-trump-joint-comprehensive-plan-action/ (accessed April 23, 2020).

3　*The World Factbook 2019* (Washington, D.C.: Central Intelligence Agency, 2019).

4 Ellen Nakashima and Paul Sonne, "China hacked a Navy contractor and secured a trove of highly sensitive data on submarine warfare," *The Washington Post,* June 8, 2018.

5 陳述内容は次サイトにて閲覧可能：https://docs.house.gov/meetings/IG/IG00/20180517/108298/HHRG-115-IG00-Wstate-FanellJ-20180517.pdf (accessed April 23, 2020).

6 House of Commons records, February 27, 1984, Debate 55107, pp. 37–38.

7 Gustav Bertrand, *Enigma ou la plus grande enigma de la guerre 1939–1945* (Paris: Plon Publishing House, 1973), 256.

8 Desmond BallとD. M. Hornerの共著 *Breaking the Codes: Australia's KGB Network, 1944–1950* (Sydney: Allen & Unwin, 1998)には、これら重要な活動に関する極めて優れた記述がある。

9 Cunningham Diary, entry for November 21, 1945, British Library, MSS 52578.

10 これらの文言の出典は1947年10月29日付けの英合同情報委員会報告書(JIC 1947, number 65, "Summary of Principal External Factors Affecting Commonwealth Security," The National Archives)。

第7章　現在の脅威と新たな脅威

1 クレイ社はワシントン州シアトルに本拠を構えるスーパーコンピューター製造会社で、前身はクレイ・リサーチ社である。

2 日本電気株式会社は、東京都港区に本社を置く日本の多国籍情報技術企業である。1983年に社名をNECに変更するまでは、日本電気株式会社(Nippon Electric Company Limited)と称した。NECは住友グループの一員である。

3 さらなる詳細についてはwww.coastguardfoundation.orgも有益。

4 同人著"Computing Machinery and Intelligence," University of Manchester, 1950, p. 460を参照のこと。

5 Andrew and Leslie Cockburn, *Dangerous Liaison: The Inside Story of the US–Israel Covert Relationship* (London: HarperCollins, 1991).

6 ダウ船とはアラブ諸国で使われる帆船で、マストが1本あるいは2本のもの。

7 Efraim Halevy, *Man in the Shadows: Inside the Middle East Crisis with a Man Who Led the Mossad* (New York: St Martin's Press, 2006) 278.〔エフライム・ハレヴィ『イスラエル秘密外交——モサドを率いた男の告白』、河野純治訳、新潮社、2016年〕

8 Ibid., 44.

9 Ibid., 270.

10 Ibid., 277.

11 ウマル(Umar)あるいはオマル(Omar)とも表記される同人は、史上最大の権力と影響力を有したカリフの一人である。同人はイスラム預言者ムハンマドの先輩であり、634年8月23日に正統カリフの第2代カリフとしてアブー・バクルの後を継いだ。

12 中国国務院新聞弁公室刊"China's National Defense in the New Era" (Beijing: Foreign Languages Press Co. Ltd., 2019)は、次サイトにて閲覧可能：http://english.www.gov.cn/archive/whitepaper/201907/24/content_WS5d3941ddc6d08408f502283d.html。

13 発言内容は次サイトにて閲覧可能：https://docs.house.gov/meetings/IG/IG00/20180517/108298/HHRG-115-IG00-Wstate-FanellJ-20180517.pdf (accessed April 23, 2020)。

14 Ibid.

15 USC, #1292 (2017).
16 *The World Factbook 2019* (Washington, D.C.: Central Intelligence Agency, 2019).
17 *The World Factbook 2019* (Washington, D.C.: Central Intelligence Agency, 2019).
18 アンドロポフは1967年から82年までKGB議長を務めた。
19 詳細はCBSニューヨークが2013年8月9日に報じたもの。
20 *The World Factbook 2019* (Washington, D.C.: Central Intelligence Agency, 2019).

第8章　二一世紀におけるファイブ・アイズ・コミュニティー

1 Bryan Clark, "Undersea cables and the future of submarine competition," *Bulletin of the Atomic Scientists,* June 15, 2016.
2 Kari Bingen, Deputy Secretary of Defense for Intelligence, stated at the Intelligence and National Security Summit hosted by INSA and AFCEA, September 2018, reported by Mark Pomerleau.
3 CNBCが*The Verge*誌のJames Vincentの記事を引用しつつ2017年9月4日に伝えたもの。
4 J. Ward, "Sino-Indo Competition in the Maritim Domain," The Jamestown Foundation, Global Research and Analysis, February 2, 2017.
5 R. Danzig, "Former Navy Leader Warns About Fleet Expansion," *National Defense*, January 9, 2018.

付録　著者に影響を与えた人物と恩師

1 Harry Hinsley, *Power and the Pursuit of Peace: Theory and Practice in the History of Relations Between States* (Cambridge: Cambridge University Press, 1962).
2 Anthony Wells, "Studies in British Naval Intelligence, 1880–1945" (D. Phil thesis, King's College, University of London, 1972).
3 D. P. O'Connell, *The Influence of Law on Sea Power* (Manchester: Manchester University Press, 1975); D. P. O'Connell, *The International Law of the Sea* Vol. 1 (Oxford: Oxford University Press, 1982).

略語一覧

ACINT Acoustic Intelligence：アシント（音響情報）
AIS Automatic Identification System：船舶自動識別装置
ASIO Australia Security and Intelligence Organization：オーストラリア保安情報機構
ASIS Australia Secret Intelligence Service：オーストラリア秘密情報部
C：英秘密情報部長官を示すイニシャル（SIS初代長官サー・マンスフィールド・カミング英海軍大佐が書類にサインする際に単に「C」と記したことから）
CIA Central Intelligence Agency：中央情報局（米国）
CinCPac Commander-in-Chief US Pacific Command：米太平洋軍司令長官
CinCPacFleet Commander-in-Chief US Pacific Fleet：米太平洋艦隊司令長官
CinCUSNavEur Commander-in-Chief US Naval Forces Europe：米海軍欧州総司令官
CJCS Chairman of the Joint Chiefs of Staff：統合参謀本部議長（米国）
CNO Chief of Naval Operations：海軍作戦部長（米国）
CNA Center for Naval Analyses：海軍分析センター（米国）
COMINT Communications Intelligence：コミント（通信情報）
COMSUBPAC Commander Submarine Forces US Pacific Fleet：米太平洋艦隊潜水艦部隊司令官
CONOPS Concepts of Operation：作戦構想
CSE Communications Security Establishment：通信保全局（カナダ）
DARPA Defense Advanced Research Projects Agency：国防高等研究計画局（米国）
DIA Defense Intelligence Agency：国防情報局（米国）
DIS Defence Intelligence Staff (later DI − Defence Intelligence)：国防情報参謀部（後のDI＝国防情報部）（英国）
DNA Deoxyribonucleic Acid：デオキシリボ核酸
DNI Director of Naval Intelligence (UK and US) and Director of National Intelligence (US)：海軍情報部長（英米）および国家情報長官（米国）
DOE Department of Energy (US)：エネルギー省（米国）
ELECTRO-OPINT Electro-Optical Intelligence：エレクトロ・オピント（電気光学情報）
ELINT Electronic Intelligence：エリント（電子情報）
FBE Fleet Battle Experiment：艦隊戦闘実験
FBI Federal Bureau of Investigation：連邦捜査局（米国）
FEBA Forward Edge of the Battle Area：主戦闘地域の前縁
FISC Foreign Intelligence Surveillance Court：外国情報監視裁判所
FSB Federal Security Service (Russia)：連邦保安庁（ロシア）
GC&CS Government Code and Cypher School：政府暗号学校（英国）
GCHQ Government Communications Headquarters：政府通信本部（英国）

GCSB New Zealand Government Communications Security Bureau：ニュージーランド政府通信保安局
GEOINT Geospatial Intelligence：ジオイント（地理空間情報）
GRU：旧ソ連邦および現ロシア連邦の軍参謀本部情報総局
HASC House Armed Services Committee：下院軍事委員会（米国）
HPSCI House Permanent Select Committee on Intelligence：下院情報特別委員会（米国）
IAEA International Atomic Energy Authority：国際原子力機関
IMINT Imagery Intelligence：イミント（画像情報）
IOC Initial Operational Capability：初期作戦能力
ISIS Islamic State in Iraq and Syria：イラクとシリアにおけるイスラム国
I&W Indicators and Warning：兆候と警報
JIC Joint Intelligence Committee：合同情報委員会（英国）
KGB：国家保安委員会。1954年3月から1991年12月までのソ連の主要治安機関
LASINT Laser Intelligence：ラシント（レーザー情報）
LOE Limited Objective Experiment：限定目標実験
MAD Mutual Assured Destruction：相互確証破壊
MASINT Measurement and Signature Intelligence：マシント（計測・特徴情報）
MI5 British Security Service：英保安部
MI6 British Secret Intelligence Service (SIS)：英秘密情報部
NAB New Zealand National Assessment Bureau：ニュージーランド国家評価局
NATO North Atlantic Treaty Organization：北大西洋条約機構
NCSC National Cyber Security Center：国家サイバーセキュリティーセンター（英国）
NCTC National Counterterrorism Center：国家テロ対策センター（米国）
NGA National Geospatial Agency：国家地理空間情報局（米国）
NID Naval Intelligence Department：海軍情報局（英国）〔海軍情報部（Naval Intelligence Division）を指す方が一般的〕
NRO National Reconnaissance Office：国家偵察局（米国）
NSA National Security Agency：国家安全保障局（米国）
NSC National Security Council (UK and US)：国家安全保障会議（英米）
NUCINT Nuclear Intelligence：ヌシント（核情報）
NZSIS New Zealand Secret Intelligence Service：ニュージーランド秘密情報部
ONI Office of Naval Intelligence：海軍情報部（米国）
PFIAB President's Foreign Intelligence Advisory Board：大統領対外情報諮問委員会（米国）
RADINT Radar Intelligence：ラディント（レーダー情報）
RCMP Royal Canadian Mounted Police：王立カナダ騎馬警察
RDA R&D Associates：R&Dアソシエイツ
RF/EMPINT Radio Frequency and Electromagnetic Pulse Intelligence：RF／エムピント（無線周波数・電磁パルス情報）

RINT Radiation Intelligence：リント（放射線情報）
SEAL US Navy Sea Air Land Special Force Operator：陸海空で活動可能な米海軍特殊部隊員
SIGINT Signals Intelligence：シギント（信号情報）
SOSUS Sound Surveillance System：音響監視システム
SSBN Nuclear-powered ballistic missile Submarine：弾道ミサイル搭載原子力潜水艦
SSGN Nuclear-powered guided missile Submarine：巡航ミサイル搭載原子力潜水艦
SSN Nuclear Powered attack Submarine：攻撃型原子力潜水艦
TTPs Tactics Techniques and Procedures：戦術・技術・手順
UAV Unmanned Aerial Vehicle：無人航空機
UNCLOS United Nations Convention on the Law of the Sea：国連海洋法条約
UNO United Nations Organization：国際連合機構
UUV Unmanned Underwater Vehicle：無人潜水艇
WMD Weapon(s) of Mass Destruction：大量破壊兵器

訳者あとがき

本書を手にするような読者には釈迦に説法だろうが、ファイブ・アイズとは、米国・英国・カナダ・オーストラリア・ニュージーランド五カ国による情報共有体制を指す通称である。わが国では、二〇年ほど前まではむしろ通信傍受の象徴としての「エシュロン」や「象の檻」といった名称が強調され、米国の世界戦略との関連において語られることが多いものだった。それが近年では、中国の影響力の拡大とともに、わが国のファイブ・アイズ加盟が論じられるまでになっている。

本書は、同体制の沿革や活動等を記した *BETWEEN FIVE EYES: 50 Years Inside the Five Eyes Intelligence Community* の全訳である。著者アンソニー・R・ウェルズは、英海軍将校としてインテリジェンス界の巨匠サー・ハリー・ヒンズリーに師事した後、冷戦最中の洋上で対ソ抑止の最前線に立ち、後には英米のインテリジェンス機関に仕えながら、現場の秘密工作やカウンターインテリジェンス活動にも携わったという異色の経歴を持つ人物である。その間も含め、ファイブ・アイズに五〇年にわたって関与してきたことからすれば、まさにファイブ・アイズ・インテリジェンスを語るにふさわしい適任者といえよう。

本書を一読すれば分かるように、ファイブ・アイズが収集の対象としているのは、単に軍事や政治に関連する情報のみならず、サイバー脅威やテロリズム、麻薬・武器取引、人身売買、海賊行為等に関する情報も含まれる。また、対象国として中国、ロシア、北朝鮮、イランが挙げられているのは当然としても、曲がりなりにも西側の一員と見なされているイスラエルもその中に含まれるとして、名指しされている（当然、わが国もターゲットになっているはずであるが、少なくとも本書中では名指しはされていない）。さらには、今後は気候変動に関連する情報も収集対象に含めるべきと著者が述べているように、その範囲はおよそ安全保障に関わる全てにわたるといっても過言ではない。

そうした任務を担うファイブ・アイズ・インテリジェンスがよって立つのが人的交流であり、高度な機密保全体制であると、著者は本書の随所で強調する。本書は、ファイブ・アイズにおける著者の五〇年にわたる経歴をまとめたものでもあるが、それ自体が濃密な人的交流の一端を示すものでもあり、読者にもそれが実感できるであろう。また、機密保全体制との関連においては、世間を揺るがしたウォーカー事件やスノーデン事件などがあっても、ファイブ・アイズの、特に海軍の活動の根幹には影響がなかったとされ、堅固な保全体制の一端がうかがい知れる。

著者も冒頭で断っているように、本書はオープン・ソースに依拠したものである。著者が従事した活動の詳細は、いまだに最高機密であろう。しかし、明かすことのできる著者自身の体験談と非機密情報とで織りなした本書の記述の中に、ファイブ・アイズに加盟するとはいかなることなのかに関する問題点が浮き彫りになる。それは、インテリジェンス体制の問題であり、法整備の問題であり、究極的には国民の覚悟の問題でもある。

先述したわが国のファイブ・アイズ加盟議論については小谷賢氏の解説に譲るとして、この議論は最近では実現可能性の問題などから下火傾向にある。だが、その火は完全に消えたわけではない。国際情勢が今後ますます混迷を深める中で、わが国のインテリジェンス機能の向上は再び問題となるであろうし、ファイブ・アイズ加盟議論も再燃するであろう。その際に本書が理解の一助となれば幸甚である。

最後に、わが敬愛するカール・セーガン博士の『ほのかな青い点』をこのような文献で訳すことができたのは、訳者として存外の喜びだった。本書の訳出出版をオファーしていただいた作品社の福田隆雄氏と、編集を担当していただいた同社の田中元貴氏には特に感謝したい。また、海軍関連用語等の訳出法についてご協力いただいた元海上自衛隊海将補の中尾典正氏にも謝意を表したい。同氏は防衛駐在官として英国で勤務後、内閣情報調査室に赴任され、当時の訳者の直属の上司になられたご縁もあり、海軍・海事関連の翻訳に当たっては、ほぼ毎回のように助け舟を出していただいている（とはいえ、誤訳等の瑕疵の責が訳者にあることは言わずもがなである）。その他、本書出版に携わっていただいた全ての方々に、この場を借りて厚くお礼申し上げたい。

二〇二四年一〇月二九日

並木　均

解説　元関係者が明らかにする〝秘密同盟〟の堅固な実態

小谷　賢（日本大学危機管理学部教授）

本書は「ファイブ・アイズ」の実態を熟知した元関係者による初めての証言といっても良い。まずファイブ・アイズとは、米英加豪ニュージーランドの、英語を母国語とする五カ国のインテリジェンス同盟のことである。五カ国は協力して世界中の電波、サイバー空間から日々情報を収集しており、一般にこれを「通信傍受情報《シギント》」と呼ぶ。インテリジェンスの世界で最も秘匿度の高いのがこの通信傍受の世界だ。二〇〇〇年前後には「エシュロン」とも呼ばれていたので、こちらに聞き覚えのある方もおられるかもしれないが、「エシュロン」はファイブ・アイズが当時実施していた作戦名の一つに過ぎない。本書内で「ファイブ・アイズ」という言葉はインテリジェンスだけではなく、時には軍事や外交同盟という意味でも使用されている。この五カ国は核心となる秘密情報を共有しているため、外交・安全保障政策分野においてもほぼ一致した動きをする。そのため今では「ファイブ・アイズ」という言葉は、様々な領域でも使用されるようになっている。

「ファイブ・アイズ」の源流は第二次世界大戦における米英のインテリジェンス協定に端を発するが、これまでその実態は明らかにされてこなかった。その理由は、通信傍受の実態はインテリジェンスの世界においても秘中の秘であることから、各国が今も厳格な秘密保持の姿勢を貫いていることが大きい。そもそも「ファイブ・アイズ」という言葉が表立って使われるようになったのも最近のことだ。私自身は二〇〇九年頃にその言葉を初めて聞き、その後も「ファイブ・アイズ」について調べを進めようとしたものの、なかなか情報が出てこなかった。二〇一三年にエドワード・スノーデン氏が、米国国家安全保障局（NSA）の部内資料を大量に公開したことでようやく実態の一端が明かされたが、それはやはりごく一部に過ぎなかった。その後、「ファイブ・アイズ」は機密流出を恐れて部内の情報管理をより厳格にしていったため、部内関係者からの証言等は皆無といっていい状況であった。そのような中、元関係者であるアンソニー・ウェルズ氏が、二〇二〇年に本書を出版した際には驚くと同時に、その詳細が明らかにされると期待したものである。ただ脱法的な内部告発者として話題になったスノーデン氏とは異なり、ウェルズ氏は、自らの経験と公開情報から本書を記しているので、その内容はセンセーショナルというよりは堅実だ。それでも評者には初耳のことが多かった。

英国人のウェルズ氏は英国海軍の情報士官として「ファイブ・アイズ」の現場に参加した。その後、米国海軍に移り、やはりそこでもインテリジェンスの現場を経験しており、英米両側から「ファイブ・アイズ」に参画した珍しい人物だ。彼は自らの経験から、「ファイブ・アイズ」諸国間での人事交流、二四時間体制の情報交換、公式、非公式会議を通じた戦略計画の策定等、内部にいないとわからない貴重な情報について本書内で記している。

ウェルズ氏は海軍の軍人であるため、基本的には英米海軍の情報部門が「ファイブ・アイズ」内で果たした役割が基本枠組みとなる。まず興味深いのは、米海軍と英海軍では、情報将校の養成やキャリアパスが異なるという点だ。米海軍では情報任務の専門性が重視されるため、一度情報職種に就くと、基本的にはずっとその領域で働くこととなる。そのため大佐のような高位に就いても、現場で通信傍受や衛星画像の解析に携わることが普通である。対して英海軍では伝統的に、情報将校になる前には幅広い素養を身に着けるべきで、その後も通常の海軍勤務に戻るべきとの考えがあるため、専門性よりも視野の広さが求められるという。英連邦諸国であるカナダやオーストラリア、ニュージーランドは後者の考えに近く、日本の海上自衛隊もそうだろう。このように異なる思想を持ちながらも、「ファイブ・アイズ」という共通の場で任務を遂行するというのは興味深い。

それでも多国間で協力してインテリジェンス活動を行うというのは、その方がより多くの情報を集めることができるし、電波収集については、地域的な広がりがある方が有利となるからであろう。「ファイブ・アイズ」にカナダ、オーストラリア、ニュージーランドが参画しているのもそれなりの理由があるとのことだ。カナダは元々、英国との緊密な協力関係があり、オーストラリアは戦後、米国との協力体制に入った。ニュージーランドの通信傍受については、「ファイブ・アイズ・コミュニティー内に貴重な情報を提供している」とだけさらりと言及されているが、リチャード・オルドリッチ教授の研究(『GCHQ』)によると、これは日本やフランスの外交通信を傍受する活動だと考えられる。

多国間で情報のやり取りをすると、必ず情報漏洩など保全上の問題が発生するし、相手にこちらの手の内を見せてしまうので、二度と敵に回すことはできなくなる。ロシアと中国が情報協力にまで踏み込めないのは、互いの秘密主義によるところが大きい。しかし「ファイブ・アイズ」諸国はそれらデメリットを補って余りあるメリットのため、八〇年以上も協力してきたのだ。著者によるとそのメリットは以下のようなものである。「ファイブ・アイズは何をなぜ知る必要があるのかを、あらゆるレベルで明らかにするものである。(…)扱うのは、脅威の可能性、兵力のレベルと編制、展開、基地使用と兵站、戦術開発、研究開発、(…)これら領域に関連する選択、選択肢、決断の枠組みを作るインテリジェンスである。ファイブ・アイズが抽出し、注意深く分析したインテリジェンスの集合体は、驚異の一言に尽きる」(本書五〇頁)。

著者が冷戦期に従事したのは、ソ連海軍潜水艦の技術やその動静を追うことであった。冷戦期（今もそうだが）の核抑止は、米ソ両国が有する潜水艦発射弾道ミサイル（SLBM）に頼るところが大きく、世界中の海に展開するソ連潜水艦の位置を特定することが至上命題とされていたのである。著者はソ連製潜水艦の静粛化技術を調べるために「ファイブ・アイズ」の有する通信傍受情報、衛星画像情報、電子情報、人的情報のすべてにアクセスすることができたようで、そこからソ連潜水艦の建設、設計能力、生産技術、潜水艦の性能諸元に関するインテリジェンスを導き出したとされ、この記述は、「ファイブ・アイズ」諸国がそれぞれの機密情報に端末からアクセスすることができる、ということを示唆している。さらに冷戦中、英国の政府通信本部（GCHQ）がスコットランド最北端の通信傍受局で、ソ連の情報収集艦の暗号通信を傍受・解読することで、ソ連海軍の艦船、並びに潜水艦の位置を把握していた作戦についても言及されおり、これなどは冷戦期のインテリジェンス戦に関する新たな証言だろう。

さらに二一世紀に入ると氏は海軍だけでなく、中央情報局（CIA）、国家偵察局（NRO）でテロリストの監視にも従事したようである。CIAはスパイを運用するヒュミント組織、NROは偵察衛星による写真撮影を行う組織である。その内実については本書内では語られていないが、恐らくは米国同時多発テロの首謀者たちを追い詰めるための作戦に参加していたものと推察される。ここでは米国の脅威となるテロ計画や武器、資金の流れを見つけ出し、それを継続的に監視、必要があれば取り除くという、タギング、トラッキング、ロケーティング、ターゲティングの作業が重要になってくる。この技術は湾岸戦争で実現した情報中心戦争の発展で、軍事領域から対テロ、犯罪捜査、サイバー防御などあらゆる分野で活用されている。

著者によると「ファイブ・アイズ」は今後も中国や北朝鮮、ロシア、イランといった伝統的な脅威に対しても引き続き対処していく必要があると強調しているが、同時に技術進歩に対する懸念が大きいという。

これまで米英がインテリジェンスの世界で優位を保てたのは、暗号技術や通信技術がこれら国々で確立されたものであり、現在のインターネット技術も基本的には米国の支配下にあるといって良い。しかし今後、ネット上のデータが爆発的に増大するだけでなく、インドや中国といった国で量子暗号などの新技術が実用化すれば、「ファイブ・アイズ」の持つ技術的優位は揺らぎ、厄介な問題に直面することになるという。著者によると、現状でも既に民間のＡＩや情報処理といったＩＴ技術が、国の機関を凌駕しているという。今や海底光ファイバー・ケーブルも米英の独占状態ではなく、中国の進出が顕著であり、既にデータをめぐる戦いは熾烈化しているようである。また莫大なネット情報の中から偽情報を選別し、事前に脅威を察知するためには、高性能のコンピューターと優秀なＡＩ技術に頼らざるを得ない状況だ。短期的にはより高度なＡＩ技術を有する側が有利になるだろうが、そのためには技術者、資金、そして高精度の半導体を獲得するための争いが生じる。つまりこの世界においても、技術と安全保障は不可分であるとする経済安全保障の原則が浸透しているのだ。

最後に、これまで蚊帳の外に置かれてきた感のある日本はどうすべきなのかについて少し言及しておきたい。戦後の日本は外国でのスパイ活動や通信傍受については、色々な意味でリスクが高いため、敢えてそれを避けてきた。しかし日本は地政学上、極めて不安定な地域に存在しており、今後はインテリジェンス能力を高め、身に降りかかる危険を察知し、それに対処する能力が求められよう。そのためには日本独自のインテリジェンス能力を高める必要もあるが、同時に「ファイブ・アイズ」、もしくは米英豪によるＡＵＫＵＳとの密接な協力関係を構築していく必要性もあるのではないだろうか。本書は我々に「ファイブ・アイズ」の実態を知らしめるだけでなく、彼らとのつき合い方を示唆しているようにも読めよう。

【著者略歴】

アンソニー・R・ウェルズ（Anthony R Wells）

英米両国の市民としてそれぞれの諜報機関に勤務した経験を持つ、存命中唯一の人物として知られる。ロンドン大学で博士号を取得後、イギリス海軍兵学校で訓練を受け海軍に入隊。情報操作などの秘密作戦に従事し、最年少で教官も務めた。米国市民となったあとは米海軍にて揚陸艦『コロナド』、潜水艦『フロリダ』等で勤務する。その後アメリカ国家諜報機関において人員、インフラ、政治システム等へのテロ攻撃のダメージ最小化等の任務を務め、現在は現代情報戦の専門家として知られている。

【訳者略歴】

並木 均（なみき・ひとし）

1963年、新潟県上越市生まれ。中央大学法学部卒。公安調査庁、内閣情報調査室に30年間奉職したのち、2017年に退職、独立。訳書にケント『戦略インテリジェンス論』（共訳、原書房、2015）、キーガン『情報と戦争――古代からナポレオン戦争、南北戦争、二度の世界大戦、現代まで』（中央公論新社、2018）、パーネル『ナチスが恐れた義足の女スパイ――伝説の諜報部員ヴァージニア・ホール』（中央公論新社、2020）など多数。

ファイブ・アイズ
―― 五カ国諜報同盟50年史

2024年12月20日　初版第1刷印刷
2024年12月25日　初版第1刷発行

著　者　アンソニー・R・ウェルズ
訳　者　並木 均

発行者　福田隆雄
発行所　株式会社 作品社
〒102-0072 東京都千代田区飯田橋 2-7-4
電　話　03-3262-9753
ＦＡＸ　03-3262-9757
振　替　00160-3-27183
ウエブサイト　https://www.sakuhinsha.com

装　丁　小川惟久
本文組版　米山雄基
印刷・製本　シナノ印刷株式会社

Printed in Japan
ISBN978-4-86793-066-3　C0031